国家自然科学基金（11471226）资助
重庆市高等教育（143061）资助
重庆文理学院特色应用型教材（TSJC1803）资助

解析几何手工作图

聂 智 主编

西南交通大学出版社
·成 都·

内容简介

为了培养学生"数形结合""代数与几何整合"等"思想、方法、操作"的思维能力,也为了实现几何教育价值,作为与高校解析几何相配套的实验实训教材,本书给出了空间图形的手工作图法,而且由浅入深地对点、线、面、区域图形的构作及其关系进行了阐述.

该书可以作为高校数学师范专业技能培训教材、中小学数学教师继续教育培训教材,也可以作为专题手工作图培训教材,可以结合解析几何教学内容增加对应章节,计划实施 15~20 学时.

图书在版编目(CIP)数据

解析几何手工作图 / 聂智主编. —成都:西南交通大学出版社,2020.8(2022.4 重印)
ISBN 978-7-5643-7539-3

Ⅰ. ①解… Ⅱ. ①聂… Ⅲ. ①解析几何 – 作图 – 高等学校 – 教材 Ⅳ. ①O182

中国版本图书馆 CIP 数据核字(2020)第 155796 号

Jiexi Jihe Shougong Zuotu

解析几何手工作图	聂智 主编	责任编辑 张宝华
		封面设计 原谋书装

印张:10.25　　字数:258 千　　出版发行:西南交通大学出版社
成品尺寸:185 mm × 260 mm　　网址:http://www.xnjdcbs.com
版次:2020 年 8 月第 1 版　　地址:四川省成都市二环路北一段111号
　　　　　　　　　　　　　　　　西南交通大学创新大厦21楼
印次:2022 年 4 月第 2 次　　邮政编码:610031
印刷:成都中永印务有限责任公司　　发行部电话:028-87600564　028-87600533
书号:ISBN 978-7-5643-7539-3　　定价:29.00 元

课件咨询电话:028-81435775
图书如有印装质量问题　本社负责退换
版权所有　盗版必究　举报电话:028-87600562

前　言

随着几何教育的发展，也为了达到图形载体的要求，ICMI（国际数学教育委员会）在"21世纪几何教育展望"中，对几何教育价值达成了六点共识，分别为：(1) 培养学生对图形世界的理性化（数字、算式）认识方法及其实践素养；(2) 培养学生通过"数形结合"认识世界的思维习惯；(3) 培养学生从图形构建的有序性和规律性方面发展其"推理、思维、系统化"的构作能力；(4) 关于算式或图形问题，培养学生在算式-图形、图形-算式的"理解、描述和形象联系"中解决问题；(5) 通过解析几何作图的"数形结合"，培养学生对算式的展示与研究能力，使算式更"通俗、形象、易懂"；(6) 通过解析几何作图（算式-图形），培养学生认识与构作数学模型的能力. 这六点突出地表现出国家课程标准着重强调的"几何直观"与"数形结合"能力的要求，即通过数形结合，让学生学会用图形的眼光观察世界，用"数形结合"的思维思考世界，用图形的语言表达世界，即"几何核心素养".

面对"几何核心素养"的形成与培养任务，解析几何作图是用"数形结合"（算式与图形联系）进行思维与实践的最好的操练方式，具体有手工作图法、计算机软件作图法. 其中，手工作图是"数形结合"思想方法的基本体验，通过手工作图，达到培养学生能力的目的. 其特点是，突出了算式与图形（数与形）内在联系与规律的思考和操作，在明确认识"思想、方法、操作"一体化的前提下，训练学生提升其几何核心素养，这对于把控中小学几何教学的图形关系是非常重要的. 计算机数学软件绘图则是在明确和认识方法以后的辅助性的快速应用，通过计算机数学软件作图，达到培养学生对问题作出快速解决与展示能力的目的. 其特点是，弱化了算式与图形内在联系与规律的思考和操作（计算机代替了），强化了对算式或图形的精准展示与计算功能，是几何方法后续认识的需要. 而作为基础的手工作图，则是培养学生基本技能、基本素养的手段.

本书编写的目标是以图形为载体，手工作图为训练主体，从而达到提升学生几何核心素养的目的. 其内容包括在3维空间坐标系下，介绍手工构作点、线、面、区域的思想方法与操作技巧，强化算式与图形对应的分析、操作训练. 本书在编写思路方面，做到了由浅入深，确保了科学性、"思想、方法、操作"的一体化．具体有：第一，为了保证"数形结合"的准确性，先介绍构作坐标系的方法；第二，介绍坐标系下基本图形位置的确定方法；第三：介绍了3维空间中平面图形的构作方法（对中小学平面图形构作法的提升）；第四：空间图形转化认识的"平面截割思想"；第五：用坐标变换的简化思想构作图形；第六：空间区域的整体构建；第七：作图的专业目标与价值导向；第八：手工作图与计算机数学软件作图的特点比较；第九：手工作图能力应用．

希望本教材对读者在绘图能力提升方面有所帮助，更希望读者在构图时对图形结构关系、算式与图形结合对应上有所思考与感悟，进而形成"形象思维对理性与抽象问题的理解、规律寻求与解答"的思想方法，同时养成其对图形理性化的思考与把握，有助于几何教育价值的实现．

限于作者水平，书中难免存在不妥之处，恳请广大读者批评指正．

聂 智

2019年11月

目 录

1 作图工具 ·· 1
2 空间坐标系 ··· 2
   2.1 两种常用坐标系及其特点 ·· 2
   2.2 两种常用坐标系的画法 ·· 5
3 空间中的点、直线、平面 ··· 7
   3.1 空间中的点 ··· 7
   3.2 空间中的直线 ·· 9
   3.3 空间中的平面 ·· 14
4 图形方程到图形及其特征总论 ··· 18
5 空间特殊平面上的曲线、特殊曲面 ·································· 20
   5.1 空间中特殊平面上的曲线 ·· 20
   5.2 特殊曲面 ·· 26
6 空间一般曲线 ··· 51
   6.1 一般曲线 ·· 51
   6.2 二次曲线 ·· 61
7 空间曲面 ·· 91
   7.1 一般曲面 ·· 91
   7.2 二次曲面 ·· 97
8 空间区域 ·· 116
   8.1 由"柱面、平面、坐标面"构建的区域 ·························· 116
   8.2 由"平面、坐标面"构建的区域 ··································· 125
   8.3 由"多个柱面、坐标面"构建的区域 ····························· 127
   8.4 由"多个曲面、平面、坐标面"构建的区域 ··················· 129
9 作图的专业目标与价值导向 ··· 144
   9.1 作图的专业目标 ·· 144
   9.2 作图的价值导向 ·· 145

10 手工作图与计算机数学软件作图的特点比较 …………………… 147
11 手工作图能力应用 ………………………………………………… 152
12 常见数学软件的作图特点及其选择 ……………………………… 155
　　12.1 数学软件介绍 ……………………………………………… 155
　　12.2 针对作图目标的软件选择 ………………………………… 157

1 作图工具

手工绘制空间解析几何图形的常用工具有：

（1）笔：H 型和 2B 型铅笔各一支，相应地，将它们分别削成锥状和宽度一定的扁头状，其中，H 型铅笔用于绘制细实线、虚线、点划线，2B 型铅笔用于绘制粗实线.

或者，铅笔与黑心签字笔各一支，其中，铅笔用于绘制细实线、虚线、点划线，黑心签字笔用于绘制粗实线.

（2）刻度直尺一把，三角板一副，圆规一个，橡皮擦一块.

注：具有相同绘制效果的计算机操作工具有：微软的 PowerPoint、GeoGebra、国产的 ScienceWord 等操作平台，用鼠标在平台上选择作图工具进行手工绘图.

2 空间坐标系

2.1 两种常用坐标系及其特点

空间图形的绘制是将空间图形运用作图工具在平面图纸上通过描绘来实现的. 绘制的目的: 使得空间图形在平面图纸上得以形象地展现, 方便人们从图形中观察规律、寻求规律, 并在图形中标注尺寸, 以构建空间图形的实体. 绘制的要求: 从视角的角度看, 绘制的图形要具有真实感、形象感, 能表达出图形各主要部分的位置关系和度量关系.

彩图 2.1 ~ 2.5

为了达到此目的与要求, 首先需要在平面图纸上建立能够绘制图形的尺子(标准), 也就是平面图纸上要有能够作图的空间坐标系 $Oxyz$. 我们已经注意到: 在平面图纸上绘制的空间坐标系与空间图形都是具体坐标系(实体)与空间图形(实体)在平面图纸上的平行射影. 由此可看到, 在图纸上构作空间坐标系的关键是: 如何确定坐标轴之间的夹角, 以及坐标轴上的刻度标准.

那么如何将物体以及测量它的坐标系投影到一个平面 π 上, 使得在平面 π 上同时具有视角上可以测量的立体感? 答案是: 使用与物体的面、坐标面都不平行的投影光线, 并沿着此投影光线平行地将其投影到一个平面 π 上, 就可以达到此目的. 具体操作如下:

将物体连同其直角坐标系 $Oxyz$, 沿着不平行于任意一坐标平面的方向(投影线方向 $\vec{v}$), 用平行投影法将其投射在一个投影面上(轴测投影面 π)所得到的影子, 称为轴测投影, 所得到的坐标系 $Oxyz$ 的影子 $O'x'y'z'$, 称为轴测投影坐标系, x'轴、y'轴、z'轴称为轴测投影轴, 简称轴测轴.

"轴测投影"可分为两大类: 投影光线 $\vec{v}$ 与轴测投影面 π 垂直的称为"正轴测投影"; 投影光线 $\vec{v}$ 与轴测投影面 π 倾斜的称为"斜轴测投影". 另外, 还要用坐标系中 x'轴、y'轴、z'轴的基向量 $\vec{i'}, \vec{j'}, \vec{k'}$ 来刻画: 三条坐标轴方向上的单位比率都相同时称为"等测投影", 两条坐标轴方向上的单位比率相同时称为"二测投影", 三条坐标轴方向上的单位比率均不相同时称为"三测投影". 具体有如下阐述:

正等轴测图(简称正等测): $|\vec{i'}|=|\vec{j'}|=|\vec{k'}|$;

正二轴测图(简称正二测): $|\vec{i'}|\neq|\vec{j'}|=|\vec{k'}|$, 或其他两单位不等长情况;

正三轴测图(简称正三测): $|\vec{i'}|\neq|\vec{j'}|\neq|\vec{k'}|$.

斜等轴测图(简称斜等测): $|\vec{i'}|=|\vec{j'}|=|\vec{k'}|$;

斜二轴测图（简称斜二测）：$|\vec{i'}| \neq |\vec{j'}| = |\vec{k'}|$，或其他两单位不等长情况；

斜三轴测图（简称斜三测）：$|\vec{i'}| \neq |\vec{j'}| \neq |\vec{k'}|$。

注：利用平行射影，将物体以及测量物体的坐标系 $Oxyz$ 投影到一个平面 π 上，对应了"轴测投影（物体的影子）"以及影子坐标系 $O'x'y'z'$。由平行射影规律，物体上凡与直角坐标轴（x 轴、y 轴、z 轴）平行的直线段 AB，其轴测投影的 $A'B'$ 必平行于相应的轴测轴（x' 轴、y' 轴、z' 轴），且其伸缩系数与相应轴测轴的轴向伸缩系数相同，保持前后平行直线段长度之比。因此，画"轴测投影"时，应沿轴测轴或平行于轴测轴（x' 轴、y' 轴、z' 轴）的方向，按照各个方向的单位 $\vec{i'}, \vec{j'}, \vec{k'}$ 去度量。影子坐标系 $O'x'y'z'$ 是画"轴测投影"图形的尺子。

两种常用视角（平行投影）决定了两种常用坐标系。

1. "正等测轴"坐标系 $O'x'y'z'$

如图 2.1 所示，将物体放置成使它的三条坐标轴（x 轴、y 轴、z 轴）与轴测投影面 π 具有相同的 $\left(\cos\alpha = \cos\beta = \cos\gamma = \dfrac{\sqrt{3}}{3}\right)$ 夹角，然后向轴测投影面 π 作正投影 $\vec{v}$。用这种方法作出的轴测投影图称为正等轴测图，其中，有坐标轴投影 x' 轴、y' 轴、z' 轴，且 x' 轴、y' 轴、z' 轴之间的两两夹角均为 $120°$，对应坐标轴上的度量单位长度一样：

$$|\vec{i'}| = |\vec{j'}| = |\vec{k'}| = 0.81650 < 1.$$

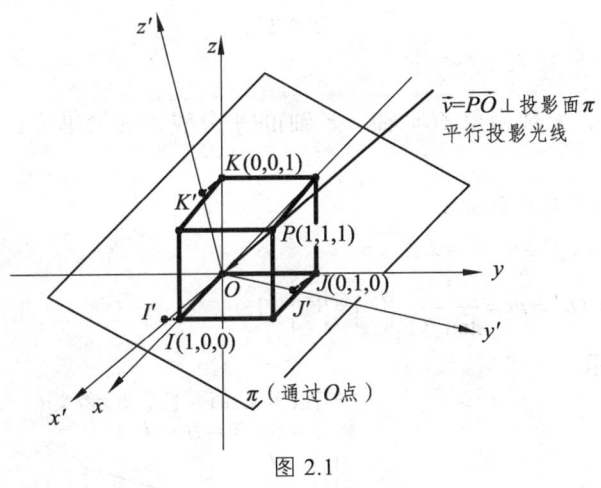

图 2.1

结构特点：

（1）$\vec{v} = \overrightarrow{PO} = \{-1, -1, -1\}$，

$\pi: x + y + z = 0$，

$l_{KK'}: \begin{cases} x = 0 + t \\ y = 0 + t \\ z = 1 + t \end{cases}$，

$K' = \pi \cap l_{KK'} = \left(\dfrac{-1}{3}, \dfrac{-1}{3}, \dfrac{2}{3}\right)$。

同理：$J' = \left(\dfrac{-1}{3}, \dfrac{2}{3}, \dfrac{-1}{3}\right)$，$I' = \left(\dfrac{2}{3}, \dfrac{-1}{3}, \dfrac{-1}{3}\right)$；

$$\vec{V}_{x'} = \overrightarrow{OI'} = \left\{\frac{2}{3}, \frac{-1}{3}, \frac{-1}{3}\right\}, \vec{V}_{y'} = \overrightarrow{OJ'} = \left\{\frac{-1}{3}, \frac{2}{3}, \frac{-1}{3}\right\}, \vec{V}_{z'} = \overrightarrow{OK'} = \left\{\frac{-1}{3}, \frac{-1}{3}, \frac{2}{3}\right\}.$$

（2）x, y, z 坐标轴在投射面 π 上的影子分别为 x' 轴、y' 轴、z' 轴，由此得到：

三条轴单位方向的影子都为 $|\vec{V}_{x'}| = |\vec{V}_{y'}| = |\vec{V}_{z'}| = \frac{\sqrt{6}}{3} = 0.81650 < 1$；

x' 轴、y' 轴、z' 轴之间两两夹角均为 $\cos\angle(\vec{V}_{x'}, \vec{V}_{y'}) = \cos\angle(\vec{V}_{z'}, \vec{V}_{x'}) = \cos\angle(\vec{V}_{y'}, \vec{V}_{z'}) = \frac{-1}{2}$，

即都为 120°. 如图 2.2 所示.

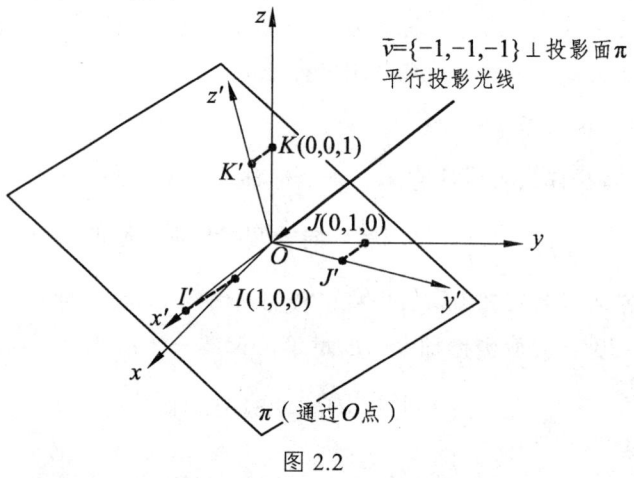

图 2.2

2. "斜二测轴" 坐标系 $O'x'y'z'$

y' 轴与 z' 轴垂直，x' 轴为角∠(y' 轴、z' 轴)的平分线，度量单位长度为 $|\vec{i'}| \ne |\vec{j'}| = |\vec{k'}|$.
结构特点：

（1）常见视角：$\vec{v} \parallel M$ 平分面；

新坐标轴：$x', y' = y, z' = z$；

单位：$|\vec{V}_{x'}| = OI' = m = \frac{1}{\tan\beta}$, $|\vec{V}_{y'}| = |\vec{V}_{z'}| = 1$.

如图 2.3 所示.

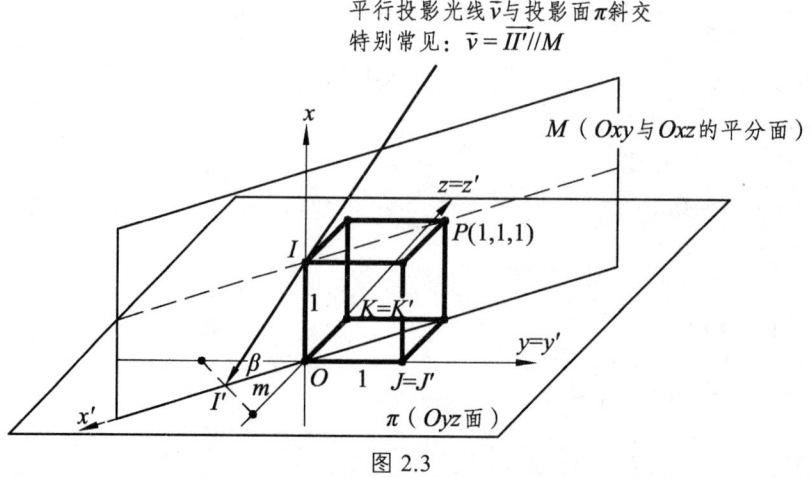

图 2.3

（2）x, y, z 坐标轴在投射面 π 上的影子分别为 x'轴、y'轴、z'轴，由此得到：三条新坐标轴单位方向的影子分别为 $\vec{V}_{x'} = \left\{0, \dfrac{-m}{\sqrt{2}}, \dfrac{-m}{\sqrt{2}}\right\}$，$\vec{V}_{y'} = \vec{V}_y$，$\vec{V}_{z'} = \vec{V}_z$.

注：x'轴、y'轴、z'轴之间的夹角均在平面 π 上，$\vec{V}_{y'}$ 与 $\vec{V}_{z'}$ 垂直，$\vec{V}_{x'}$ 为 $\vec{V}_{y'}$ 与 $\vec{V}_{z'}$ 的平分线方向上向量，且有 $\angle(\vec{V}_{x'}, \vec{V}_{y'}) = 135°$，$\angle(\vec{V}_{z'}, \vec{V}_{x'}) = 135°$，$\angle(\vec{V}_{y'}, \vec{V}_{z'}) = 90°$.

为了作图方便，有如下两种假定：

其一：$|\vec{V}_{x'}| = m = \dfrac{1}{2}$，$\vec{V}_{x'} = \left\{0, \dfrac{-1}{2\sqrt{2}}, \dfrac{-1}{2\sqrt{2}}\right\}$，$|\vec{V}_{y'}| = |\vec{V}_{z'}| = 1$.

其二：$|\vec{V}_{x'}| = m = \dfrac{\sqrt{2}}{2}$，$\vec{V}_{x'} = \left\{0, \dfrac{-1}{2}, \dfrac{-1}{2}\right\}$，$|\vec{V}_{y'}| = |\vec{V}_{z'}| = 1$.

下面仅仅在平面 π 上的影子坐标系 $O'x'y'z'$ 下构作物体的空间图形，为作图方便，影子坐标系 $O'x'y'z'$ 就记为坐标系 $Oxyz$.

2.2 两种常用坐标系的画法

1. "正等测轴"坐标系 $Oxyz$

"正等测轴"坐标系 $Oxyz$ 的特点是：x 轴、y 轴、z 轴之间两两夹角均为 $120°$，度量单位长度一样，即 $|\vec{i}| = |\vec{j}| = |\vec{k}| = 0.81650 < 1$.

为了构作及认识上的方便，按如下方式绘制"正等测轴"坐标系 $Oxyz$：

x 轴、y 轴、z 轴之间两两夹角均为 $120°$，度量单位长度一样，即 $|\vec{i}| = |\vec{j}| = |\vec{k}| = 1$. 即：三条坐标轴交于一点 O，以 O 为坐标原点，每两条坐标轴间的夹角为 $120°$，各坐标轴上的单位长度相等，均取为 1.

（1）取原点 O，过原点 O 作垂直于水平线的直线，并且标注方向向上，得 z 轴有向直线；

（2）由直尺和 $60°$ 的三角板作过原点 O 且与 z 轴相交的直线，并且标注方向向左下方，得 x 轴有向直线[见图 2.4（a）]；

（3）由直尺和 $60°$ 的三角板作过原点 O 且与 x 轴相交的直线，并且标注方向向右下方，得 y 轴有向直线[见图 2.4（b）]

（4）在各坐标轴上标注相同的单位长度 1 即可[见图 2.4（c）].

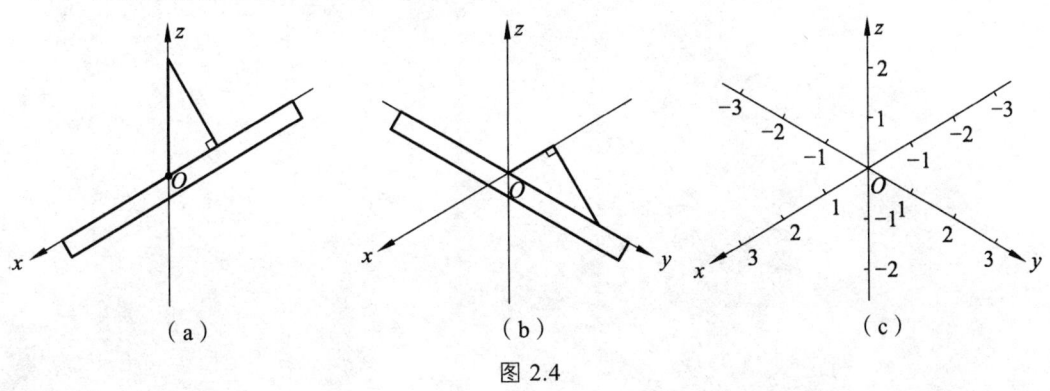

图 2.4

2. "斜二测轴"坐标系 $Oxyz$

"斜二测轴"坐标系 $Oxyz$ 的特点是：y 轴与 z 轴垂直，x 轴为角 $\angle$（y 轴、z 轴）的平分线，度量单位长度 $|\vec{i}| \neq |\vec{j}| = |\vec{k}|$.

为了构作及认识上的方便，按如下方式绘制"斜二测轴"坐标系 $Oxyz$：

y 轴与 z 轴垂直，x 轴为角 $\angle$（y 轴、z 轴）的平分线，度量单位长度 $|\vec{i}| = \dfrac{\sqrt{2}}{2}\left(\text{或}\dfrac{1}{2}\right) \neq |\vec{j}| = |\vec{k}| = 1$.

（1）取原点 O，过原点 O 作水平直线，并且标注方向向右，得 y 轴有向直线；

（2）过原点 O，作垂直于水平线的直线，并且标注方向向上，得 z 轴有向直线[见图 2.5（a）]；

（3）过原点 O，从右上方到左下方用含 45°的三角板作 z 轴直线与 y 轴直线的角平分线，并且标注方向向左下方，得 x 轴有向直线[见图 2.5（b）]；

（4）在 y 轴与 z 轴上标注相同的单位长度 1，在 x 轴上取 $\dfrac{\sqrt{2}}{2}$ 作为单位（由 y 轴与 z 轴上单位点与原点 O 构成的等腰直角三角形的斜边与 x 轴相交得到单位点），即可[见图 2.5（c）].

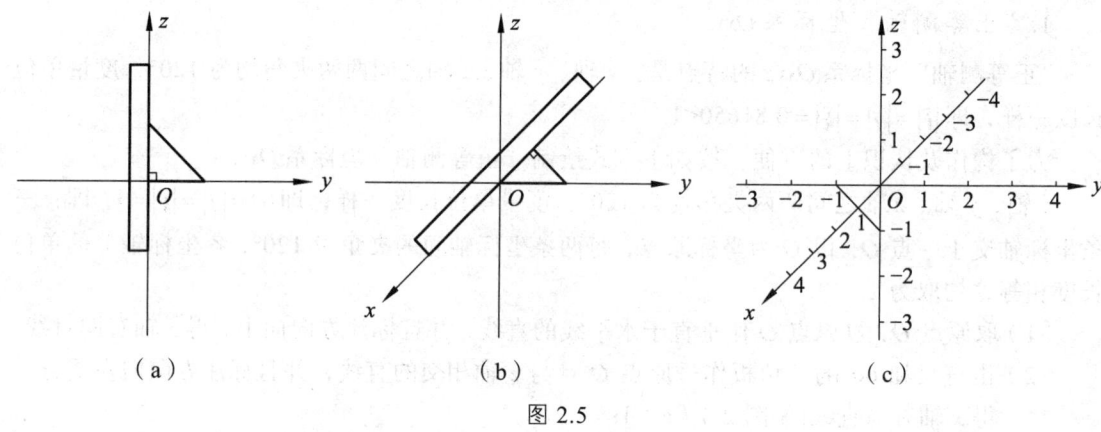

图 2.5

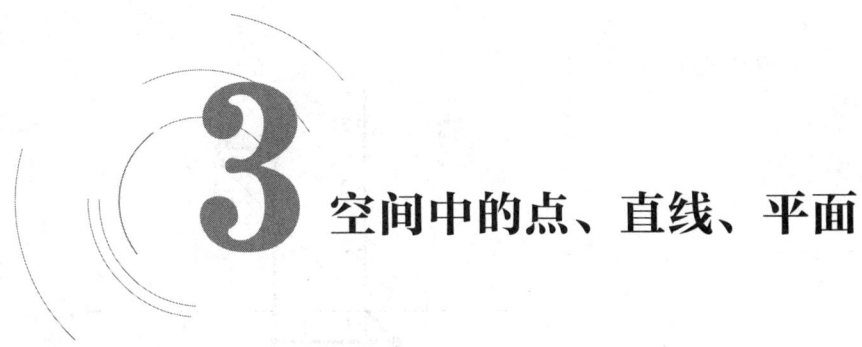

3 空间中的点、直线、平面

3.1 空间中的点

在 3 维空间坐标系 $Oxyz$ 下确定空间点 $P(a,b,c)$ 的方法是按照 x 轴、y 轴与 z 轴 3 个方向去度量并确定位置的. 即常说的坐标折线法:

由坐标原点 O 出发沿着 x 轴方向平行移动 a 个单位;

再沿着 y 轴方向平行移动 b 个单位;

最后沿着 z 轴方向平行移动 c 个单位 ("正、负" 分别对应于 "轴方向及其反方向").

彩图 3.1~3.11

在平面图纸上绘制也用坐标折线法.

例 3.1.1 作空间点 $P(1, 2, 3)$.

解答: 先作坐标系 $Oxyz$, 再在坐标系下作点 $P(1, 2, 3)$ (见图 3.1).

方法 1:

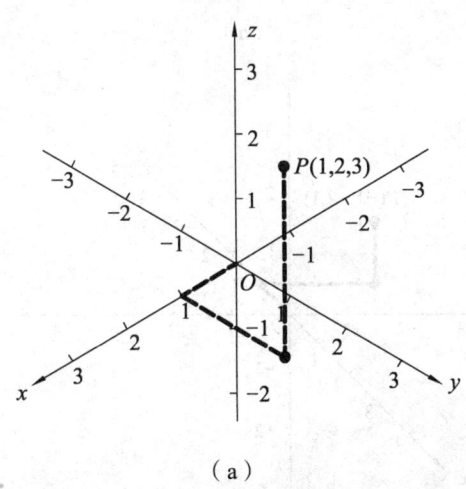

(a)

- 7 -

方法 2：

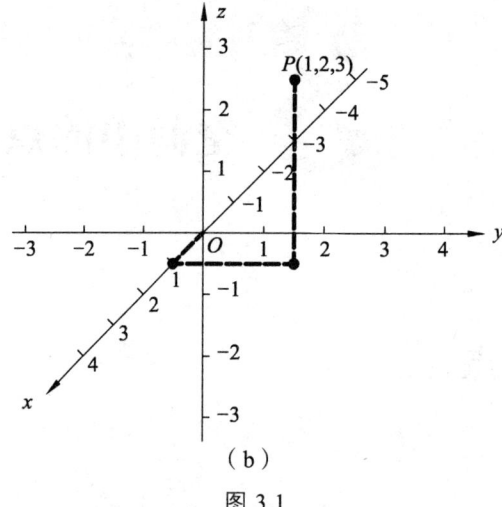

（b）

图 3.1

例 3.1.2 作空间点 $P(-1,-2,1)$.

解答：先作坐标系 $Oxyz$，再在坐标系下作点 $P(-1,-2,1)$（见图 3.2）.

方法 1：

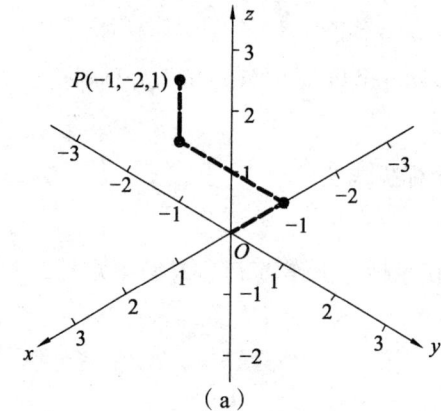

（a）

方法 2：

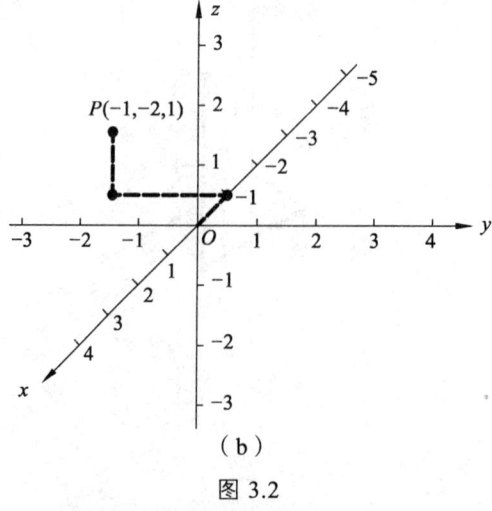

（b）

图 3.2

注意：作向量 $\vec{v}=\{a,b,c\}$ 的方法：作为自由向量，即作径向量 $\overrightarrow{OP}=\vec{v}=\{a,b,c\}$，即先用坐标折线法作出点 $P(a,b,c)$，再用箭头从 O 到 P 连接得 $\vec{v}=\overrightarrow{OP}$.

练习：作空间点 $P(-2,2,-1)$，$M(0.5,-2,-1)$ 以及向量 $\vec{v}=\{1,-1,2\}$.

3.2 空间中的直线

已知两点或直线的方程，如何绘制空间中的直线？我们知道，两点确定一条直线；一点和一个方向可以确定一条直线；通过一条直线的两个平面也能确定这条直线，下面介绍几种方法.

3.2.1 两点式方法

若已知两点，则直接通过描点连线法即可绘制；若已知直线的方程，则可以取满足方程的两点绘制.

例 3.2.1 （1）绘制直线 $l: \dfrac{x-1}{2}=\dfrac{y+1}{-3}=\dfrac{z-2}{4}$；

（2）绘制直线 $l:\begin{cases} x=1+2t \\ y=-1-3t, (t\in \mathbf{R}) \\ z=2+4t \end{cases}$；

（3）绘制直线 $l:\begin{cases} 3x+2y-1=0 \\ x+2y+z-1=0 \end{cases}$.

解答：关于上述直线，可以分别取满足方程或方程组的不同的两点，比如，$P_1(1,-1,2)$, $P_2(-1,2,-2)$，再连接 P_1,P_2 两点即可得到直线 l（见图 3.3）.

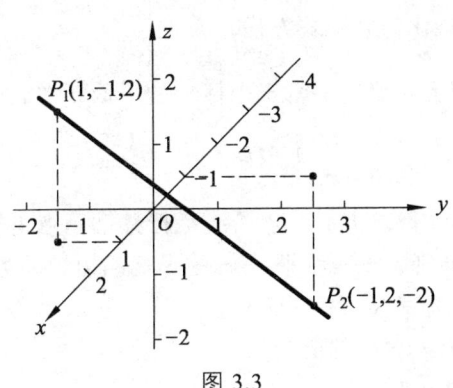

图 3.3

3.2.2 点向式方法

若已知直线上的一点 P，以及直线的方向 $\vec{v}$，则可以先作出点 P 以及径向量 $\vec{v}$，再过点 P 作平行于向量 $\vec{v}$ 的直线即可.

例 3.2.2 绘制直线 $l: \dfrac{x-1}{-1} = \dfrac{y+1}{1} = \dfrac{z-3}{-1}$.

解答： 易见，直线 l 上有点 $P(1,-1,3)$，并且具有方向 $\vec{v} = \{-1, 1, -1\}$. 先作出点 P 以及径向量 $\vec{v}$，再过 P 点作平行于向量 $\vec{v}$ 的直线便可得到直线 l（见图 3.4）.

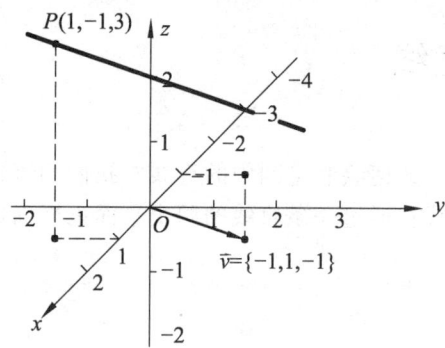

图 3.4

3.2.3 平面相交法

注意： 该方法在学习了"3.3 空间中的平面"后，再学习练习.

若已知直线的方程，可以将其转化为直线的一般方程再来认识此直线，这样有利于研究直线与平面的位置关系，特别是方便研究直线与特殊平面（与坐标轴平行的平面）的位置关系. 因此，在绘制直线时，可先将其转化为直线的射影式方程，使其成为两个平行于坐标轴的平面的相交线再来绘制认识.

即：绘制直线 $l: \begin{cases} A_1x + B_1y + C_1z + D_1 = 0 \\ A_2x + B_2y + C_2z + D_2 = 0 \end{cases}$.

方法：（1）将直线 l 的方程转化为射影式方程，如 $l: \begin{cases} ax + by + c = 0 \cdots \pi_1 \\ dx + ez + f = 0 \cdots \pi_2 \end{cases}$.

（2）在坐标系 $Oxyz$ 下大致确定平行于坐标轴的平面 π_1 与 π_2.

（3）在直线 $l: \begin{cases} ax + by + c = 0 \cdots \pi_1 \\ dx + ez + f = 0 \cdots \pi_2 \end{cases}$ 上取两点 P_1 与 P_2.

（4）将表示平面 π_1 的平行四边形的边沿线平行移动至点 P_1 与 P_2，使其成为形象刻画直线 l 的平面 π_1；同理，将表示平面 π_2 的平行四边形的边沿线平行移动至点 P_1 与 P_2，使其成为形象刻画直线 l 的平面 π_2，这样 π_1 与 π_2 就方便地衬托出直线 l. 连接点 P_1 与 P_2 就得到平面 π_1 与 π_2 的交线 l.

例 3.2.3 绘制直线 $l: \begin{cases} 3x + 2y - 1 = 0 \\ x + 2y + z - 1 = 0 \end{cases}$.

解答：（1）将直线 l 的方程转化为射影式方程 $l: \begin{cases} 3x + 2y - 1 = 0 \cdots \pi_1 \\ 2x - z = 0 \cdots \pi_2 \end{cases}$.

（2）易见，平面 $\pi_1 \parallel z$ 轴、平面 $\pi_2 \parallel y$ 轴，作出特殊平面 π_1 与 π_2 的草图.

（3）在 $l:\begin{cases}3x+2y-1=0\cdots\pi_1\\2x-z=0\cdots\pi_2\end{cases}$ 上取两点 $P_1(1,-1,2)$ 与 $P_2(-1,2,-2)$.

（4）将表示平面 π_1 的平行四边形的边沿线平行移动至点 P_1 与 P_2，使其成为形象刻画直线 l 的平面 π_1；同理，将表示平面 π_2 图形的边沿线扩张，即将平行四边形的边沿线平行移动至点 P_1 与 P_2，使其成为形象刻画直线 l 的平面 π_2. 连接点 P_1 与 P_2 得到平面 π_1 与 π_2 的交线 l（见图 3.5）.

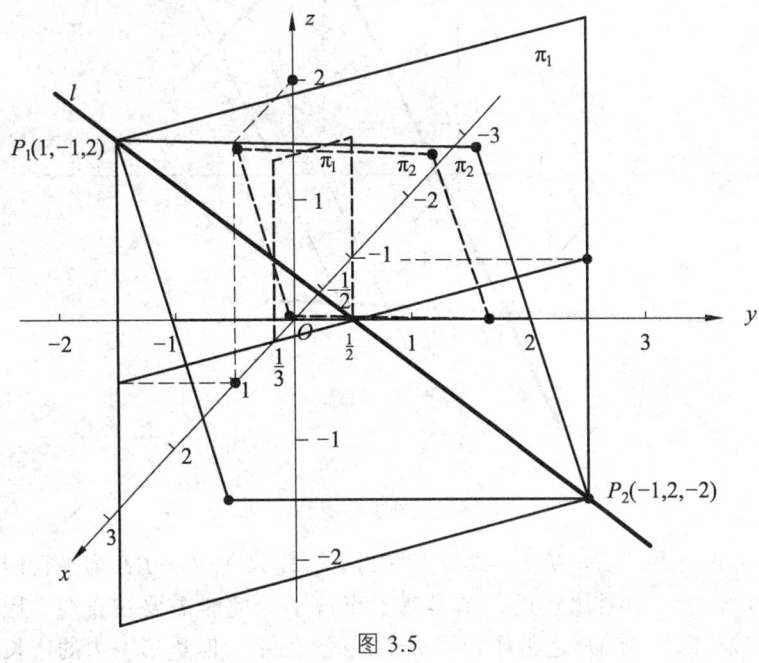

图 3.5

注：用平面相交法刻画直线，虽然比较复杂，但是这种依托于平面认识直线及其位置关系是十分重要的. 比如，在认识异面直线、直线与平面的关系时，就需要相关的形象位置表述来思考问题.

例 3.2.4 已知直线 $l_1:\dfrac{x-3}{2}=\dfrac{y-1}{0}=\dfrac{z}{1}$ 与 $l_2:\dfrac{x+1}{1}=\dfrac{y-1}{1}=\dfrac{z-2}{0}$，请绘制直线 l_1 与 l_2，以及点 $P_1(3,1,0)$ 和 $P_2(-1,1,2)$ 的连线 l，并用平面相交法 $\pi_{ll_1}\cap\pi_{ll_2}=l$ 来展示位置关系.

解答：首先，因为

$$(\overrightarrow{P_2P_1},\vec{v}_1,\vec{v}_2)=\begin{vmatrix}4&0&-2\\2&0&1\\1&1&0\end{vmatrix}=-8\neq 0,$$

所以 l_1 与 l_2 异面.

其次，用点向式方法作出直线 l_1 与 l_2，用两点式方法作出直线 l.

最后，以直线 l 为有轴平面束的轴，作平面 π_{ll_1} 与 π_{ll_2}. 以 l_1 为平行四边形一边所在的线，适当选取平行于 l、长度为 P_1P_2 的一条邻边，作出平行四边形表示平面 π_{ll_1}；同理，以 l_2 为平行四边形一边所在的线，适当选取平行于 l、长度为 P_1P_2 的一条邻边，作出平行四边形表示平面 π_{ll_2}（见图 3.6）.

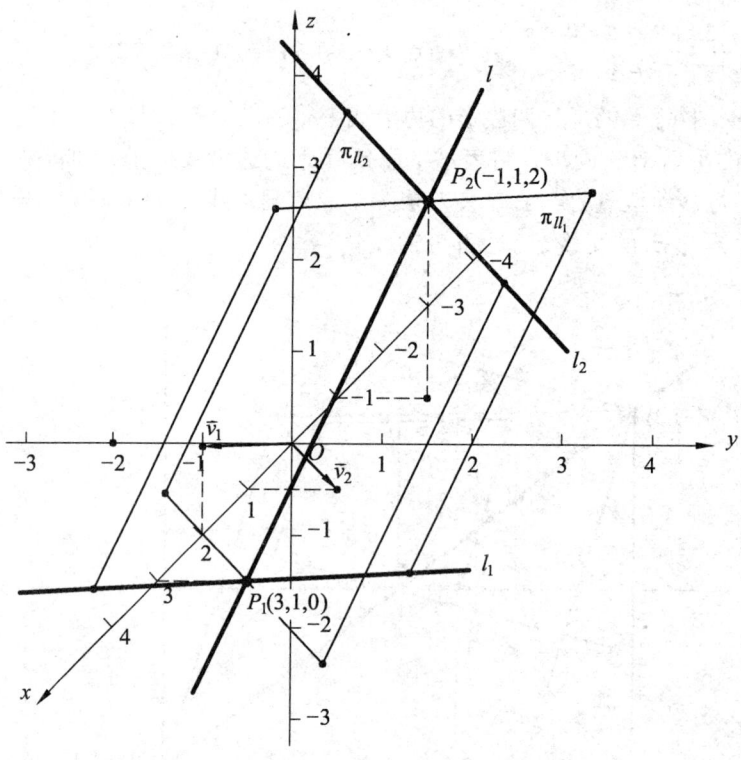

图 3.6

此例中 l 与 l_i 的交点 $l \cap l_i = N_i, i=1,2$，正好为 P_i，故以 $N_1N_2 = P_1P_2$ 为平行四边形一边的边长构作. 如果点 N_1 与 N_2 相距比较近，图形就不直观了，此时需要在直线 l 上适当选取包含 N_1, N_2 的线段 M_1M_2，以 M_1M_2 之距作为平行于直线 l 的平行四边形一边的边长；另外的边是过点 M_1, M_2，分别平行于 l_1 与 l_2 的线段. 用比 N_1, N_2 相离更远的另外两点 M_1, M_2 作为平行四边形一组对边中点来绘制平行四边形，显得直观，便于观察规律. 比如例 3.2.5：

例 3.2.5 已知直线 $l_1: \begin{cases} x=0 \\ y=0+2t, (t \in \mathbf{R}) \\ z=1+t \end{cases}$ 与 $l_2: \begin{cases} x=1+t \\ y=0-3t, (t \in \mathbf{R}) \\ z=0 \end{cases}$，请绘制 l_1 与 l_2，以及它们的

公垂线 l，并且用平面相交法 $\pi_{l_1} \cap \pi_{l_2} = l$ 来展示位置关系.

解答： 首先，已知直线 l_1 的方向 $\vec{v}_1 = \{0, 2, 1\}$ 且过点 $P_1(0,0,1)$，直线 l_2 的方向 $\vec{v}_2 = \{1, -3, 0\}$ 且过点 $P_2(1, 0, 0)$. 由于

$$(\overrightarrow{P_2P_1}, \vec{v}_1, \vec{v}_2) = \begin{vmatrix} -1 & 0 & 1 \\ 0 & 2 & 1 \\ 1 & -3 & 0 \end{vmatrix} = -5 \neq 0,$$

从而 l_1 与 l_2 异面. 并且得到公垂线 l 的方向：

$$\vec{v} = \vec{v}_1 \times \vec{v}_2 = \{0, 2, 1\} \times \{1, -3, 0\} = \{3, 1, -2\}.$$

进而得到 l 与 l_2 确定的平面：

$$\pi_{l_2}:\begin{vmatrix} x-1 & y & z \\ 1 & -3 & 0 \\ 3 & 1 & -2 \end{vmatrix}=0\,,\ \text{即}\ \pi_{l_2}:3x+y+5z-3=0.$$

得到 l 与 l_1 的交点

$$N_1=l\times l_1=\pi_{l_2}\times l_1:\begin{cases} 3x+y+5z-3=0 \\ x=0 \\ y=0+2t \\ z=1+t \end{cases},\ \text{即}\ N_1\left(0,-\frac{4}{7},\frac{5}{7}\right).$$

记 l 与 l_2 的交点为 $l\times l_2=N_2$.

其次，用两点式或点向式方法作出直线 l_1 与 l_2，用点向式方法作出它们的公垂线 l.

最后，以直线 l 为有轴平面束的轴，作平面 π_{l_1} 与 π_{l_2}. 由于在直线 l 上的点 N_1 与 N_2 相距比较近，因此，在直线 l 上适当选取包含 N_1,N_2 的线段 M_1M_2，适当选取平行于 l 的平行四边形的一边，长度为 M_1M_2，以过点 M_1 的平行于 l_1 的线段为平行四边形的邻边，作出平面 π_{l_1}；同理，适当选取平行于 l 的平行四边形的一边，长度为 M_1M_2，以过点 M_2 的平行于 l_2 的线段为平行四边形的邻边，作出平面 π_{l_2}（见图 3.7）.

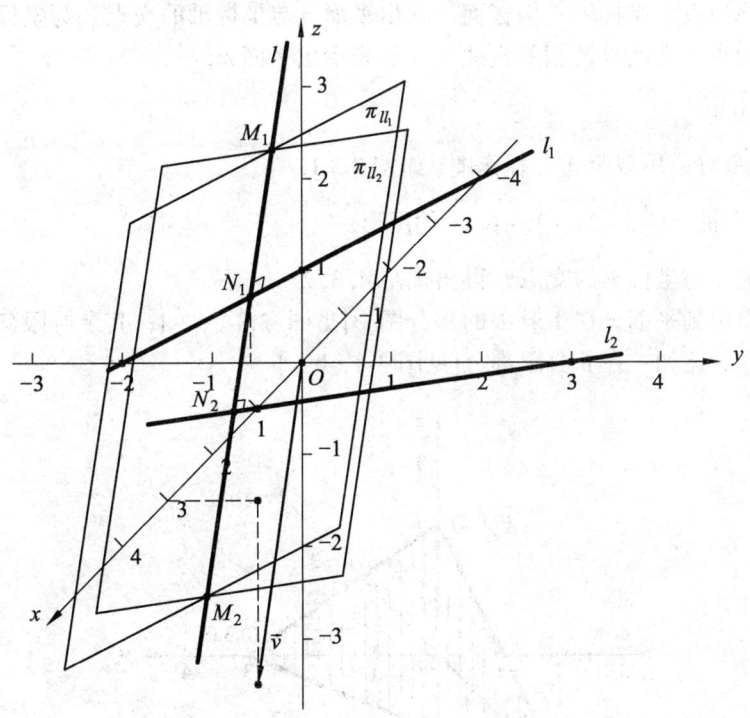

图 3.7

练习：作出下列直线 l 的图形.

1. 直线 $l:\dfrac{x-1}{2}=\dfrac{y-1}{-1}=\dfrac{z}{-2}$，用两点式方法作出该直线.

2. 直线 $l: \begin{cases} x = 1+2t \\ y = \dfrac{1}{2} - t, \\ z = 2t \end{cases} (t \in \mathbf{R})$，用点向式方法作出该直线.

3. 直线 $l: \dfrac{x-2}{0} = \dfrac{y-3}{0} = \dfrac{z}{2}$，在两个特殊平面衬托下通过相交得出该直线.

4. 已知直线 $l_1: \dfrac{x-3}{2} = \dfrac{y-1}{0} = \dfrac{z}{1}$ 与 $l_2: \dfrac{x+1}{1} = \dfrac{y-1}{1} = \dfrac{z-2}{0}$，请绘制 l_1 与 l_2，以及它们的公垂线 l，并用平面相交法 $\pi_{ll_1} \bigcap \pi_{ll_2} = l$ 来展示位置关系.

3.3 空间中的平面

在坐标系 $Oxyz$ 下，手工构作平面 $\pi: Ax + By + Cz + D = 0$ 的图形，有助于从代数与几何两个角度感知平面 π，得到平面 π 的方程数量关系与图形直觉感官之间的联系，这对于在"数形结合"下研究几何、代数的基础联系是至关重要的.

作平面 π 图形之方法：

借助于坐标原点、坐标轴、坐标面，求出平面 π 与坐标轴的交点、与坐标面的交线；

适当连接交点、交线以及相关直线，从而表示出平面 π.

1. 当 $ABCD \neq 0$ 时

当 $ABCD \neq 0$ 时，用截距式方程作图. 如例 3.3.1.

例 3.3.1 作出平面 $\pi: \dfrac{3}{2}x + 2y + 3z - 6 = 0$ 的图形.

解答：求出平面 π 与坐标轴的交点，得出截距 4, 3, 2.

连接交点得到平面 π 在 I 卦限的部分图形[见图 3.8（a）]；其余卦限部分的图形由延长线构作，比如：在 II 卦限部分[见图 3.8（b）].

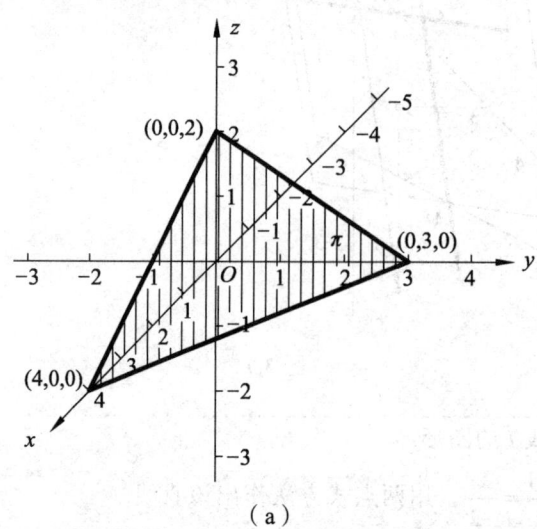

（a）

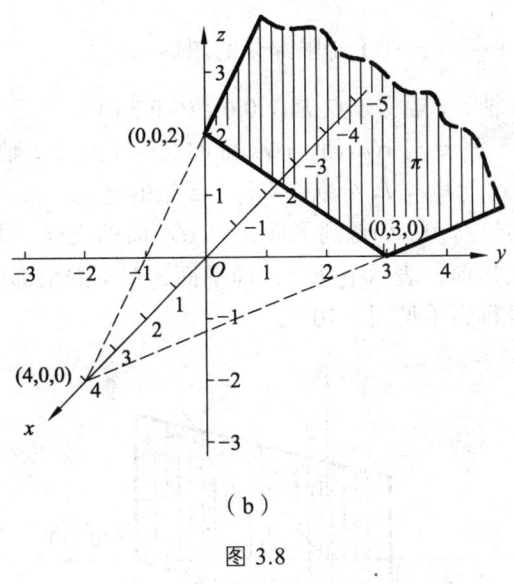

（b）

图 3.8

2. 当 $ABC \neq 0$，$D = 0$ 时

当 $ABC \neq 0$，$D = 0$ 时，作过原点与坐标面相交的两条直线可得图形. 如例 3.3.2.

例 3.3.2 作出平面 $\pi: 2x - 2y + 3z = 0$ 的图形.

解答：（1）分别在 xOy 面、yOz 面、xOz 面上取平面 π 上的点 $P_1(2,2,0)$, $P_2(0,3,2)$, $P_3(-3,0,2)$.

（2）连接点 O 与点 P_1、点 O 与点 P_2、点 O 与点 P_3（若作其他卦限部分的图形，则选反向交线）. 从而得到平面 π 与 xOy 面、平面 π 与 yOz 面、平面 π 与 xOz 面的交线. 由需要选择两条交线，绘出需要的平面 π 的部分. 比如，平面 π 在Ⅰ卦限部分的图形（见图 3.9（a）），平面 π 在Ⅱ卦限部分的图形（见图 3.9（b）），等等.

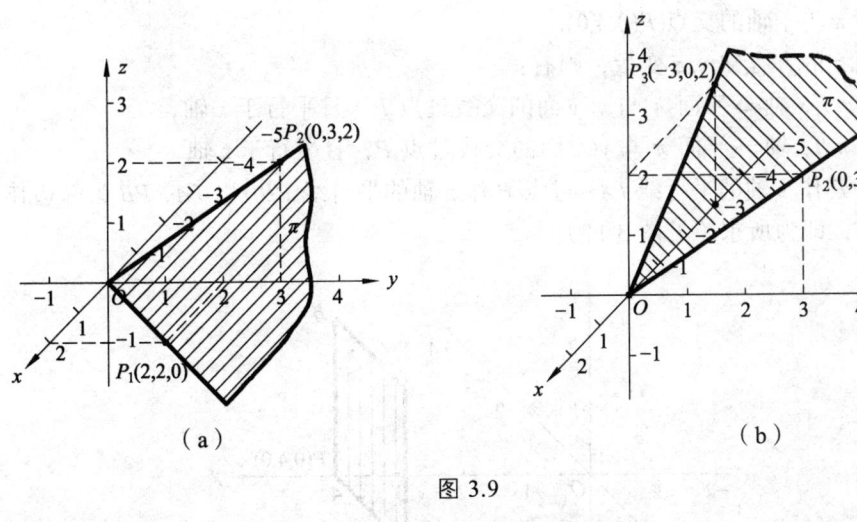

（a） （b）

图 3.9

3. 当 A, B, C 中有一个为 0 时

例如，$C = 0$.（1）当 $D \neq 0$ 时，平面 $\pi /\!/ z$ 轴，作图方法如例 3.3.3.

（2）当 $D = 0$ 时，平面 π 过 z 轴，作图方法见 2 部分.

例3.3.3 作出平面 $\pi:\dfrac{x}{2}+\dfrac{y}{3}=1$，在 I 卦限部分的图形．

解：（1）平面 π 分别与 x 轴、y 轴交于点 $P_1(2,0,0)$, $P_2(0,3,0)$．

（2）平面 $\pi /\!/ z$ 轴 $\Rightarrow$ 平面 π 与 xOz 面、yOz 面的交线平行于 z 轴
$\Rightarrow$ 过点 P_1 与 P_2 分别作平行于 z 轴的交线．

（3）连接点 $P_1(2,0,0)$ 与 $P_2(0,3,0)$ 得到平面 π 与 xOy 面的交线，并且作其交线的平行线，得到一个平行四边形，表示平面 π，即平面 π 在 I 卦限部分的图形；其余部分的图形可以延长交线得到（见图 3.10）．

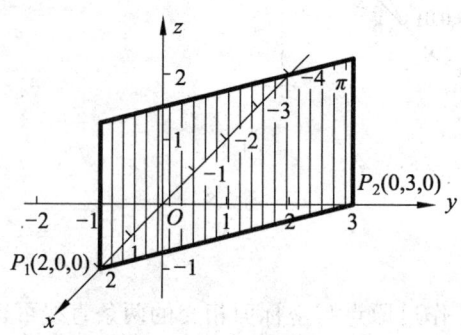

图 3.10

4. 当 A,B,C 中有两个为 0 时

例如，$A = C = 0$．（1）当 $D \neq 0$ 时，平面 $\pi /\!/ yOz$ 面，作图方法如例 3.3.4．

（2）当 $D = 0$ 时，平面 $\pi \equiv yOz$ 面．

例3.3.4 作出平面 $\pi: y-4=0$，在 I 卦限部分的图形．

解：（1）平面 π 与 y 轴的交点 $P(0,4,0)$．

（2）平面 π 的方程缺 x, z 变量，则有：

平面 $\pi /\!/ x$ 轴 $\Rightarrow$ 平面 π 与 xOy 面的交线过点 P，且平行于 x 轴；

平面 $\pi /\!/ z$ 轴 $\Rightarrow$ 平面 π 与 yOz 面的交线过点 P，且平行于 z 轴．

过点 P 作 x 轴的平行线 PA，过点 P 作 z 轴的平行线 PB．以 PA, PB 为邻边作平行四边形，即为所求（见图 3.11）．

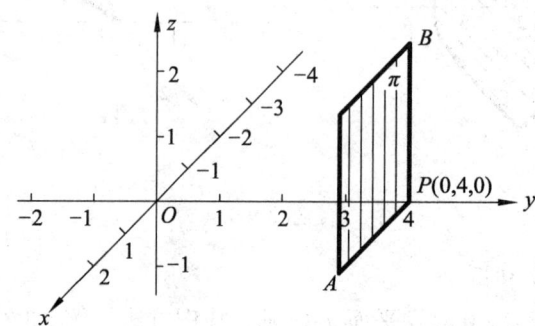

图 3.11

练习：作出下列平面的图形：

1. 平面 $\pi: x-2y+3z-1=0$，在 Ⅳ 卦限部分.
2. 平面 $\pi: x-y+2z=0$，在 Ⅱ 卦限部分.
3. 平面 $\pi: y+4z+4=0$，在 Ⅷ 卦限部分.
4. 平面 $\pi: 2z-6=0$，在 Ⅱ 卦限部分.

4 图形方程到图形及其特征总论

认识Σ图形的基本方法：
（1）平面解析几何方法（中学）：

方程	图形
变量范围	点的范围
变量的对称性	点的对称性
特殊解	与坐标轴（或某线）的交点

彩图 4.1

（2）平面截割方法：

平面截割法是认识几何实体的重要方法. 在几何学图形研究中，平面截割法是重要的数学思想方法，比如：高维空间中的庞加莱猜想的证明，即用任意一条封闭的曲线收缩截割研究对象，如果能收缩到一点，则研究对象与球体同胚；在工业、医学等方面，平面截割法也是重要的应用于实践的切入手段，比如：用平面截割方法，通过冷冻、截片、成像、数字化、组合，构建了中国虚拟人（男1号[16 600 片]、女2号[8 556 片]），为中国医学研究与实践提供了认识平台.

用平面截割方法认识Σ图形：

$$L: \begin{cases} \Sigma \\ \pi \end{cases} \text{是平面} \pi \text{与} \Sigma \text{图形的相交图形},$$

它既是平面π上的平面图形，又满足$\Sigma = \{L | L = \Sigma \cap \pi\}$ = 曲线L的组合. 也就是说，平面截割方法是将Σ图形转化为平面图形L来刻画的方法，俗称为"切萝卜方法".

下面简要介绍平面截割方法，即"从平面图形L来认识空间图形Σ"的方法的操作步骤：

认识"方程"		认识"图形"
Σ的"方程"	用平面π截割	Σ的"图形"
方程或坐标 $\begin{cases} \Sigma: \cdots \\ \pi: \cdots \end{cases}$		平面π上画截割线或点

（1）求Σ与直线（坐标轴）的交点"坐标"：　　在直线（坐标轴）上画出"点"；
（2）求Σ与（3个）坐标面的交线方程：　　在坐标面上画出"主截割线"；

（3）对一般的 π，画出 $L:\begin{cases}\Sigma:\cdots\\ \pi:\cdots\end{cases}$：　　　　　在平面 π 上画出"主截割线" L.

　　（一组 π）　　　　　　　　　　　　　　（一组 L）

注：为了方便认识，时常选择平行于某坐标面的截割平面 π. 比如：用 $\pi:y=t,a\leqslant t\leqslant b$ 去截割. 如图 4.1 所示.

此方法对于图形 Σ 的局部 L 及整体把握，以及微积分的认识都是重要的.

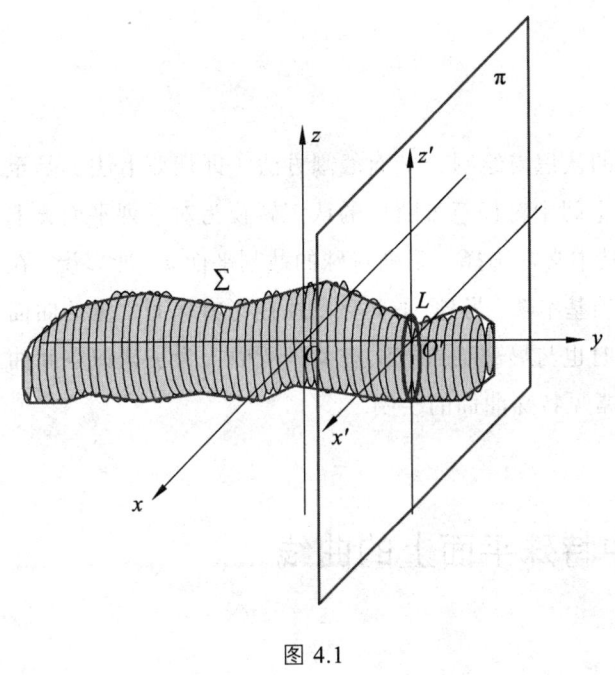

图 4.1

5 空间特殊平面上的曲线、特殊曲面

关于一般 Σ 图形的认识与绘制，平面截割方法（即切萝卜法）是至关重要的方法，它将空间中对任意 Σ 图形的认识转换为对系列平面 π 上的图形组合的认识，其中常常选择一系列特殊的截割平面 π. 所以说，在特殊平面上作图是一项基本功. 另外，平面截割往往与特殊而常见的曲面组合、相交有关，同时也与局部描点方法有关，所以，为了认识空间曲线，还必须把握一些常见特殊曲面的绘制.

彩图 5.1 ~ 5.32

5.1 空间中特殊平面上的曲线

本节，我们关注的是平行于坐标面的平面上的曲线，这是使用平面截割方法的基础.

Σ 图形的截割线 $L = \Sigma \cap \pi$（其中 π // 坐标面）的画法（空间中特殊平面 π 上曲线 L 的画法）如下：

（1）在坐标系 $Oxyz$ 下画平面 π.

（2）将与平面 π 平行的坐标轴平移到平面 π 上.

（3）在平面 π 上画平面曲线 L.

例 5.1.1（Ⅰ） 作曲线 $L:\begin{cases} \Sigma: \dfrac{x^2}{2^2} + \dfrac{y^2}{1^2} + \dfrac{z^2}{3^2} = 1 \\ \pi: z = 0\ (Oxy\ \text{坐标面}) \end{cases}$.

解答：

（1）将曲线 $L:\begin{cases} \Sigma: \dfrac{x^2}{2^2} + \dfrac{y^2}{1^2} + \dfrac{z^2}{3^2} = 1 \\ \pi: z = 0 \end{cases}$ 同解变形为 $L:\begin{cases} \dfrac{x^2}{2^2} + \dfrac{y^2}{1^2} = 1 \\ \pi: z = 0 \end{cases}$，即 L 是 Oxy 坐标面上的椭圆.

明确 $\pi = Oxy$ 坐标面.

（2）在 $\pi = Oxy$ 坐标面上有 x, y 坐标轴.

（3）在 $\pi = Oxy$ 坐标面上，画椭圆 $L: \dfrac{x^2}{2^2} + \dfrac{y^2}{1^2} = 1$.

在中学：Oxy 坐标面上；
常规描点法：
草图：长方形的内切椭圆
[见图 5.1（a）].

在此处：$Oxyz$ 下；
常规描点法：
草图：在平面 π，即 Oxy 坐标面上，平行四边形的内切椭圆[见图 5.1（b）].

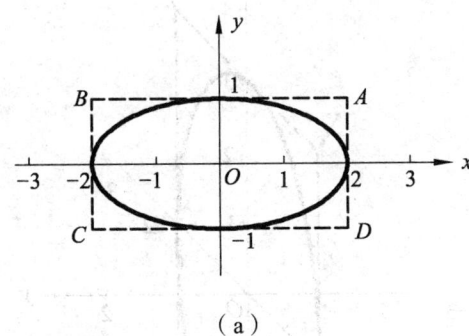

（a）

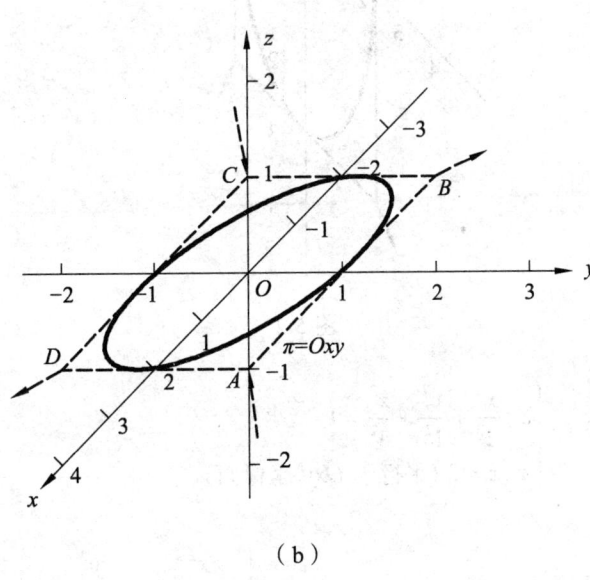

（b）

图 5.1

例 5.1.1（Ⅱ） 作曲线 $L: \begin{cases} \Sigma: \dfrac{x^2}{2^2} + \dfrac{y^2}{1^2} + \dfrac{z^2}{3^2} = 1 \\ \pi: y = 0 \end{cases}$.

解答：

（1）将曲线 $L: \begin{cases} \Sigma: \dfrac{x^2}{2^2} + \dfrac{y^2}{1^2} + \dfrac{z^2}{3^2} = 1 \\ \pi: y = 0 \end{cases}$ 同解变形为 $L: \begin{cases} \dfrac{x^2}{2^2} + \dfrac{z^2}{3^2} = 1 \\ \pi: y = 0 \end{cases}$，即 L 是 Oxz 坐标面上的椭圆.

明确 $\pi = Oxz$ **坐标面**.

（2）在 $\pi = Oxz$ 坐标面上有 x, z 坐标轴.

（3）在 $\pi = Oxz$ 坐标面上画椭圆 $L: \dfrac{x^2}{2^2} + \dfrac{z^2}{3^2} = 1$，即平行四边形的内切椭圆 L（见图 5.2）.

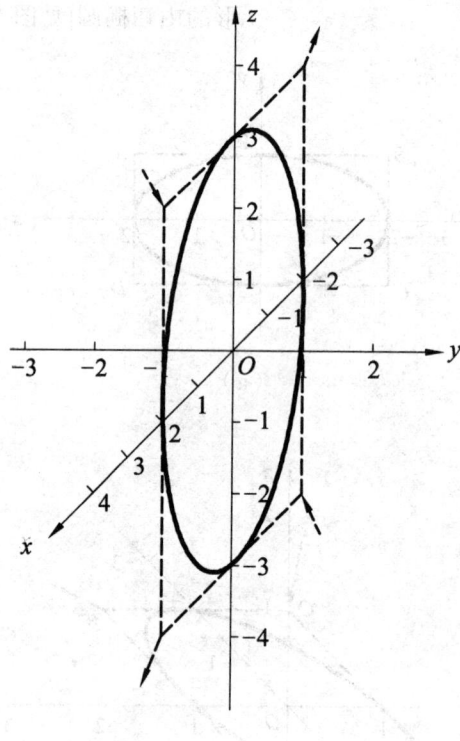

图 5.2

例 5.1.1（Ⅲ）：作曲线 $L: \begin{cases} \Sigma: \dfrac{x^2}{2^2} + \dfrac{y^2}{1^2} + \dfrac{z^2}{3^2} = 1 \\ \pi: z = 2 \text{ (平行于 } Oxy \text{ 坐标面)} \end{cases}$.

解答：

（1）将曲线 $L: \begin{cases} \Sigma: \dfrac{x^2}{2^2} + \dfrac{y^2}{1^2} + \dfrac{z^2}{3^2} = 1 \\ \pi: z = 2 \end{cases}$ 同解变形为 $L: \begin{cases} \dfrac{x^2}{\left(\frac{2\sqrt{5}}{3}\right)^2} + \dfrac{y^2}{\left(\frac{\sqrt{5}}{3}\right)^2} = 1 \\ \pi: z = 2 \end{cases}$，即 L 是平行于 Oxy 坐标面的平面 π 上的椭圆，即可以绘制 $L: \begin{cases} \dfrac{x^2}{1.49^2} + \dfrac{y^2}{0.75^2} = 1 \\ \pi: z = 2 \end{cases}$.

明确 $\pi: z = 2$.

（2）将 x, y 坐标轴平移到平面 π 上，即过点 $O'(0,0,2)$，作 x, y 坐标轴的平行线得到 x', y' 坐标轴，坐标原点为 O'.

（3）在 π 平面上的 $O'x'y'$ 坐标系下，画椭圆 $L: \dfrac{x^2}{1.49^2} + \dfrac{y^2}{0.75^2} = 1$，即平行四边形的内切椭圆 L（见图 5.3）．

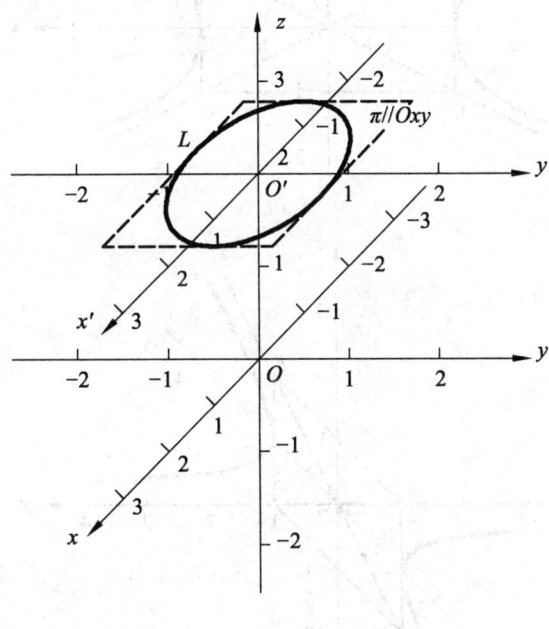

图 5.3

例 5.1.2（Ⅰ）：作曲线 $L: \begin{cases} \Sigma: \dfrac{x^2}{2^2} + \dfrac{y^2}{3^2} - \dfrac{z^2}{1^2} = 1 \\ \pi: y = 0 \end{cases}$．

解答：

（1）将曲线 $L: \begin{cases} \Sigma: \dfrac{x^2}{2^2} + \dfrac{y^2}{3^2} - \dfrac{z^2}{1^2} = 1 \\ \pi: y = 0 \end{cases}$ 同解变形为 $L: \begin{cases} \dfrac{x^2}{2^2} - \dfrac{z^2}{1^2} = 1 \\ \pi: y = 0 \end{cases}$，即 $L: \begin{cases} x = \pm 2\cosh u \\ y = 0 \\ z = \sinh u \end{cases}$ 是 $\pi = Oxz$

坐标面上的双曲线．

明确 $\pi = Oxz$ 坐标面．

（2）在 $\pi = Oxz$ 坐标面上有 x, z 坐标轴．

（3）在 $\pi = Oxz$ 坐标面上，画双曲线 $L: \dfrac{x^2}{2^2} - \dfrac{z^2}{1^2} = 1$，即 $L: \begin{cases} x = \pm 2\cosh u \\ z = \sinh u \end{cases}$．

在中学，　　　　　　　　　　在此处，
常规描点法：　　　　　　　　常规描点法：
草图：长方形对角线为　　　　草图：平行四边形对角线为
　　　渐近线的双曲线．　　　　　　　渐近线的双曲线．
[见图 5.4（a）]：　　　　　　[见图 5.4（b）]：

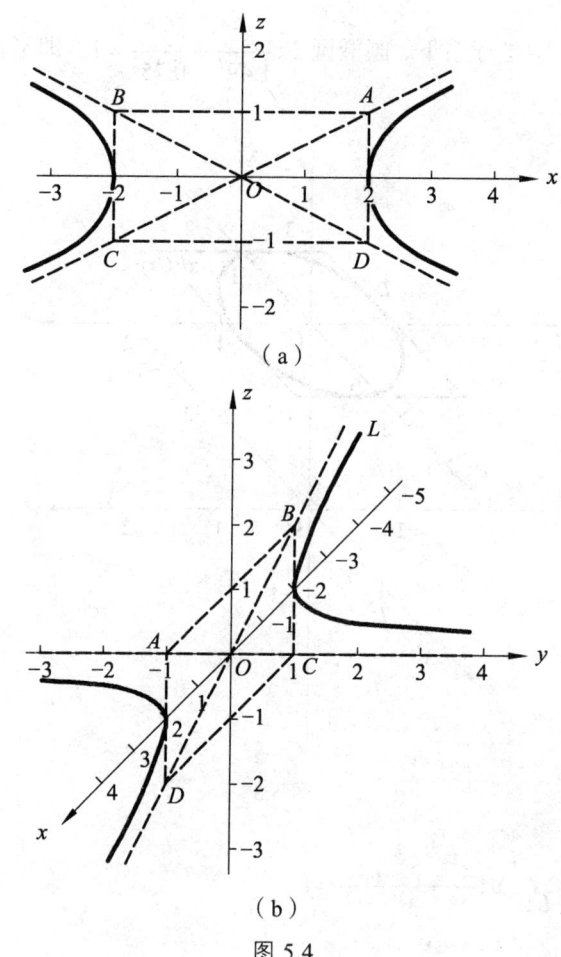

(a)

(b)

图 5.4

例 5.1.2（Ⅱ）：作曲线 $L:\begin{cases} \dfrac{x^2}{1}+\dfrac{y^2}{2}-\dfrac{z^2}{4}=1 \\ y=-2 \end{cases}$.

解答：

（1）将曲线 $L:\begin{cases} \dfrac{x^2}{1}+\dfrac{y^2}{2}-\dfrac{z^2}{4}=1 \\ y=-2 \end{cases}$ 同解变形为 $L:\begin{cases} \dfrac{z^2}{4}-\dfrac{x^2}{1}=1 \\ \pi:y=-2 \end{cases}$，即 $L:\begin{cases} x=\sinh u \\ y=-2 \\ z=\pm 2\cosh u \end{cases}$ 是平行于 Oxz 坐标面的 π 平面上的双曲线．

明确 $\pi:y=-2$．

（2）将 x,z 坐标轴平移到平面 π 上，即过点 $O'(0,-2,0)$，作 x,z 坐标轴的平行线，得到 x',z' 坐标轴，坐标原点为 O'．

（3）在 π 平面上的 $O'x'z'$ 坐标系下，绘制双曲线 $L:\dfrac{z^2}{4}-\dfrac{x^2}{1}=1$，即 $L:\begin{cases} x=\sinh u \\ z=\pm 2\cosh u \end{cases}$．

在 $O'x'z'$ 坐标系下：

先作平行四边形的对角线，即渐近线；

再由两个顶点 $(0,\pm 2,-2)$ 及渐近线得到双曲线 L（见图 5.5）．

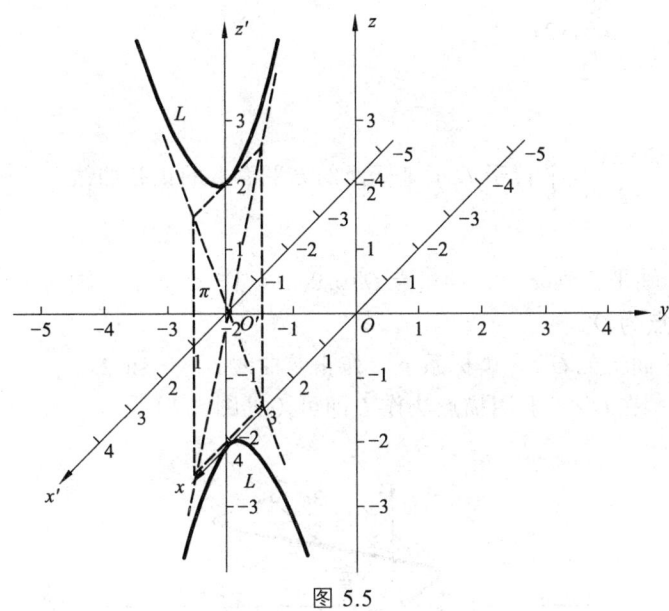

图 5.5

例 5.1.3 作曲线 $L:\begin{cases} x^2 - z^2 = 2y - 2 \\ z = 2 \end{cases}$.

解答：

（1）将曲线 $L:\begin{cases} x^2 - z^2 = 2y - 2 \\ z = 2 \end{cases}$ 同解变形为 $L:\begin{cases} x^2 = 2y + 2 \\ \pi: z = 2 \end{cases}$，$L$ 是平行于 Oxy 坐标面的 π 平面上的抛物线.

明确 $\pi: z = 2$.

（2）将 x, y 坐标轴平移到平面 π 上，即过点 $O'(0, 0, 2)$，作 x, y 轴的平行线得到 x', y' 坐标轴，坐标原点为 O'.

（3）在 $\pi: z = 2$ 平面上的 $O'x'y'$ 坐标系下，作抛物线 $L: x^2 = 2y + 2$.

常规描点法：作顶点 $M(0, -1, 2)$，取另外两点 $P(\sqrt{2}, 0, 2)$ 与 $Q(-\sqrt{2}, 0, 2)$，连接 M, P, Q 即可（见图 5.6）.

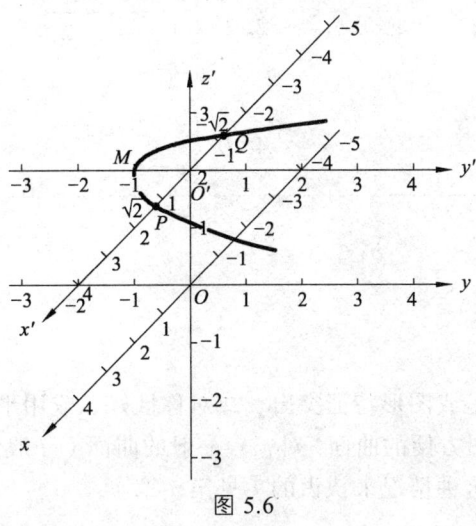

图 5.6

例 5.1.4 作曲线 $L: \begin{cases} y = \sin 2x \\ z = 2 \end{cases}$.

解答：

（1）曲线 $L: \begin{cases} y = \sin 2x \\ \pi: z = 2 \end{cases}$ 是平行于 Oxy 坐标面的 π 平面上的正弦曲线.

明确 $\pi: z = 2$.

（2）将 x, y 坐标轴平移到 π 上，即过点 $O'(0, 0, 2)$，作 x, y 坐标轴的平行线得到 x', y' 坐标轴，坐标原点为 O'.

（3）在 $\pi: z = 2$ 平面上的 $O'x'y'$ 坐标系下，作正弦曲线 $L: y = \sin 2x$.

常规描点法：在 $O'x'y'$ 上用描点法作 L 即可（见图 5.7）.

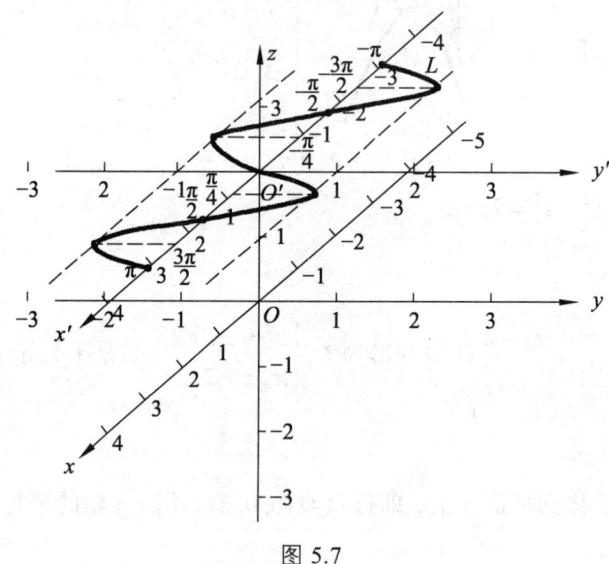

图 5.7

练习： 作出下列空间曲线 L 的图形.

1. $L: \begin{cases} \dfrac{x^2}{1} + \dfrac{y^2}{4} + \dfrac{z^2}{9} = 1 \\ y = 1 \end{cases}$；

2. $L: \begin{cases} \dfrac{x^2}{1} - \dfrac{y^2}{4} + \dfrac{z^2}{2} = 1 \\ z = 2 \end{cases}$；

3. $L: \begin{cases} x^2 + y^2 = 2z \\ y = 1 \end{cases}$；

4. $L: \begin{cases} x = 2\cos z \\ y = 2 \end{cases}$.

5.2 特殊曲面

本节所讲的特殊曲面是或图形特征突出、或对称性好、或用平行于坐标面的截割面截割后图形规律性好，并且作图方便的曲面. 对于较一般的曲面（一般位置），一般都是通过坐标变换将其变换成特殊位置这种情况来认识的（见第 7 章）.

5.2.1 截割线特殊的对称曲面

认识图形的基本思想方法：抓住图形构造特点，确定作图时的特殊点、特殊曲线，在整体上灵活运用平面截割方法.

常用方法的操作步骤如表 5.1 所示.

表 5.1 常用方法的操作步骤

步骤	方程 $F=0$	图形 Σ
1.对称性	解的对称性	点的对称性
2.范围	解的范围	点的范围
3.与坐标轴的交点	解：$\begin{cases} F=0 \\ \text{坐标轴*的方程} \end{cases}$	Σ 的特殊点（比如顶点）：$\Sigma \cap$ 坐标轴*
4.用特殊平面 π 去截割（平面截割法）	方程组 $L:\begin{cases} F=0 \\ \pi:\cdots \end{cases}$	截割线：$L=\Sigma \cap \pi$，当 π 为坐标面时为主截线
5.用一组平面 π 去截割（平面截割法）	一系列方程组 $L:\begin{cases} F=0 \\ \pi:\cdots \end{cases}$	一系列截割线：$L=\Sigma \cap \pi$
6.画出图形的外部轮廓线	按照对称性及范围，认识没有研究到的解	按照对称性及范围，绘制没有画出的部分图形

例 5.2.1（Ⅰ）：绘制曲面 $\Sigma:\dfrac{x^2}{1^2}+\dfrac{y^2}{3^2}+\dfrac{z^2}{2^2}=1$ ……(*)

解答：

（1）对称性.

因为 $\forall(x,y,z)\in\Sigma \Rightarrow (\pm x,\pm y,\pm z)\in\Sigma$，

所以 Σ 关于三个坐标面（主平面，3 个）、三条坐标轴（主轴，3 条）、原点（中心，1 个）都对称.

（2）图形范围. 　　　　　　　　　　　　　　　　　　　　　　 作范围

因为 $-1\leqslant x\leqslant 1$，$-3\leqslant y\leqslant 3$，$-2\leqslant z\leqslant 2$，

所以 Σ 在 $x=\pm 1,y=\pm 3,z=\pm 2$ 所围成的长方体内.

（3）与坐标轴的交点.　　　　　　　　　　　　　　　　　　　　 作顶点

有 6 个顶点：$(\pm 1,0,0),(0,\pm 3,0),(0,0,\pm 2)$.

（4）被坐标面截割.　　　　　　　　　　　　　　　　　　　　　 作主椭圆

有 3 条主截线（主椭圆）：$L_1:\begin{cases}\dfrac{x^2}{1^2}+\dfrac{y^2}{3^2}=1\\ z=0\end{cases}$，$L_2:\begin{cases}\dfrac{x^2}{1^2}+\dfrac{z^2}{2^2}=1\\ y=0\end{cases}$，$L_3:\begin{cases}\dfrac{y^2}{3^2}+\dfrac{z^2}{2^2}=1\\ x=0\end{cases}$. 分别是：

在 xOy 面上的椭圆：顶点 $(\pm 1,0,0)$，$(0,\pm 3,0)$；

在 xOz 面上的椭圆：顶点 $(\pm 1,0,0)$，$(0,0,\pm 2)$；

在 yOz 面上的椭圆：顶点 $(0,\pm 3,0)$，$(0,0,\pm 2)$（见图 5.8）.

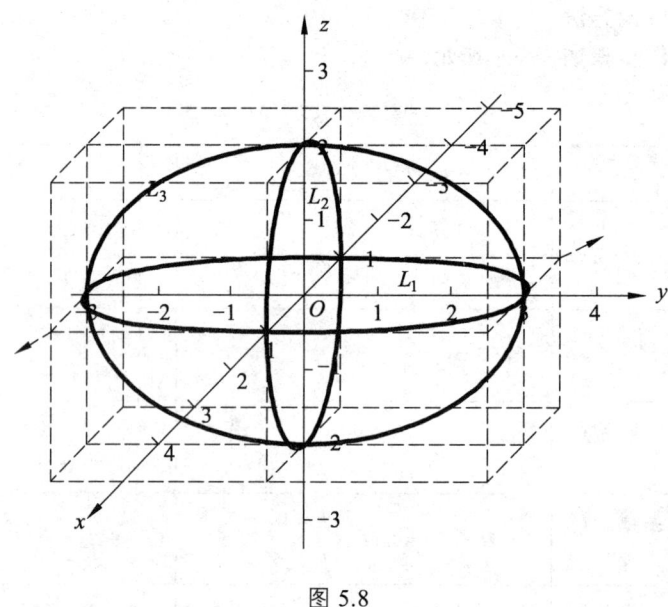

图 5.8

（5）平行平面截割法研究图形.

    （ⅰ）当 $\pi // xOy$ 面时（用 π 截割）：   作平行截割线

截口：$\begin{cases} \dfrac{x^2}{\left(\sqrt{1-\dfrac{h^2}{4}}\right)^2} + \dfrac{y^2}{\left(3\sqrt{1-\dfrac{h^2}{4}}\right)^2} = 1 \\ z = h \end{cases}$.

  ① 讨论各截口：

      $|h|>2$ 时，无图形；

      $|h|=2$ 时，顶点有两个；

      $|h|<2$ 时，有两个椭圆（$h=0$ 时，只有一个）.

  ② 画各截口：

      先画 $\pi : z=h$；

      再在 $z=h$ 上（将 x 轴、y 轴平移到 $z=h$ 上）画.

  ③ 思考：截口为椭圆时，顶点，两半轴以及焦点在哪里？

    （ⅱ）当 $\pi // xOz$ 面时，用 $\pi : y=h$ 去截割（类同）；

      当 $\pi // yOz$ 面时，用 $\pi : x=h$ 去截割（类同）.

    （ⅲ）用任一组平行平面去截割也可讨论，但作图麻烦.

（6）以平滑曲线连接外部轮廓线，变实线为虚线，擦辅助线即可（可不擦，便于判断是否正确）（见图 5.9）.

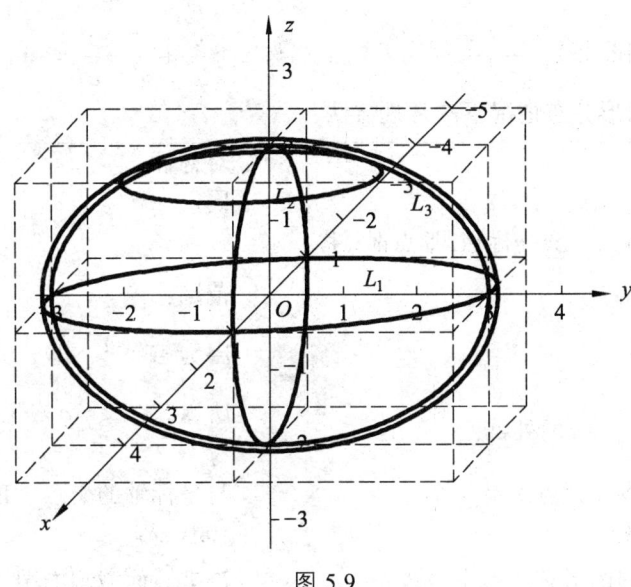

图 5.9

注意：在弄清楚图形 Σ 的结构后，可有如下简洁作图方法. 在此，椭球面 Σ 的草图绘制方法为：

（1）画出（与坐标轴的交点）6 个顶点.

（2）画出（被坐标面截割）3 条主截线（主椭圆）：

① 作外切平行四边形；

② 画椭圆.

（3）以平滑曲线连接外部轮廓线，变实线为虚线，擦辅助线.

▲由平面截割法知道，椭球面 Σ 可以由椭圆编制而成.

例如：$\Sigma: \dfrac{x^2}{1^2} + \dfrac{y^2}{3^2} + \dfrac{z^2}{2^2} = 1$（见图 5.10）.

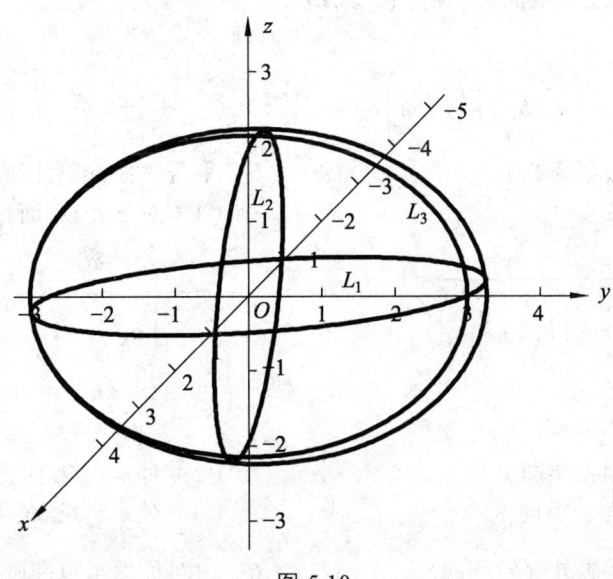

图 5.10

例 5.2.1（Ⅱ）：绘制曲面 $\Sigma_1: \dfrac{x^2}{a^2}+\dfrac{y^2}{b^2}-\dfrac{z^2}{c^2}=1$ ……① 与 $\Sigma_2: \dfrac{x^2}{a^2}+\dfrac{y^2}{b^2}-\dfrac{z^2}{c^2}=-1$ ……②

解答：在未知曲面图形分布情况下的常规方法：

1. 对称性：
   $\forall(x,y,z)\in\Sigma_1 \Rightarrow (\pm x,\pm y,\pm z)\in\Sigma_1$；
   Σ_1 关于三个坐标面、三条坐标轴、原点都对称.

2. 范围：
   因为 $\dfrac{x^2}{a^2}+\dfrac{y^2}{b^2}\geq 1$，
   所以 Σ_1 在 $\dfrac{x^2}{a^2}+\dfrac{y^2}{b^2}\geq 1$ 的外部.

3. 与坐标轴的交点（顶点）有 4 个：
   $(\pm a,0,0), (0,\pm b,0)$.

4. 被坐标面截割的图形有 3 条主截线：
   $L_1:\begin{cases}\dfrac{x^2}{a^2}+\dfrac{y^2}{b^2}=1\\ z=0\end{cases}$：表示椭圆；
   顶点 $(\pm a,0,0), (0,\pm b,0)$.

   $L_2:\begin{cases}\dfrac{x^2}{a^2}-\dfrac{z^2}{c^2}=1\\ y=0\end{cases}$：表示双曲线；顶点 $(\pm a,0,0)$.

   另：$z=\pm h$ 去交：$\left(\pm a\sqrt{1+\dfrac{h^2}{c^2}},0,\pm h\right)$.

   $L_3:\begin{cases}\dfrac{y^2}{b^2}-\dfrac{z^2}{c^2}=1\\ x=0\end{cases}$：表示双曲线；顶点 $(0,\pm b,0)$.

   另：$z=\pm h$ 去交：$\left(0,\pm b\sqrt{1+\dfrac{h^2}{c^2}},\pm h\right)$.

5. 平行平面截割法研究 Σ_1：
   （1）对 $\pi // xOy$ 面：
   $\begin{cases}\dfrac{x^2}{\left(a\sqrt{1+\dfrac{h^2}{c^2}}\right)^2}+\dfrac{y^2}{\left(b\sqrt{1+\dfrac{h^2}{c^2}}\right)^2}=1\\ z=\pm h\end{cases}$；
   …………
   （2）对 $\pi // xOz$ 面：类同上
   （3）对 $\pi // yOz$ 面：类同上

6. 由对称性与范围画外部轮廓线.

1′. 对称性：
   同左

2′. 范围：
   因为 $\dfrac{z^2}{c^2}\geq 1$，即 $z\geq c$ 或 $z\leq -c$，
   所以 Σ_2 在 $z=c$ 之上，$z=-c$ 之下.

3′. 与坐标轴的交点（顶点）有 2 个：
   $(0,0,\pm c)$

4′. 被坐标面截割的图形有 2 条主截线：
   $L_1':\begin{cases}\Sigma_2\\ z=0\end{cases}$：无图形.

   $L_2':\begin{cases}\dfrac{-x^2}{a^2}+\dfrac{z^2}{c^2}=1\\ y=0\end{cases}$：表示双曲线；
   顶点 $(0,\pm c,0)$.

   另：$z=\pm h$ 去交：$\left(\pm a\sqrt{\dfrac{h^2}{c^2}-1},0,\pm h\right)$.

   $L_3':\begin{cases}\dfrac{-y^2}{b^2}+\dfrac{z^2}{c^2}=1\\ x=0\end{cases}$：表示双曲线；
   顶点 $(0,\pm c,0)$.

   另：$z=\pm h$ 去交：$\left(0,\pm b\sqrt{\dfrac{h^2}{c^2}-1},\pm h\right)$.

5′. 平行平面截割法研究 Σ_2：
   （1）对 $\pi // xOy$ 面：
   $\begin{cases}\dfrac{x^2}{\left(a\sqrt{\dfrac{h^2}{c^2}-1}\right)^2}+\dfrac{y^2}{\left(b\sqrt{\dfrac{h^2}{c^2}-1}\right)^2}=1\\ z=\pm h\end{cases}$；
   …………
   （2）对 $\pi // xOz$ 面：类同上
   （3）对 $\pi // yOz$ 面：类同上

6′. 由对称性与范围画外部轮廓线.

注意：在弄清楚图形 Σ 的结构后，可有如下简洁作图方法：

作 $\Sigma_1: \dfrac{x^2}{a^2} + \dfrac{y^2}{b^2} - \dfrac{z^2}{c^2} = 1$ ……① 单叶双曲面的草图步骤：

（1）画腰椭圆 $\begin{cases} \Sigma_1 \\ z = 0 \end{cases}$；

（2）画 $z = \pm h$ 上的两个椭圆；

（3）连接对应顶点，得 xOz 面和 yOz 面上的两条双曲线；

（4）由对称性画外部轮廓线.

▲ Σ_1 可由椭圆编制而成，也可由双曲线编制而成.

作 $\Sigma_2: \dfrac{x^2}{a^2} + \dfrac{y^2}{b^2} - \dfrac{z^2}{c^2} = -1$ ……② 双叶双曲面的草图步骤：

（1）画两个顶点 $(0, 0, \pm c)$；

（2）画 $z = \pm h$，$|h| > c$，上的两个椭圆；

（3）连接对应顶点，得 xOz 面和 yOz 面上的两条双曲线；

（4）由对称性画外部轮廓线.

▲ Σ_2 可由椭圆编制而成，也可由双曲线编制而成.

例如：绘制 $\Sigma_1: \dfrac{x^2}{1^2} + \dfrac{y^2}{2^2} - \dfrac{z^2}{3^2} = 1$ ……①

解答：按照作草图步骤绘制：用 $z = \pm 4, 0$ 截割得三个椭圆 C_1, C_0 与 C_{-1}，画两条抛物线 L_2 与 L_3，得到单叶双曲面 Σ_1 的图形（见图 5.11）.

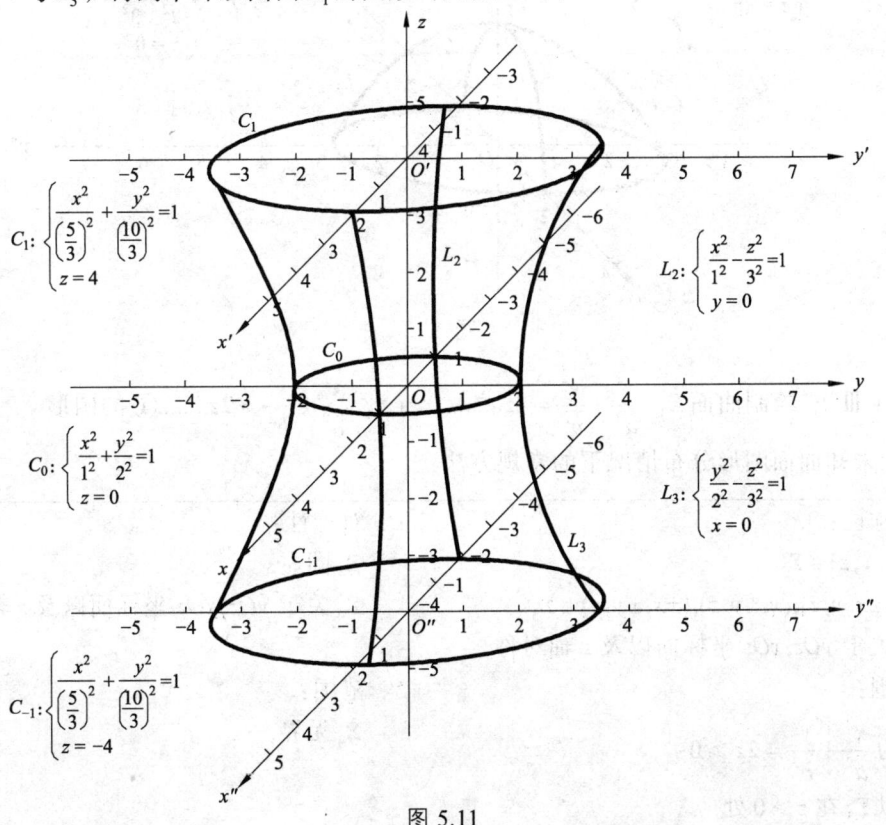

图 5.11

例如：绘制 $\Sigma_2: \dfrac{x^2}{1^2} + \dfrac{y^2}{2^2} - \dfrac{z^2}{3^2} = -1$ ……②

解答：按作草图步骤绘制：用 $z = \pm 5$ 截割得两个椭圆 C_5 与 C_{-5}，画两条抛物线 L_2 与 L_3，得到双叶双曲面 Σ_2 的图形（见图 5.12）.

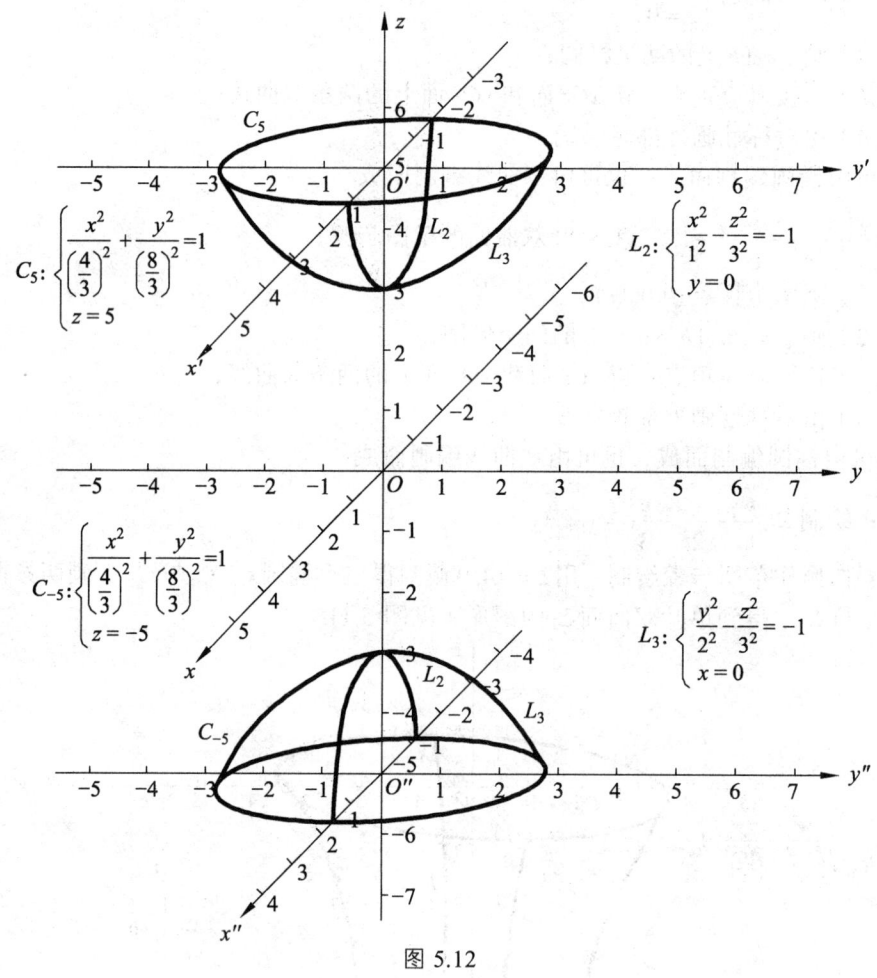

图 5.12

例 5.2.1（Ⅲ）：绘制曲面 $\Sigma_3: \dfrac{x^2}{a^2} + \dfrac{y^2}{b^2} = 2z$ ……③ 与 $\Sigma_4: \dfrac{x^2}{a^2} - \dfrac{y^2}{b^2} = 2z$ ……④ 的图形.

解答：在未知曲面图形分布情况下的常规方法：

1. 对称性： $\forall (x,y,z) \in \Sigma_3$ $\Rightarrow (\pm x, y, z), (x, \pm y, z), (\pm x, \pm y, z) \in \Sigma_3$， Σ_3 关于 yOz, xOz 坐标面以及 z 轴对称.	1'. 对称性： Σ_4 同左. Σ_4 关于 yOz, xOz 坐标面以及 z 轴对称.
2. 范围： 因为 $\dfrac{x^2}{a^2} + \dfrac{y^2}{b^2} = 2z \geqslant 0$， 所以 Σ_3 在 $z \geqslant 0$ 处.	2'. 范围： Σ_4 无界.

3. 与坐标轴的交点(顶点)有 1 个: $(0,0,0)$.

4. 被坐标面截割的图形有两条主截线：

$L_1: \begin{cases} \dfrac{x^2}{a^2} + \dfrac{y^2}{b^2} = 2z \\ z = 0 \end{cases}$ ：表示一个点 $(0,0,0)$.

$L_2: \begin{cases} x^2 = 2a^2 z \\ y = 0 \end{cases}$ ：表示抛物线；顶点 $(0,0,0)$.

另用 $z = h$ 去交：$\left(\pm a\sqrt{2h}, 0, h\right)$.

$L_3: \begin{cases} y^2 = 2b^2 z \\ x = 0 \end{cases}$ ：表示抛物线；顶点 $(0,0,0)$.

另用 $z = h$ 去交：$\left(0, \pm b\sqrt{2h}, h\right)$.

5. 平行平面截割法研究 Σ_3：

（1）对 $\pi /\!/ xOy$ 面：

$L_4: \begin{cases} \dfrac{x^2}{(a\sqrt{2h})^2} + \dfrac{y^2}{(b\sqrt{2h})^2} = 1 \\ z = h \end{cases}$ ；

（2）对 $\pi /\!/ xOz$ 面：

$L_5: \begin{cases} x^2 = 2a^2 z - \dfrac{a^2 t^2}{b^2} \\ y = t \end{cases}$ ；

（3）对 $\pi /\!/ yOz$ 面
　　…………

6. 由对称性与范围画外部轮廓线.

3′. 与坐标轴的交点(顶点)有 1 个: $(0,0,0)$.

4′. 被坐标面截割的图形有三条主截线：

$L_1': \begin{cases} \dfrac{x^2}{a^2} - \dfrac{y^2}{b^2} = 0 \\ z = 0 \end{cases}$ ：表示 $z = 0$ 上两相交直线

$L_2': \begin{cases} x^2 = 2a^2 z \\ y = 0 \end{cases}$ ：表示抛物线；顶点 $(0,0,0)$.

另用 $z = h$ 去交：$\left(\pm a\sqrt{2h}, 0, h\right)$.

$L_3': \begin{cases} y^2 = -2b^2 z \\ x = 0 \end{cases}$ ：表示抛物线；

顶点 $(0,0,0)$.

另用 $z = -h$ 去交：$\left(0, \pm b\sqrt{2h}, -h\right)$.

5′. 平行平面截割法研究 Σ_4：

（1）对 $\pi /\!/ xOy$ 面：

$L_4': \begin{cases} \dfrac{y^2}{(b\sqrt{2h})^2} - \dfrac{x^2}{(a\sqrt{2h})^2} = 1 \\ z = -h \end{cases}$ ；

（2）对 $\pi /\!/ xOz$ 面：
　　…………

（3）对 $\pi /\!/ yOz$ 面：

$L_5': \begin{cases} y^2 = -2b^2 z + \dfrac{b^2}{a^2} h^2 \\ x = \pm h \end{cases}$

6′. 由对称性与范围画外部轮廓线.

注意：在清楚图形 Σ 的结构后，可有如下简洁作图方法.

作 $\Sigma_3: \dfrac{x^2}{a^2} + \dfrac{y^2}{b^2} = 2z$ ……③（椭圆抛物面）的草图步骤：

（1）画顶点 $(0,0,0)$；
（2）画 $z = h$ 上的椭圆 L_4；
（3）由椭圆 L_4 的 4 个顶点与 Σ_3 的顶点 $(0,0,0)$，分别连接得两条主抛物线：L_2 与 L_3；
（4）由对称性画外部轮廓线.

▲ Σ_3 可由椭圆编制而成，也可由抛物线编制而成.

作 $\Sigma_4: \dfrac{x^2}{a^2} - \dfrac{y^2}{b^2} = 2z$ ……④（双曲抛物面（马鞍））的草图步骤：

（1）（适当取 h）画一个盒子：
　　$x = h, x = -h, z = -h$；
（2）画主截线：
　　两相交线 L_1'，抛物线 L_2' 与 L_3'；
（3）画两抛物线 L_5'，双曲线 L_4'；
（4）由对称性画外部轮廓线.

▲ Σ_4 可由双曲线编制而成，也可由抛物线编制而成，还可以直线编制.

例如： 绘制 $\Sigma_3: \dfrac{x^2}{0.5^2} + \dfrac{y^2}{1^2} = 2z$ ……③

解答： 按照作草图步骤绘制：画顶点 $(0,0,0)$，画椭圆 L_4，画抛物线 L_2 与 L_3，连外部轮廓得到 Σ_3 的图形（见图 5.13）.

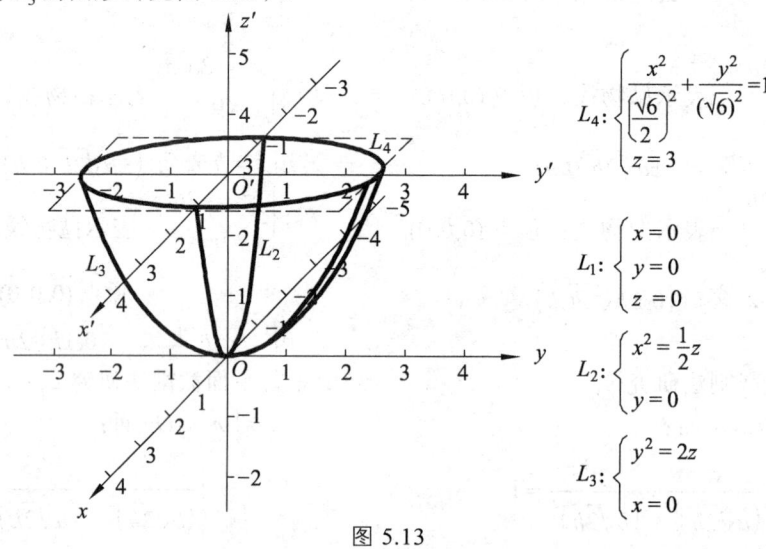

图 5.13

例如： 绘制 $\Sigma_4: \dfrac{x^2}{2^2} - \dfrac{y^2}{1^2} = 2z$ ……④，在此（适当取 $h=4$）围绕马鞍面 Σ_4 的中心画一个盒子，绘制图形.

解答： 按照作草图步骤绘制：画一个盒子框 $x=\pm 4, z=-4$；画主截线得两相交线 L_1'，画抛物线 L_2' 与 L_3'；画两抛物线 L_5'，画双曲线 L_4'，得到马鞍面 Σ_4. 如图 5.14 所示

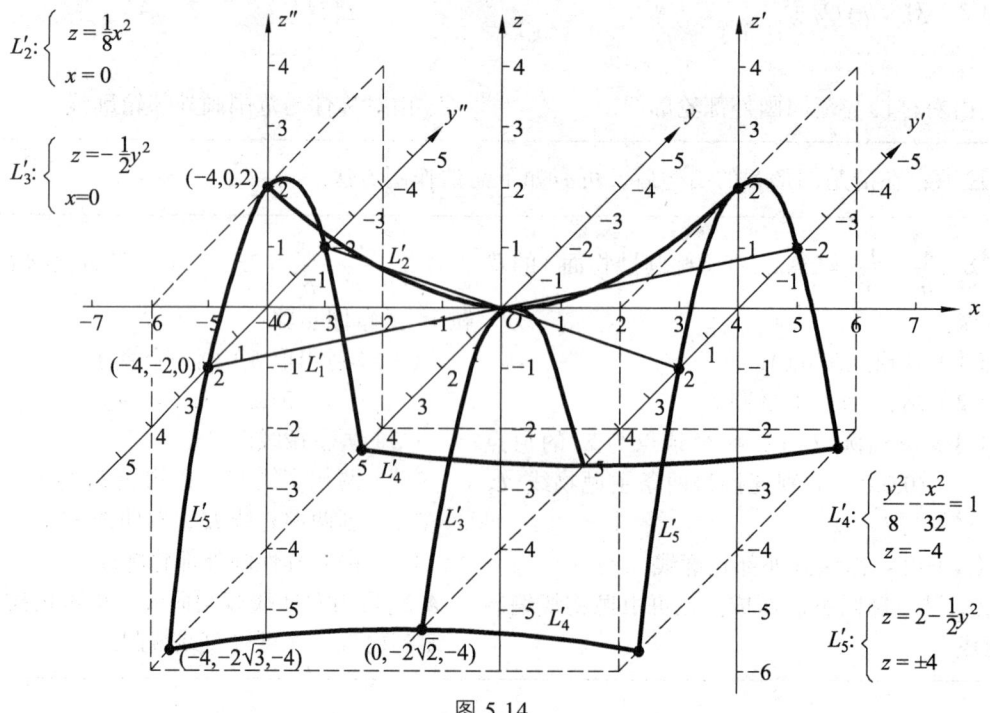

图 5.14

5.2.2 图形特征突出的曲面

对于图形特征突出的曲面，需要寻求规律性的构图方法，用"构图特点绘制法"绘制图形．这类常见曲面有：柱面、锥面、旋转面、椭球面、单（双）叶双曲面、椭圆抛物面、双曲抛物面等．

5.2.2.1 椭球面、单（双）叶双曲面、椭圆抛物面、双曲抛物面

由它们的图形编制曲线绘制，仅仅画出图形的特征截割线即可．其中，时常选取的截割面 π 为：通过图形对称轴的平面（主截面）、垂直于图形对称轴的平面．见"5.2.1"草图，一般位置下见"7.2"．有时需要用突出特征的草图制作，比如，椭球面可以用三个主截面上的主椭圆刻画．

1. 双曲抛物面

对于双曲抛物面，不得不提及的是"马鞍面"，方程为

$$\Sigma : \frac{x^2}{a^2} - \frac{y^2}{b^2} = 2z.$$

用平行于 Oxy 的平面 $z = \pm h$ 去截割得到系列双曲线（ $z = 0$ 去截割为两相交直线）；用平行于 Oxz（或 Oyz）的平面 $y = \pm h$（或 $x = \pm h$）去截割得到系列抛物线；由马鞍面方程还可以得到对应的直线族方程．

"马鞍面"的对称性，以及构造图形的曲线——双曲线、抛物线、直线的稠密性和构造的图形的明显特征，对于绘制者认识图形及其关系能起到较好的帮助作用．平时，在"马鞍面"的快速构图和识图过程中，用其构造特征，还有一个定性的草图绘制法：

马鞍面 $\Sigma : \frac{x^2}{a^2} - \frac{y^2}{b^2} = 2z$ 的拟人化绘制方法（见图 5.15）：

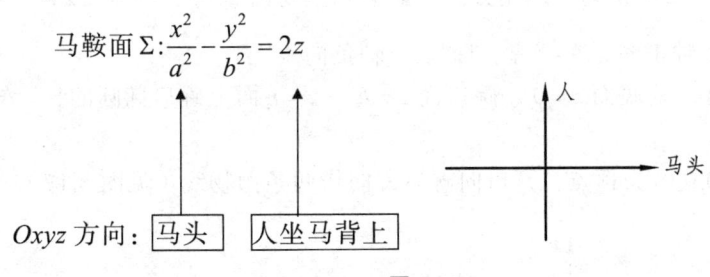

图 5.15

例 5.2.2（Ⅰ）：绘制下列马鞍面的草图．

① $\Sigma_1 : x^2 - \frac{y^2}{5} = 3z$ ；② $\Sigma_2 : \frac{z^2}{3} - \frac{y^2}{2} = -x$ ；③ $\Sigma_3 : x^2 - z^2 = 6y$ ．

解答：

（1）将方程变形，保持方程中右边一次项系数为正；

（2）确定马头（左边被减变量）与人（右边变量）的坐标轴变量，画出人与马头对应的坐标轴，由右手坐标系画出第三坐标变量对应的第三坐标轴；

（3）由抛物线、双曲线画出马鞍面（见图 5.16）.

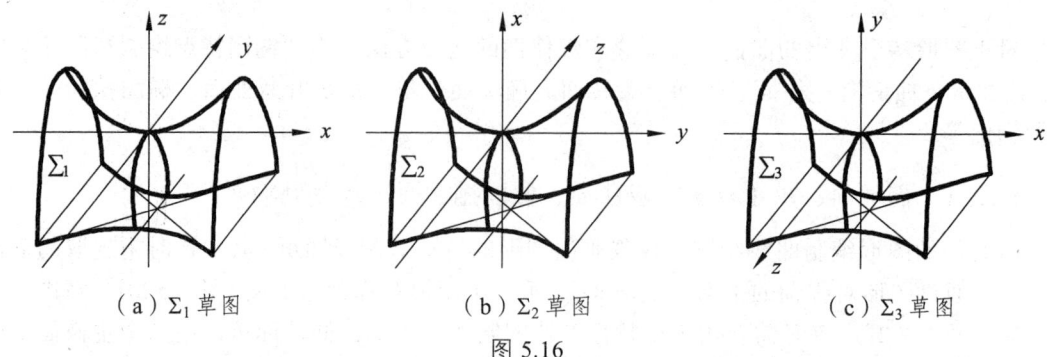

（a）Σ_1 草图　　　　　（b）Σ_2 草图　　　　　（c）Σ_3 草图

图 5.16

思考： 可以进一步根据"双曲线、抛物线、直线"在其上的分布特点，作出其上分布的曲线族、写出对应的方程. 比如：垂直于马背的抛物线的方程族，以及对应的图形族.

2. 椭圆抛物面

椭圆抛物面是另一个具有明显特征的曲面，它形如"饭碗""探照灯反光镜"，方程为

$$\Sigma : \frac{x^2}{a^2} + \frac{y^2}{b^2} = 2z.$$

用平行于 Oxy 的平面 $z = \pm h$ 去截割得到系列椭圆（当 $z = 0$ 时收缩为一个点）；用平行于 Oxz（或 Oyz）的平面 $y = \pm h$（或 $x = \pm h$）去截割得到系列抛物线.

椭圆抛物面的对称性，以及构造图形的曲线——椭圆、抛物线的稠密性和构造的图形的明显特征，对于绘制者认识图形及其关系能起到较好的帮助作用. 平时，在椭圆抛物面"饭碗"的快速构图和识图过程中，用其构造特征，还有一个定性的草图绘制法：

椭圆抛物面 $\Sigma : \frac{x^2}{a^2} + \frac{y^2}{b^2} = 2z$ 的拟物化绘制方法：对椭圆抛物面 $\Sigma : \frac{x^2}{a^2} + \frac{y^2}{b^2} = \pm 2z$.

（1）"+"碗口向着 z 轴正向；"−"碗口向着 z 轴负向.

（2）碗底心 $O(0,0,0)$，碗底面 $z = 0 \to$ 碗口面 $z = h$；$z = h$ 面上碗口椭圆的长、短半径分别为 $a\sqrt{2h}$ 或 $b\sqrt{2h}$.

（3）以碗的底心 $O(0,0,0)$ 为顶点，开口向碗口方向作两条抛物线（见图 5.17）.

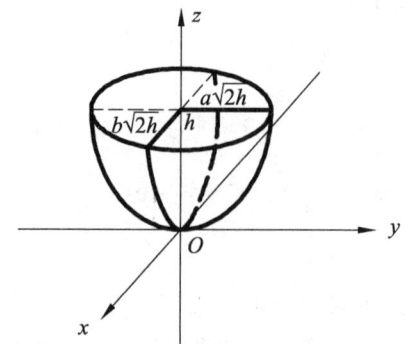

用 z 轴穿起的一个"碗"
"探照灯抛物投射面"

图 5.17

例 5.2.2（Ⅱ）：绘制下列椭圆抛物面的草图.

① $\Sigma_1: x^2 + \dfrac{y^2}{4} = 3z$；② $\Sigma_2: \dfrac{z^2}{4} + \dfrac{y^2}{1} = -x$；③ $\Sigma_3: x^2 + z^2 = 3y$.

解答：

（1）确定开口，画出坐标系，以碗口一直向上即可；

（2）适当选取 h 值，确定碗口椭圆的长、短半径，画出碗口椭圆；

（3）由碗底顶点和开口椭圆顶点画出两条抛物线，即可（见图 5.18）.

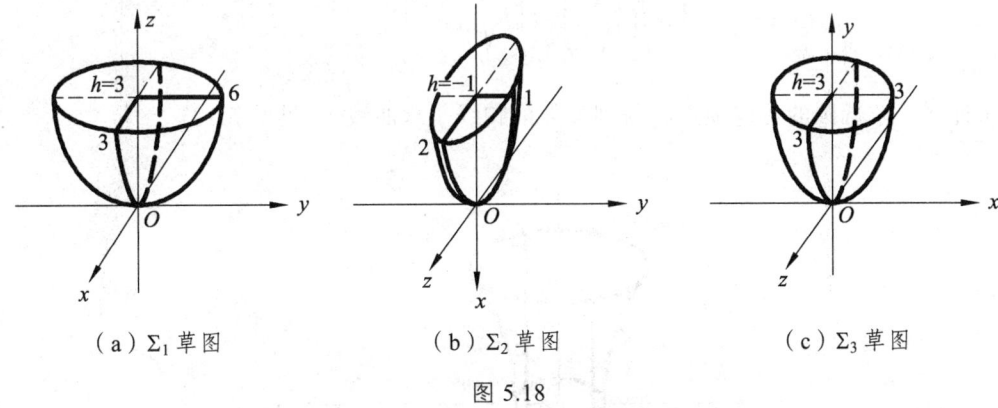

（a）Σ_1 草图　　　　　（b）Σ_2 草图　　　　　（c）Σ_3 草图

图 5.18

思考：可以进一步根据"椭圆、抛物线"在其上的分布特点，作出其上分布的曲线族，写出对应的方程．比如：在垂直于"碗"的对称轴的平面上，椭圆族的方程，以及对应的椭圆族的图形．

3. 单（双）叶双曲面

单叶双曲面和双叶双曲面是另两个具有明显特征的曲面，它们形如用一个坐标轴 z 串起的"朝鲜族的腰鼓"以及"两个反向铃铛"，方程分别为：

$$\Sigma: \dfrac{x^2}{a^2} + \dfrac{y^2}{b^2} - \dfrac{z^2}{c^2} = 1 \quad \text{和} \quad \Sigma: \dfrac{x^2}{a^2} + \dfrac{y^2}{b^2} - \dfrac{z^2}{c^2} = -1.$$

用平行于 Oxy 的平面 $z = \pm h$ 去截割得到系列椭圆（当 $z = \pm h$ 能截割到时）；用平行于 Oxz（或 Oyz）的平面 $y = \pm h$（或 $x = \pm h$）去截割得到系列双曲线.

单叶双曲面和双叶双曲面的对称性，以及构造图形的曲线——椭圆、双曲线的稠密性和构造的图形的明显特征，对于绘制者认识图形及其关系能起到较好的帮助作用．平时，在单（双）叶双曲面"腰鼓（反串铃铛）"的快速构图和识图过程中，用其构造特征，还有一个定性的草图绘制法.

1）单（双）叶双曲面 $\Sigma: \dfrac{x^2}{a^2} + \dfrac{y^2}{b^2} - \dfrac{z^2}{c^2} = \pm 1$ 的拟物化绘制方法.

单叶双曲面（朝鲜腰鼓）：

$$\Sigma_1: \underline{\dfrac{x^2}{a^2} + \dfrac{y^2}{b^2}} - \underline{\dfrac{z^2}{c^2}} = 1$$

　　　　　　腰椭圆　　中心轴

（1）贯穿腰鼓的中心轴（z 轴）；

（2）画腰椭圆（$z=0$ 面上的 $\dfrac{x^2}{a^2}+\dfrac{y^2}{b^2}=1$）；

（3）画中心轴贯穿的两个腰鼓面的椭圆：适当取 $h>0$，在 $z=\pm h$ 平面上，

$$\dfrac{x^2}{\left(a\sqrt{1+\dfrac{h^2}{c^2}}\right)^2}+\dfrac{y^2}{\left(b\sqrt{1+\dfrac{h^2}{c^2}}\right)^2}=1；$$

（4）连接三个椭圆的对应顶点，得到腰鼓的腰线（双曲线）（见图 5.19）.

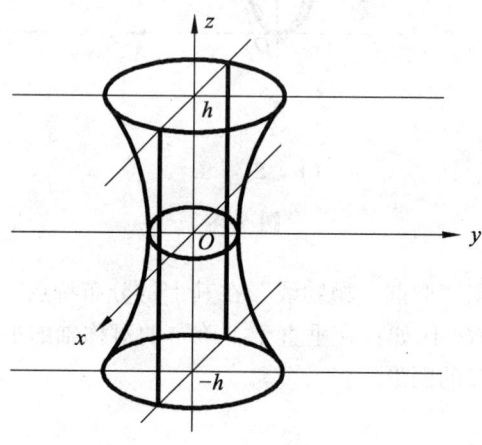

图 5.19

2）双叶双曲面（反串铃铛）的拟物化绘制方法.

$$\dfrac{x^2}{a^2}+\dfrac{y^2}{b^2}-\dfrac{z^2}{c^2}=-1$$

轴、顶（对顶）

（1）反串铃铛的轴（z 轴）；
（2）画两个铃铛的顶（对顶）$(0,0,\pm c)$；
（3）画两个铃铛口（椭圆口）：在平面 $z=\pm h$ 上（$|h|>c$），

$$\dfrac{x^2}{\left(a\sqrt{\dfrac{h^2}{c^2}-1}\right)^2}+\dfrac{y^2}{\left(b\sqrt{\dfrac{h^2}{c^2}-1}\right)^2}=1；$$

（4）作出连接铃铛顶点与对应椭圆顶点确定的双曲线（在 $x=0$ 面上与 $y=0$ 面上）（见图 5.20）.

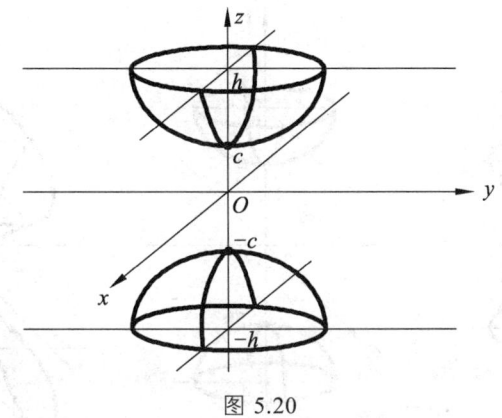

图 5.20

例 5.2.2（Ⅲ）：绘制下列单叶双曲面或双叶双曲面的草图.

① $\Sigma_1: \dfrac{x^2}{2} - \dfrac{y^2}{4} + \dfrac{z^2}{5} = 1$；② $\Sigma_2: x^2 - 2y^2 - 3z^2 = 6$；③ $\Sigma_3: x^2 + 3y^2 - z^2 = 3$.

解答：

（1）将方程 Σ_1, Σ_2 和 Σ_3 分别同解变形为标准方程式：

① $\Sigma_1: \dfrac{x^2}{2} + \dfrac{z^2}{5} - \dfrac{y^2}{4} = 1$；② $\Sigma_2: \dfrac{y^2}{3} + \dfrac{z^2}{2} - \dfrac{x^2}{6} = -1$；③ $\Sigma_3: \dfrac{x^2}{3} + \dfrac{y^2}{1} - \dfrac{z^2}{3} = 1$.

首先，明确 Σ_1 是由 y 轴贯穿的腰鼓，Σ_2 是由 x 轴反串的铃铛，Σ_3 是由 z 轴贯穿的腰鼓；

其次，分别作出需要的右手坐标系（见图 5.21）.

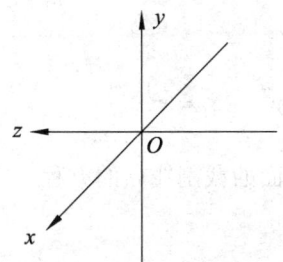 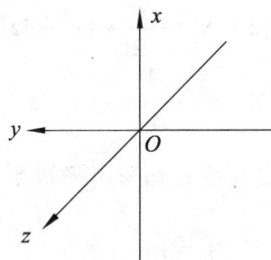 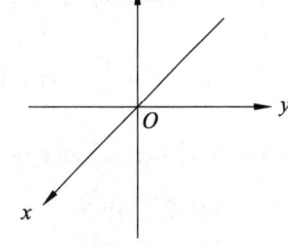

（a）构作 Σ_1 的坐标系　　　（b）构作 Σ_2 的坐标系　　　（c）构作 Σ_3 的坐标系

图 5.21

（2）作出 Σ_1 的腰椭圆（在 $y=0$ 面上的 $\dfrac{x^2}{2} + \dfrac{z^2}{5} = 1$）、$\Sigma_2$ 的两个铃铛顶点 $(\pm\sqrt{6}, 0, 0)$、Σ_3 的腰椭圆（在 $z=0$ 面上的 $\dfrac{x^2}{3} + \dfrac{y^2}{1} = 1$）.

（3）对 Σ_1，适当取 $h=2$，作 $y=\pm 2$ 平面上的两个腰鼓面的椭圆；

对 Σ_2，适当取 $h=4$，作 $x=\pm 4$ 平面上的两个铃铛口的椭圆口；

对 Σ_3，适当取 $h=3$，作 $z=\pm 3$ 平面上的两个腰鼓面的椭圆.

（4）对 Σ_1，连接三个椭圆的对应顶点，得到腰鼓的腰线（双曲线）；

对 Σ_2，连接铃铛顶点与对应椭圆顶点，分别作出 $y=0$ 与 $z=0$ 平面上的双曲线；

对 Σ_3，连接三个椭圆的对应顶点，得到腰鼓的腰线（双曲线）（见图 5.22）.

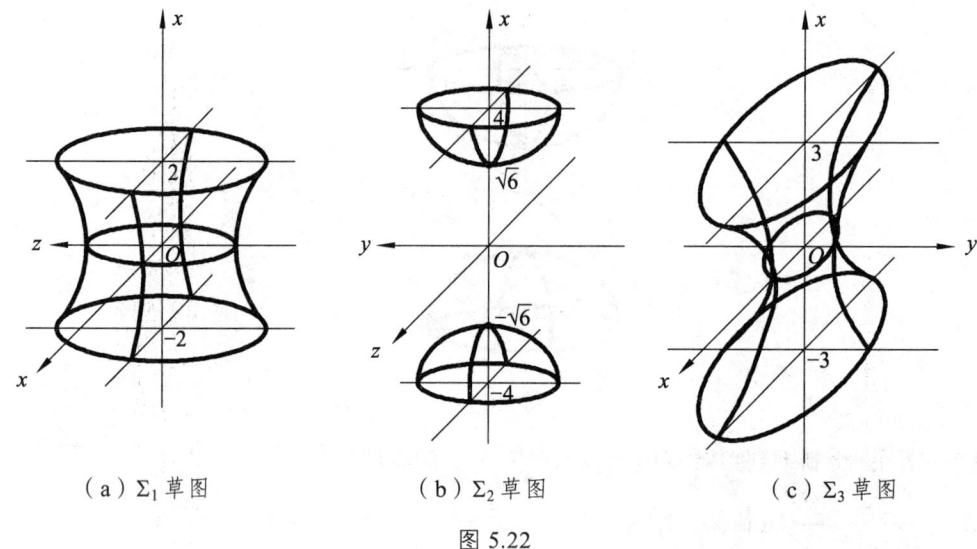

（a）Σ_1 草图　　　　（b）Σ_2 草图　　　　（c）Σ_3 草图

图 5.22

思考：可以进一步根据"椭圆、双曲线"在其上的分布特点，作出其上分布的曲线族，写出对应的方程族. 比如：在垂直于"贯穿轴或反串轴"的平面上，椭圆族的方程，以及对应椭圆族的图形；平行于"贯穿轴或反串轴"所在坐标面的平面上的双曲线族及其方程族.

练习：绘制下列方程的草图.

1. $\Sigma: \dfrac{x^2}{1}+\dfrac{y^2}{4}+\dfrac{z^2}{9}=1$.

2. （1）$\Sigma_1: -x^2+2y^2+\dfrac{z^2}{2}=2$；（2）$\Sigma_2: -\dfrac{x^2}{2}+4y^2-2z^2=2$.

3. （1）$\Sigma_1: 2y^2+\dfrac{z^2}{2}=4x$；（2）$\Sigma_2: x^2-\dfrac{z^2}{4}=-y$；（3）$\Sigma_3: y^2-4z^2=x$.

4.（1）针对 $\Sigma_1: -x^2+2y^2+\dfrac{z^2}{2}=2$，请分别写出平行于坐标面的截割线族的方程，并且在所作出的图形中标注出来.

（2）针对 $\Sigma_2: x^2-2z^2=-y$，请分别写出平行于坐标面的截割线族的方程，并且在所作出的图形中标注出来.

5.2.2.2　柱面、锥面、旋转面

1. 柱面

柱面 Σ 图形的特征：由"直母线 l 的方向 $\vec{v}$、准线 L"决定：

$\Sigma=\{$直母线l：l 与固定准线 L 相交，l 的方向为 $\vec{v}\}$…运动直母线；

　　$=\{$准线L：L 与固定直母线 l 保持定角相交，l 的方向为 $\vec{v}\}$…运动准线.

柱面 Σ 图形的绘制方法：

（1）明确母线方向 $\vec{v}$；

（2）画出准线 L，最好画两条 L 与 L'；

（时常取 π 为平行于坐标面的平面，或垂直于母线的平面，以便得到特殊的易绘制的准

线 $L = \Sigma \cap \pi$，取另一个 π 为 π' 得 $L' = \Sigma \cap \pi'$、π 为 π'' 得 $L'' = \Sigma \cap \pi''$，多条易画图的准线，比如 5.2.3（Ⅰ）.

（3）以母线方向 $\vec{v}$ 为方向、过准线 L 上的任意点，画出多条直母线 l 来刻画柱面 Σ（注意：用直母线 l 连接准线 L 与 L' 上的对应特殊点）.

注：用"平面截割法"画平行于方向 $\vec{v}$、与准线 L 相交的系列截割线（直线）l.

例 5.2.3（Ⅰ）：绘制图形 Σ：$z = \sin x + 1$.

解答：

（1）明确方程中缺少变量 y，所以 Σ 是母线 l 平行于 y 轴方向 $\vec{v} = \{0,1,0\}$ 的柱面.

（2）在此取特殊准线为 L'：$\begin{cases} z = \sin x + 1 \\ y = 4 \end{cases}$，$L''$：$\begin{cases} z = \sin x + 1 \\ y = -4 \end{cases}$ 和 L：$\begin{cases} z = \sin x + 1 \\ y = 0 \end{cases}$.

（3）用基本作图步骤解答：绘制准线 L'，L'' 和 L，用平行于 y 轴的直线连接两条正弦曲线 L'，L'' 和 L 的对应点即可. 如图 5.23 所示.

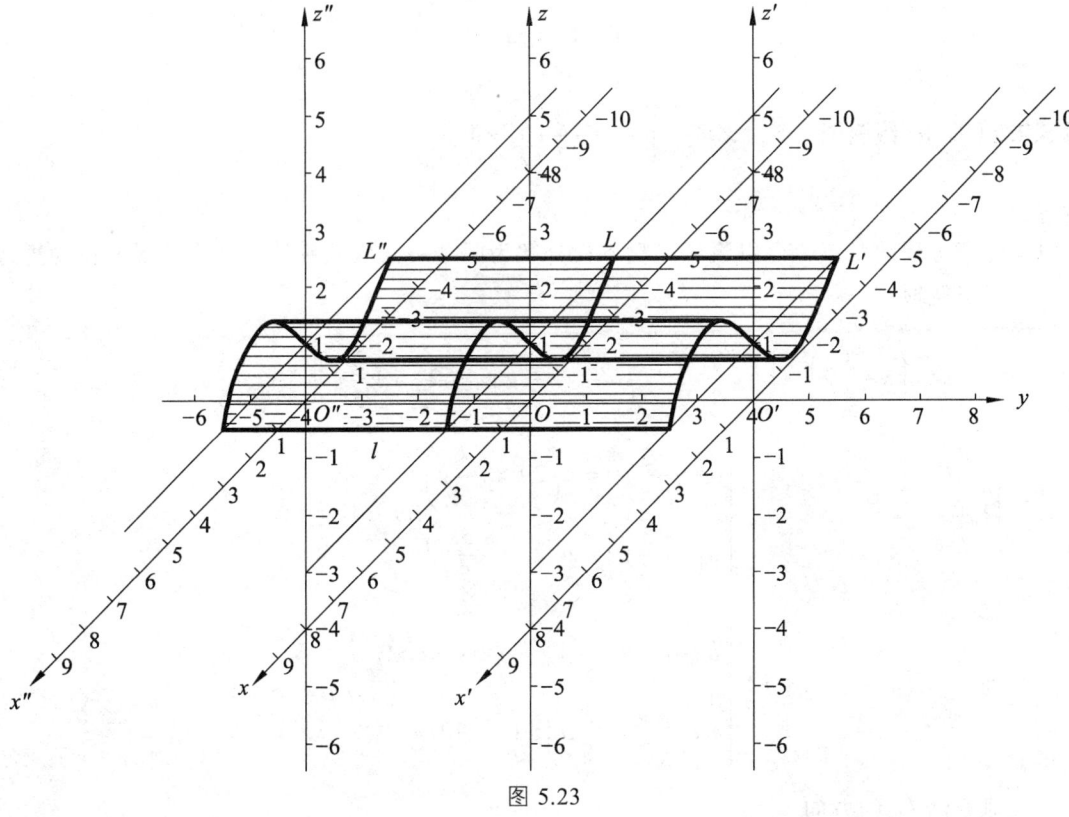

图 5.23

例 5.2.3（Ⅱ）：绘制图形 Σ：$x^2 = 2y + 1$.

解答：

（1）明确方程中缺少变量 z，所以 Σ 是母线 l 平行于 z 轴方向 $\vec{v} = \{0,0,1\}$ 的柱面.

（2）在此取特殊准线为 L：$\begin{cases} x^2 = 2y + 1 \\ z = 0 \end{cases}$ 和 L'：$\begin{cases} x^2 = 2y + 1 \\ z = 5 \end{cases}$.

（3）用基本作图步骤解答：绘制准线 L 与 L'，用平行于 z 轴的直线连接两条抛物线 L 与 L' 的对应点即可. 如图 5.24 所示.

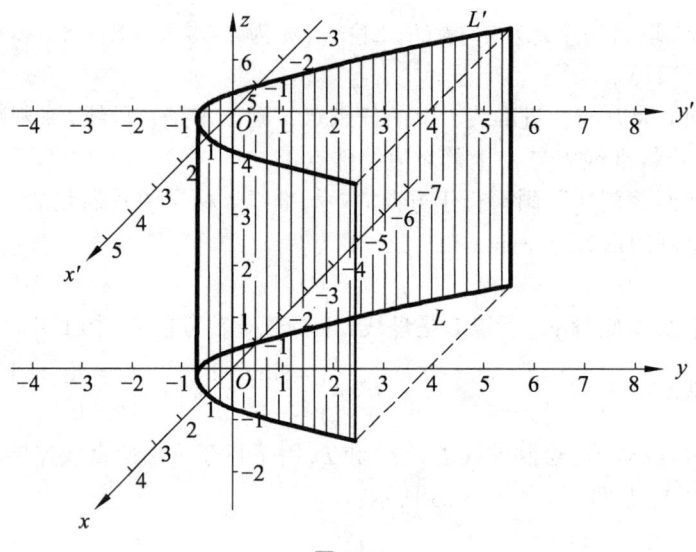

图 5.24

例 5.2.3（Ⅲ）：绘制图形 $\Sigma：\left(x+\dfrac{3}{5}y\right)^2+\left(z-\dfrac{3}{5}y\right)^2=4$.

解答：

（1）考察方程的特点，可以将该二次方程分解为两个一次因式乘积，即将图形转化为直线族来刻画：

$$\left(x+\frac{3}{5}y\right)^2+\left(z-\frac{3}{5}y\right)^2=4\Rightarrow\left(z-\frac{3}{5}y\right)^2=\left(2+x+\frac{3}{5}y\right)\left(2-x-\frac{3}{5}y\right).$$

得到： $\Sigma=l_{\omega\mu}\begin{cases}\omega\left(z-\dfrac{3}{5}y\right)=\mu\left(2+x+\dfrac{3}{5}y\right)\\ \mu\left(z-\dfrac{3}{5}y\right)=\omega\left(2-x-\dfrac{3}{5}y\right)\end{cases}$，$\omega,\mu$ 不全为 0，

即 $\Sigma=l_{\omega\mu}\begin{cases}\mu x+\left(\dfrac{3}{5}\mu+\dfrac{3}{5}\omega\right)y-\omega z+2\mu=0\\ \omega x+\left(\dfrac{3}{5}\omega-\dfrac{3}{5}\mu\right)y+\mu z-2\omega=0\end{cases}$，$\omega,\mu$ 不全为 0．

则直线 $l_{\omega\mu}$ 的方向：

$$\vec{v}=\left\{\begin{vmatrix}\dfrac{3}{5}(\omega+\mu)&-\omega\\ \dfrac{3}{5}(\omega-\mu)&\mu\end{vmatrix},\begin{vmatrix}-\omega&\mu\\ \mu&\omega\end{vmatrix},\begin{vmatrix}\mu&\dfrac{3}{5}(\omega+\mu)\\ \omega&\dfrac{3}{5}(\omega+\mu)\end{vmatrix}\right\}$$

$$=\left\{\dfrac{3}{5}(\omega^2+\mu^2),\ -(\omega^2+\mu^2),\ -\dfrac{3}{5}(\omega^2+\mu^2)\right\}//\{-3,5,3\}.$$

从而，直线族 $l_{\omega\mu}$ 具有固定方向 $\vec{v}_0 = \{-3, 5, 3\}$，所以，图形 Σ 是母线方向为 $\vec{v}_0 = \{-3, 5, 3\}$ 的柱面.

（2）在此取两个特殊准线：用平行于 xOz 坐标面的平面 $\pi : y = m$ 去截割：

$$L : \begin{cases} \left(x + \dfrac{3}{5}y\right)^2 + \left(z - \dfrac{3}{5}y\right)^2 = 4 \\ y = 0 \end{cases}, \text{即} \begin{cases} x^2 + z^2 = 2^2 \\ y = 0 \end{cases},$$

和

$$L' : \begin{cases} \left(x + \dfrac{3}{5}y\right)^2 + \left(z - \dfrac{3}{5}y\right)^2 = 4 \\ y = 5 \end{cases}, \text{即} \begin{cases} (x+3)^2 + (z-3)^2 = 2^2 \\ y = 5 \end{cases}.$$

（3）用基本作图步骤解答：绘制准线 L 与 L'，用平行于 $\vec{v}_0 = \{-3, 5, 3\}$ 的直线连接两个圆周 L 与 L' 的对应顶点即可. 如图 5-25 所示.

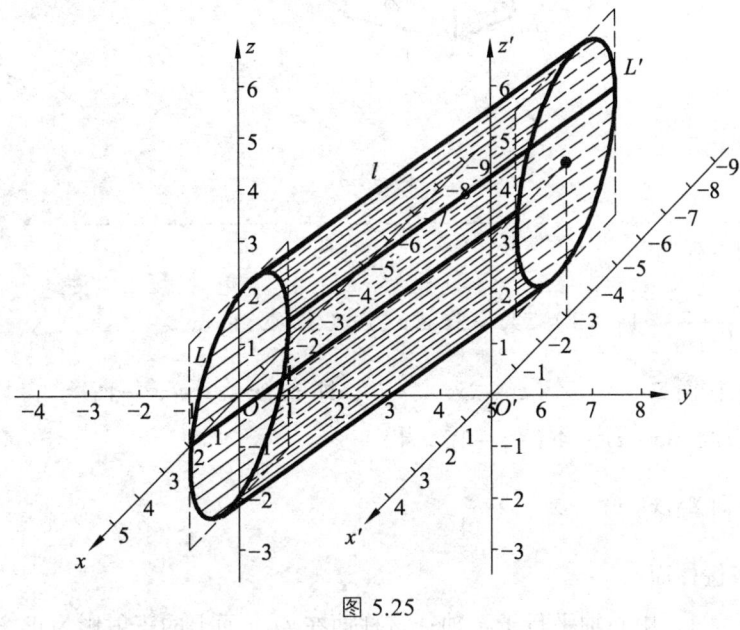

图 5.25

例 5.2.3（Ⅳ）：绘制正六棱柱面.

要求：边长为 1；中心轴为 z 轴；该柱面在 Oxy 面上的正射影为正六边形，正六边形的一组对角正好在 x 轴上，关于原点对称.

解答：

首先，明确 Σ 是母线 l 平行于 z 轴方向 $\vec{v} = \{0, 0, 1\}$ 的柱面. 在此，适当取特殊的准线：先在平面坐标系中搞清楚正六边形的分布，再作空间图形.

L：正六棱柱面在 Oxy 面 $(z = 0)$ 上的正射影……正六边形

和　　　L'：正六棱柱面在 $z = 4$ 面上的正射影……正六边形.

其次，用基本作图步骤解答：绘制准线 L 与 L'，用平行于 z 轴的直线连接两个正六边形 L 与 L' 的对应顶点即可. 如图 5.26 所示.

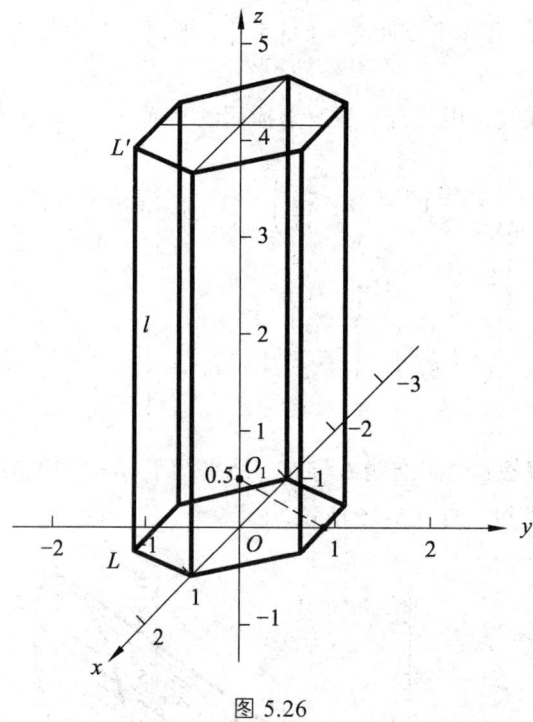

图 5.26

练习：绘制下列图形.

1. （1）$\Sigma: \dfrac{x^2}{1} + \dfrac{z^2}{4} = 1$；（2）$\Sigma: z = 3\cos y - 1$；（3）$\Sigma: y = x^3$.

2. （1）椭圆柱面 $\Sigma: x^2 + y^2 + z^2 - 2xz - 1 = 0$，即 $\Sigma: (x-z)^2 + y^2 = 1$；

（2）双曲柱面 $\Sigma: (x-z)^2 - 4(y+z-2)^2 = 4$；

（3）抛物柱面 $\Sigma: (x+y)^2 = x + 2y + \dfrac{z}{4}$.

3. 绘制正三棱柱面.

要求：边长为 1；中心轴平行于 z 轴；该柱面在 Oxy 面上的正射影为正三角形，正三角形的一条边在 x 轴上，并且原点为该边的中点，另一个角在 y 轴的正半轴上.

2. 锥面

锥面 Σ 图形的特征：由"顶点 P、准线 L"决定：

$$\Sigma = \{直母线 l: l 与准线 L 相交，l 通过顶点 P\}.$$

锥面 Σ 图形的绘制方法：

（1）画出准线 L，可以用平面截割法（平行于坐标面即垂直于坐标轴的）寻求多条好画的准线；

（2）画出锥面顶点 P；

（3）连接顶点 P 与准线 L 上的任意点，画出多条直母线 l 来刻画锥面 Σ.

注：用"平面截割法"画通过顶点 P、与准线 L 相交的系列截割线（直线）l.

例 5.2.3（Ⅴ）：绘制图形 $\Sigma: -\dfrac{x^2}{1} + \dfrac{y^2}{4} - \dfrac{z^2}{9} = 0$.

解答：

首先，明确方程是关于变量 x, y, z 的二次齐次方程，所以 Σ 是顶点在点 $P(0,0,0)$ 的锥面. 在此用垂直于 z 轴的平面截割该曲面 Σ，得到特殊准线 $L': \begin{cases} \dfrac{y^2}{2^2} - \dfrac{x^2}{1^2} = 1 \\ z = 3 \end{cases}$ 和 $L'': \begin{cases} \dfrac{y^2}{2^2} - \dfrac{x^2}{1^2} = 1 \\ z = -3 \end{cases}$.

其次，用基本作图步骤解答：作出准线 L', L''，将顶点与准线上的各个点连接即可. 如图 5.27 所示.

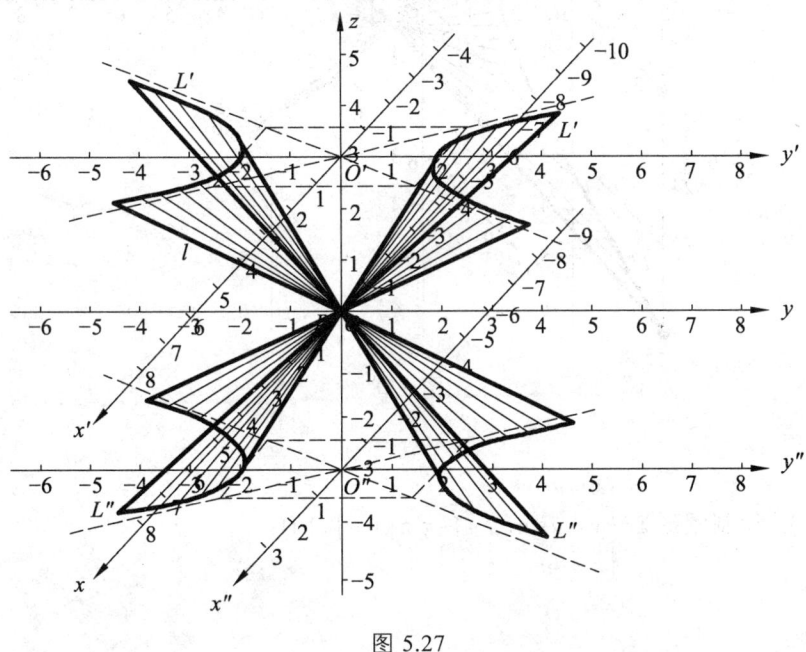

图 5.27

【**思考与实践**】此处若用 $y = m$ 去截割，比如 $y = 3, y = -3$，得到的截割线 L', L'' 则为椭圆，对应画出的锥面特征更明显——椭圆锥面，为单（双）叶双曲面的渐近锥面. 所以，灵活运用截割方法来认识图形，作用巨大.

例 5.2.3（Ⅵ）：绘制图形 $\Sigma: (x-1)(y-1) - (y-1)^2 + z^2 = 0$.

解答：

首先，明确方程是关于变量 $x-1, y-1, z$ 的二次齐次方程，所以 Σ 是顶点在 $P(1,1,0)$ 的锥面. 在此用垂直于 y 轴的平面截割该曲面 Σ，得到特殊准线 $L': \begin{cases} z^2 = 4x + 12 \\ y = -3 \end{cases}$ 和 $L'': \begin{cases} z^2 = -2x + 6 \\ y = 3 \end{cases}$.

其次，用基本作图步骤解答：作出准线 L' 与 L''，将顶点与准线上的各点连接即可. 如图 5.28 所示.

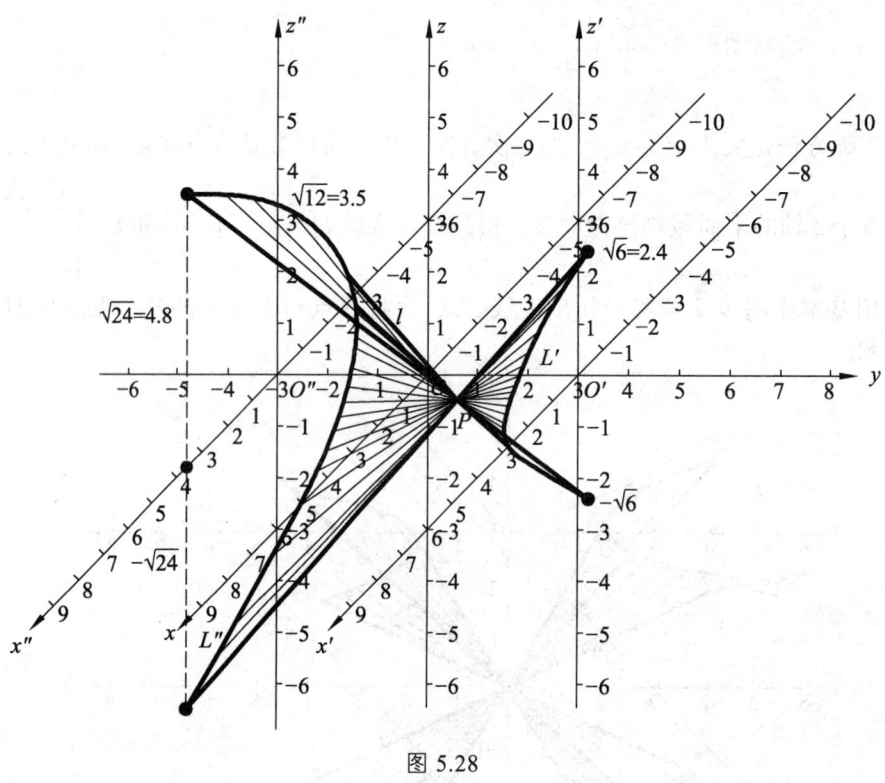

图 5.28

例 5.2.3（Ⅶ）：绘制图形 $\Sigma:\begin{cases} x = ut \\ y = u\sin t, t \in [-\pi, \pi], u \in [-1, 1] \\ z = 4u \end{cases}$.

解答：

首先，考察方程的特点. Σ 是准线为 $L:\begin{cases} x = t \\ y = \sin t, t \in [-\pi, \pi] \\ z = 4 \end{cases}$，顶点在 $O(0,0,0)$ 的锥面. 在此为

了使认识更全面，可以用垂直于 z 轴的平面 $z = h$ 截割得到另外的准线，比如，用 $z = -4$ 去

截割得 $L':\begin{cases} x = -t \\ y = -\sin t, t \in [-\pi, \pi] \\ z = -4 \end{cases}$.

其次，用基本作图步骤解答：作出准线 L 与 L'，将顶点与准线上的各点连接即可. 如图 5.29

所示.

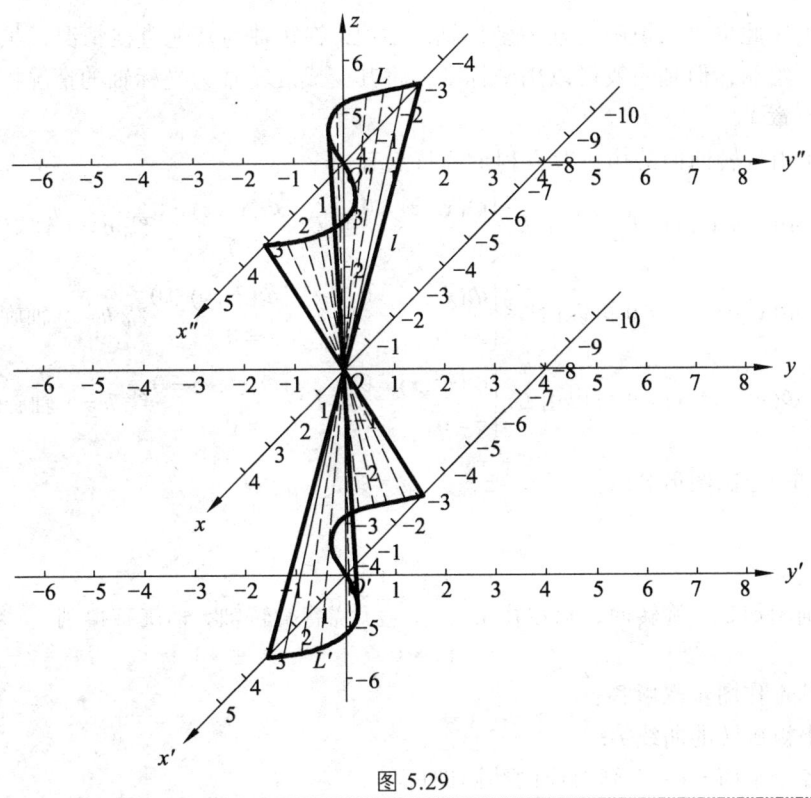

图 5.29

练习：绘制下列图形.

1. $\Sigma: \dfrac{x^2}{1}+\dfrac{y^2}{4}-\dfrac{z^2}{9}=0$.

2. $\Sigma: x^2+z^2-2xy+2x-2z+1=0$.

[提示：即顶点在 $(0,1,1)$ 的二次锥面 $\Sigma: x^2-2x(y-1)+(z-1)^2=0$，用 $y=m$ 去截割（另外：练习与思考：用 $x=m$ 或 $z=m$ 去截割，考察局部图形）]

3. $\Sigma:\begin{cases} x=u\cos t \\ y=ut \\ z=4u \end{cases}, t\in[-\pi,\pi],\ u\in[-1,1]$.

3. 旋转面

旋转面 Σ 图形的特征：由"旋转轴 h、被旋转母线 L"决定：

$\Sigma=\{$纬圆 l：圆 l 面 $\perp$ 旋转轴 h，圆心在旋转轴 h 上，圆 l 与母线 L 相交$\}$.

旋转面 Σ 图形的绘制方法：

（1）画出旋转轴 h；

（2）画出母线 L，最好是画出外部轮廓上的两条；

（3）画出多个纬圆 l（至少画出端口处的两个）. 对纬圆 l，通常实施"平移放大缩小"法绘出多个纬圆，再用这些纬圆 l 来刻画旋转面 Σ，最后注意用旋转后的母线 L 画外部轮廓.

注：（1）用"平面截割法"画垂直于转轴的系列截割线（圆）l.

（2）在此主要认识旋转轴为坐标轴的情况. 旋转轴为其他直线情况，虽然可以如上绘制，但是一般可以用坐标变换将其变成旋转轴为坐标轴的情况构作（见"7"章）.

（3）由旋转曲面的构作及方程形成特点有：

$\Phi(x^2+y^2,z)=0$ 可以由 $L:\begin{cases}\Phi(x^2,z)=0\\y=0\end{cases}$ 或 $L:\begin{cases}\Phi(y^2,z)=0\\x=0\end{cases}$ 绕 $h=z$ 轴旋转得到；

$\Phi(x^2+z^2,y)=0$ 可以由 $L:\begin{cases}\Phi(x^2,y)=0\\z=0\end{cases}$ 或 $L:\begin{cases}\Phi(z^2,y)=0\\x=0\end{cases}$ 绕 $h=y$ 轴旋转得到；

$\Phi(y^2+z^2,x)=0$ 可以由 $L:\begin{cases}\Phi(y^2,x)=0\\z=0\end{cases}$ 或 $L:\begin{cases}\Phi(z^2,x)=0\\y=0\end{cases}$ 绕 $h=x$ 轴旋转得到.

例 5.2.3（Ⅷ）：绘制图形 $\Sigma: x^2+y^2=\dfrac{1}{2}z$.

解答：

首先，明确图形 Σ 是旋转面，可以由 $L:\begin{cases}x^2=\dfrac{1}{2}z\\y=0\end{cases}$ 绕着旋转轴 z 轴旋转得到.

其次，用基本作图步骤解答：

（1）画出被旋转的曲线 L；

（2）在各个平面 $z=c$ 上画对应的纬圆即可.

最后，用旋转后的母线 L 画外部轮廓（在此为 $L^*:\begin{cases}y^2=\dfrac{1}{2}z\\x=0\end{cases}$）. 如图 5.30 所示.

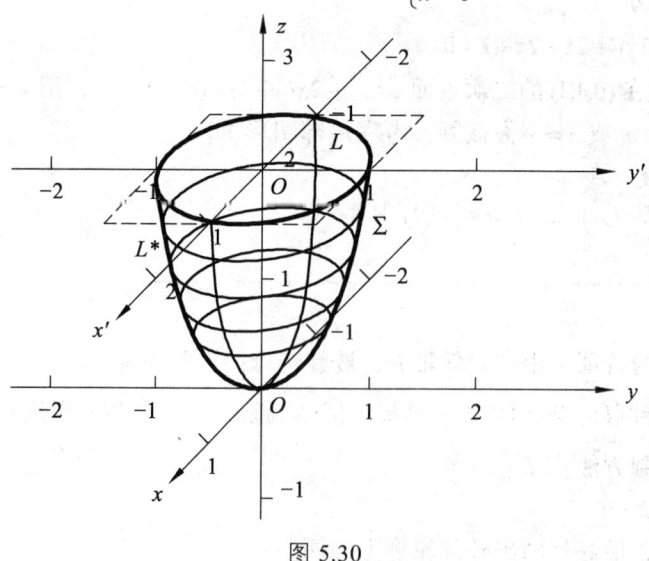

图 5.30

例 5.2.3（Ⅸ）：绘制图形 Σ：由直线 $\dfrac{x-1}{1}=\dfrac{y}{-3}=\dfrac{z}{3}$ 绕着旋转轴 $h=z$ 轴旋转得到.

解答：

首先，明确图形 Σ 是旋转曲面. 由于被旋转直线与 z 轴是异面的，按照基本作图步骤绘制，虽然可以，但是缺乏准确性．在此，先求出旋转面 Σ 的方程，再寻求其他与 z 轴在同一平面的曲线 L 去旋转生成旋转曲面 Σ，之后再构作图形，将更准确．

（1）可以求出旋转面 Σ 的方程：$9x^2 + 9y^2 - 10z^2 - 6z - 9 = 0$．

（2）由 $\Sigma : 9(x^2 + y^2) - 10z^2 - 6z - 9 = 0$ 知道旋转面 Σ 可以由：

$$L : \begin{cases} 9y^2 - 10z^2 - 6z - 9 = 0 \\ x = 0 \end{cases}, \text{即 } L : \begin{cases} \dfrac{y^2}{(\sqrt{0.9})^2} - \dfrac{(z+0.3)^2}{(0.9)^2} = 1 \\ x = 0 \end{cases}$$

绕着旋转轴 $h = z$ 轴旋转得到．

注意：被旋转曲线是平面 yOz 上的双曲线 $L : \begin{cases} \dfrac{y^2}{0.95^2} - \dfrac{(z+0.3)^2}{0.9^2} = 1 \\ x = 0 \end{cases}$．

其次，用基本作图步骤解答：

（1）画出被旋转的曲线 L；

（2）在各个平面 $z = c$ 上画对应的纬圆即可．

最后，用旋转后的 L 适当画外部轮廓 L^*．如图 5.31 所示．

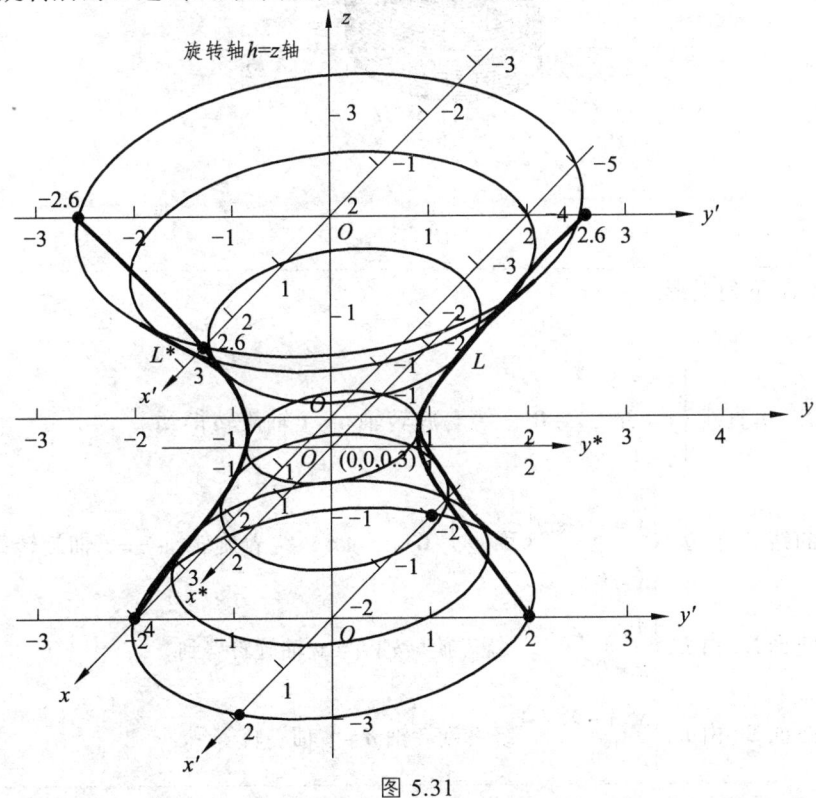

图 5.31

例 5.2.3（X）：绘制图形 Σ：由曲线 $L \begin{cases} z = x^2 \\ x^2 + y^2 = 1 \end{cases}$ 绕着旋转轴 $h = z$ 轴旋转构成．

解答：

首先，明确图形 Σ 是旋转面，但是被旋转曲线比较复杂，不好直接绘制．所以，需要求出旋转面方程后，看看是否可以用其他比较好认识的曲线去旋转得到，以方便绘制.

通过参数方程方法容易求得

$$\Sigma: x^2 + y^2 = 1, \text{并且满足} \ 0 \leqslant z \leqslant 1.$$

从而可以直接看出，图形 Σ 是半径为 1、母线平行于 z 轴的一个圆台. 因此，可以由平行于 z 轴且与 z 轴距离为 1 的线段 L' 绕着旋转轴 $h = z$ 轴旋转得到.

其次，用基本作图步骤解答：

（1）画出被旋转的线段 L'；
（2）在各个平面 $z = c$ 上画对应的纬圆即可. 如图 5.32 所示.

注：在此可以直接画圆柱的一部分即可.

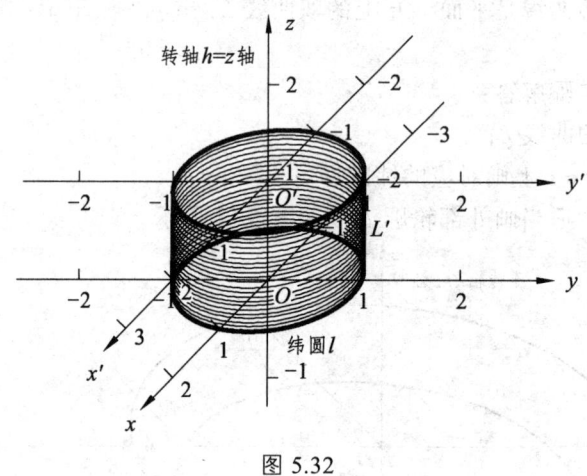

图 5.32

练习：绘制下列图形.

1. $\Sigma: x^2 + z^2 = y$.

2. 图形 Σ：由直线 $\begin{cases} x = -2t \\ y = 3t \\ z = 1 \end{cases}, t \in \mathbf{R}$，绕着旋转轴 $h = y$ 轴旋转得到.

3. 旋转曲线 Σ：由 $L: \begin{cases} y = \dfrac{3}{2} - \sin\left(z - \dfrac{\pi}{2}\right) \\ x = 0 \end{cases}, 0 \leqslant z \leqslant \pi$，绕着旋转轴 $h = z$ 轴旋转得到.

4. 旋转曲面 Σ：由 $L: \begin{cases} 4y^2 - z^2 = 16 \\ x = 0 \end{cases}$ 绕着旋转轴 $h = y$ 轴旋转得到.

5. 旋转曲面 Σ：由 $L: \begin{cases} x^2 + 4y^2 = 4 \\ z = 0 \end{cases}$ 绕着旋转轴 $h = x$ 轴旋转得到.

6 空间一般曲线

空间一般曲线是指：在 3 维空间中，代数上表现为曲线方程的一般性；几何上表现为曲线位置的一般性、形状的一般性. 对空间曲线的认识是图形构作的难点，特别是在 3 维空间中，若没有曲线特征，采取"一点一点"地方式来绘制几乎是不可能的. 另外，若没有曲面对曲线作衬托，采取直接绘制的方法来绘制也是不直观的. 就是在 2 维空间中绘制（平面）曲线，即便是绘制二次曲线，在方程的多端变化下，若没有坐标变换的"化繁为简"功效，直接绘制也是很复杂的. 所以，在此我们应抓住这种关注点进行认识.

彩图 6.1～6.16

6.1 一般曲线

一般曲线是指位置一般（方程一般）、图形一般（方程一般）的曲线. 对于具有一般方程的空间曲线，根据我们的关注点，通常有两种绘制方法来绘制. 而对于一些远离坐标原点的曲线，可以经过坐标变换，在坐标原点周围进行绘制. 因此，可以用下列方法来绘制曲线：

（1）曲面相交法（常用柱面相交法）. 注意到一些曲线，比如螺旋线，通常是由"螺旋面"与"柱面或锥面等"相交得到，不好手工绘制，但是从局部看还是可以用曲面相交法来认识. 而对于大多数曲线，采用此法可以绘制，特别是局部绘制.

（2）平面截割描点法. 除有规律的图形外，一般手工绘制是比较麻烦、比较复杂的.

由于手工构图仅仅以有限特征点为特征来绘制，且以明确关系与特性为基础，因此，关于复杂的整体曲线图形绘制，建议用计算机绘制.

6.1.1 射影式方程表示的曲线

关于射影式方程表示的曲线，下面分两种情况来绘制：

情况 1. 特殊平面（平行于某个坐标面）上的一般曲线.

情况 2. 一般曲线 $\Gamma = \Sigma_{柱面1} \bigcap \Sigma_{柱面2}$，并且柱面母线平行于坐标轴.

方法： 关于情况 1，与 5.1 节介绍的方法相同.

关于情况 2，一般有如下的绘图步骤.

例如：画曲线 $\Gamma = \Sigma_{柱面1} \bigcap \Sigma_{柱面2}$. 一般步骤如下：

（1）此方程是射影方程：$L = \Sigma_1 \bigcap \Sigma_2 \begin{cases} 仅含 \leqslant 2 个坐标变量 \\ \Sigma_1: f_1(x,y) = 0 \text{ 或 } f_1(y,z) = 0, \\ \Sigma_2: f_2(x,z) = 0. \end{cases}$

（2）画出特殊柱面（母线平行于某坐标轴）Σ_1 与 Σ_2.

（3）画出曲线 L 上的点 P.

分析：

$$\forall P \in L = \Sigma_1 \bigcap \Sigma_2 \xleftrightarrow{\text{对应}} \left.\begin{aligned} & P \in \Sigma_1 \text{ 上的直母线} l_1(\text{平行于坐标轴1}) \\ & \text{并且} P \in \Sigma_2 \text{ 上的直母线} l_2(\text{平行于坐标轴2}) \end{aligned}\right\} P = l_1 \times l_2$$

$$\xleftrightarrow{\text{对应}} B = \pi_{l_1 l_2} \bigcap 坐标轴3$$

注意：$\pi_{l_1 l_2}$ 平行于由 "坐标轴 1, 2" 确定的坐标面.

作法如下：

在坐标轴 3 上取参照点 B
$\Rightarrow$ 过点 B 作平行于坐标轴 1 与坐标轴 2 的截割面 $\pi_{l_1 l_2}$
其中：有由平行于坐标轴 1 的 l_1 与平行于坐标轴 2 的 l_2 确定的平面 $\pi_{l_1 l_2}$
$\Rightarrow$ 画出 $\begin{cases} \Sigma_1 \text{ 上的直母线 } l_1 \\ \Sigma_2 \text{ 上的直母线 } l_2 \end{cases}$
$\Rightarrow$ 画出 $P = l_1 \times l_2$. 在坐标轴 3 上移动点 B. 得众多的点 P.

（4）根据图形分布的特性，连接这些点 P 即可得到所求的曲线.

例 6.1.1（Ⅰ）：试绘制空间（平面）曲线 $L: \begin{cases} \Sigma_1: 2x + y = 4 \\ \Sigma_2: x^2 + 4z^2 = 1 \end{cases}$ 在第一卦限（Ⅰ 卦限）部分的图形.

解答：

（1）针对曲线 L 的射影式方程，分别作出构造 L 的特殊柱面：母线平行于 z 轴的柱面（平面）Σ_1 与母线平行于 y 轴的椭圆柱面 Σ_2，以及与坐标面的交线.

（2）画出第一卦限曲线 L 上的点 P.

先确定 Σ_1 与 Σ_2 的交线 L 上的特殊点 M, N（见图 6.1）.

再对 L 上任意点的位置进行分析：

$$\forall P \in L = \Sigma_1 \bigcap \Sigma_2 \xleftrightarrow{\text{对应}} \left.\begin{aligned} & P \in \Sigma_1 \text{ 上的直母线} l_z(\text{平行于} z \text{轴}) \\ & \text{并且} P \in \Sigma_2 \text{ 上的直母线} l_y(\text{平行于} y \text{轴}) \end{aligned}\right\} P = l_z \times l_y$$

$$\xleftrightarrow{\text{对应}} B = \pi_{l_z l_y} \bigcap x 轴$$

注意：$\pi_{l_z l_y}$ 平行于由 "坐标轴 z, y" 确定的 yOz 面.

作法如下：

在 x 轴上取参照点 B

$$\left.\begin{array}{l}\text{对于预测交线上的点 }P\\ \text{过点 }P\text{ 作平行于 }z\text{ 轴与 }y\text{ 轴的截割面}\pi_{l_zl_y}\text{交 }x\text{ 轴于点 }B\text{, 作为参照点}\\ \text{其中: 有由平行于 }z\text{ 轴的 }l_z\text{ 与平行于 }y\text{ 轴的 }l_y\text{ 确定的平面 }\pi_{l_zl_y}\end{array}\right\}$$

$\Rightarrow$ 画出 Σ_1 上的直母线 l_z:

过点 B 作平行于 y 轴的直线交 Σ_1 的边缘于点 C, 过点 C 作平行于 z 轴的直线 l_z;

画出 Σ_2 上的直母线 l_y:

过点 B 作平行于 z 轴的直线交 Σ_2 的边缘于点 A, 过点 A 作平行于 y 轴的直线 l_y

$\Rightarrow$ 画出 $P = l_z \times l_y$, 变动参考点 B 可以得到更多不同的点 P.

（3）根据图形分布的特性，连接这些点 P 与特殊点 M,N: $M \to P \to N$, 即可得到 Σ_1 与 Σ_2 的交线 L. 如图 6.1 所示.

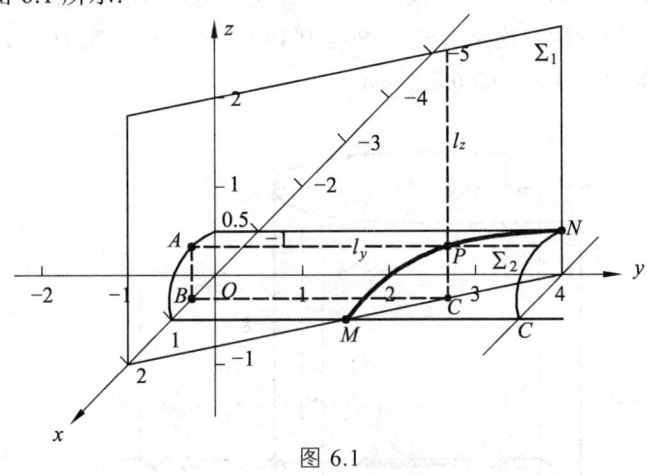

图 6.1

例 6.1.1（Ⅱ）: 试绘制空间（二次）曲线 $L: \begin{cases} \Sigma_1: z = -\dfrac{1}{2}x^2 + 2 \\ \Sigma_2: x^2 + \dfrac{y^2}{4^2} = 1 \end{cases}$ 在 Ⅰ, Ⅱ 卦限部分的图形.

解答:

（1）针对曲线 L 的射影式方程，分别作出刻画 L 的特殊柱面: 母线平行于 y 轴的抛物柱面 Σ_1 与母线平行于 z 轴的椭圆柱面 Σ_2, 以及与坐标面的交线.

（2）画出 Ⅰ, Ⅱ 卦限曲线 L 上的点 P.

先确定 Σ_1 与 Σ_2 的交线 L 上的特殊点 M, N, H（见图 6.2）.

再对 L 上任意点的位置进行分析:

$$\forall P \in L = \Sigma_1 \cap \Sigma_2 \xleftrightarrow{\text{对应}} \left.\begin{array}{l} P \in \Sigma_1 \text{上的直母线 } l_y(\text{平行于 }y\text{ 轴}) \\ \text{并且 } P \in \Sigma_2 \text{上的直母线 } l_z(\text{平行于 }z\text{ 轴}) \end{array}\right\} P = l_y \times l_z$$

$$\xleftrightarrow{\text{对应}} B = \pi_{l_yl_z} \cap x \text{ 轴}$$

注意: $\pi_{l_yl_z}$ 平行于由"坐标轴 y, z"确定的 yOz 面.

作法如下:

先对第一卦限，在 x 轴上取参照点 B

$$\left\{\begin{array}{l}\text{对于 预测交线上的点 } P \\ \text{过点 } P \text{ 作平行于 } z \text{ 轴与 } y \text{ 轴的截割面} \pi_{l_z l_y} \text{交 } x \text{ 轴于点 } B, \text{ 作为参照点} \\ \text{其中: 有由平行于 } z \text{ 轴的 } l_z \text{ 与平行于 } y \text{ 轴的 } l_y \text{ 确定的平面 } \pi_{l_z l_y}\end{array}\right.$$

⇒ 画出 Σ_1 上的直母线 l_y:

过点 B 作平行于 z 轴的直线交 Σ_1 的边缘于点 A, 过点 A 作平行于 y 轴的直线 l_y;

画出 Σ_2 上的直母线 l_z:

过点 B 作平行于 y 轴的直线交 Σ_2 的边缘于点 C, 过点 C 作平行于 z 轴的直线 l_z

⇒ 画出 $P = l_y \times l_z$, 变动参考点 B 可以得到更多不同的点 P.

再对第二卦限, 在 x 轴上取参照点 B'

⇒ 同上方法, 得到对应的点 A', C', 确定了相应的 l_y' 与 l_z', 进而得到点 P', 并且可画出 $P' = l_y' \times l_z'$.

（3）根据图形分布的特性, 连接这些点 P 与 P' 以及特殊点 M, N, H: $M \to P \to N \to P' \to H$, 即可得到所求的曲线. 如图 6.2 所示.

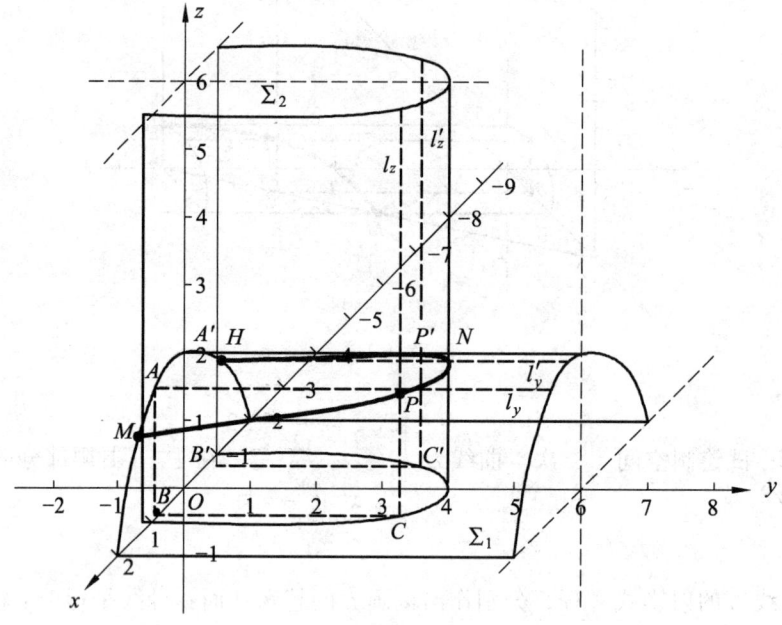

图 6.2

例 6.1.1（Ⅲ）：试绘制空间（三次）曲线 $L: \begin{cases} \Sigma_1: x = \dfrac{z^3}{2} \\ \Sigma_2: \dfrac{x^2}{4^2} + \dfrac{y^2}{3^2} = 1 \end{cases}$ 在Ⅰ卦限部分的图形.

解答：

（1）针对曲线 L 的射影式方程, 分别作出刻画 L 的特殊柱面：母线平行于 y 轴的三次柱面 Σ_1 与母线平行于 z 轴的椭圆柱面 Σ_2, 以及与坐标面的交线.

（2）画出在Ⅰ卦限曲线 L 上的点 P.

先确定 Σ_1 与 Σ_2 的交线 L 上的特殊点 M, N（见图 6.3）.

再对 L 上任意点的位置进行分析：

$$\forall P \in L = \Sigma_1 \cap \Sigma_2 \xleftrightarrow{\text{对应}} \left.\begin{array}{l} P \in \Sigma_1 \text{上的直母线 } l_y \text{(平行于} y \text{ 轴)} \\ \text{并且} P \in \Sigma_2 \text{上的直母线 } l_z \text{(平行于} z \text{ 轴)} \end{array}\right\} P = l_y \times l_z$$

$$\xleftrightarrow{\text{对应}} B = \pi_{l_y l_z} \cap x \text{ 轴}$$

注意：$\pi_{l_y l_z}$ 平行于由"坐标轴 y, z"确定的 yOz 面.

作法如下：

在 x 轴上取参照点 B

$\left[\begin{array}{l}\text{对于预测交线上的点 } P \\ \text{过点 } P \text{ 作平行于 } z \text{ 轴与 } y \text{ 轴的截割面 } \pi_{l_y l_z} \text{交 } x \text{ 轴于点 } B\text{，作为参照点} \\ \text{其中：有由平行于 } z \text{ 轴的 } l_z \text{ 与平行于 } y \text{ 轴的 } l_y \text{ 确定的平面 } \pi_{l_z l_y}\end{array}\right]$

$\Rightarrow$ 画出 Σ_1 上的直母线 l_y：

过点 B 作平行于 z 轴的直线交 Σ_1 的边缘于点 A，过点 A 作平行于 y 轴的直线 l_y；

画出 Σ_2 上的直母线 l_z：

过点 B 作平行于 y 轴的直线交 Σ_2 的边缘于点 C，过点 C 作平行于 z 轴的直线 l_z.

$\Rightarrow$ 画出 $P = l_y \times l_z$，变动参考点 B 可以得到更多不同的点 P.

（3）根据图形分布的特性，连接这些点 P 以及特殊点 M, N：$M \rightarrow P \rightarrow N$，即可得到所求的曲线. 如图 6.3 所示.

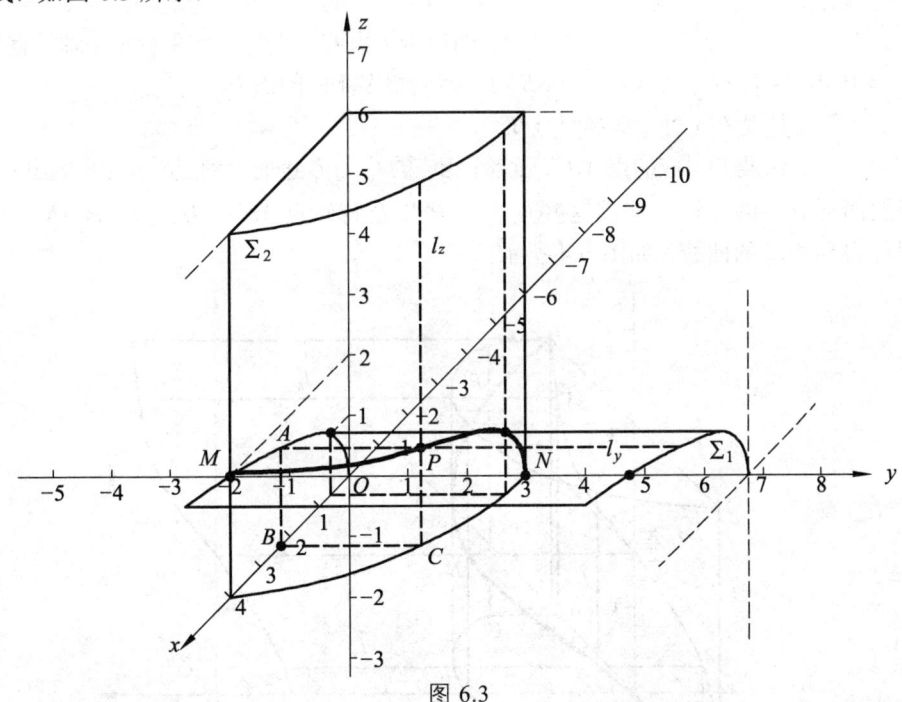

图 6.3

例 6.1.1（Ⅳ）：试绘制空间（超越）曲线 $L:\begin{cases}\Sigma_1: x = 2\cos z \\ \Sigma_2: x^2 + y^2 = 4\end{cases}$，$0 \leqslant z \leqslant \pi$，在 Ⅰ, Ⅱ 卦限部分的图形.

解答：

（1）针对曲线 L 的射影式方程，分别作出刻画 L 的特殊柱面：母线平行于 y 轴的超越函数

柱面 Σ_1 与母线平行于 z 轴的圆柱面 Σ_2，以及与坐标面的交线.

（2）画出在 Ⅰ，Ⅱ 卦限曲线 L 上的点 P.

先确定 Σ_1 与 Σ_2 的交线 L 上的特殊点 M, N, H（见图 6.4）.

再对 L 上任意点的位置进行分析：

$$\forall P \in L = \Sigma_1 \cap \Sigma_2 \xleftrightarrow{\text{对应}} \left.\begin{array}{l} P \in \Sigma_1 \text{上的直母线 } l_y \text{(平行于 } y \text{ 轴)} \\ \text{并且 } P \in \Sigma_2 \text{上的直母线 } l_z \text{(平行于 } z \text{ 轴)} \end{array}\right\} P = l_y \times l_z$$

$$\xleftrightarrow{\text{对应}} B = \pi_{l_y l_z} \cap x \text{ 轴}$$

注意： $\pi_{l_y l_z}$ 平行于由"坐标轴 y, z"确定的 yOz 面.

作法如下：

先对第一卦限，在 x 轴上取参照点 B

$$\left(\begin{array}{l} \text{对于预测交线上的点 } P \\ \text{过点 } P \text{ 作平行于 } z \text{ 轴与 } y \text{ 轴的截割面 } \pi_{l_y l_z} \text{ 交 } x \text{ 轴于 } B, \text{作为参照点} \\ \text{其中：有由平行于 } z \text{ 轴的 } l_z \text{ 与平行于 } y \text{ 轴的 } l_y \text{ 确定的平面 } \pi_{l_z l_y} \end{array}\right)$$

$\Rightarrow$ 画出 Σ_1 上的直母线 l_y：

  过点 B 作平行于 z 轴的直线交 Σ_1 的边缘于点 A，过点 A 作平行于 y 轴的直线 l_y；

画出 Σ_2 上的直母线 l_z：

  过点 B 作平行于 y 轴的直线交 Σ_2 的边缘于点 C，过点 C 作平行于 z 轴的直线 l_z

$\Rightarrow$ 画出 $P = l_y \times l_z$，变动参考点 B 可以得到更多不同的点 P.

再对第二卦限，在 x 轴上取参照点 B'

$\Rightarrow$ 同上方法，得到对应的点 A', C'，确定了相应的 l_y' 与 l_z'，进而得到点 P'，并且可画出 $P' = l_y' \times l_z'$.

（3）根据图形分布的特性，连接这些点 P 与 P' 以及特殊点 M, N, H：$M \rightarrow P \rightarrow N \rightarrow P' \rightarrow H$，即可得到所求的曲线. 如图 6.4 所示.

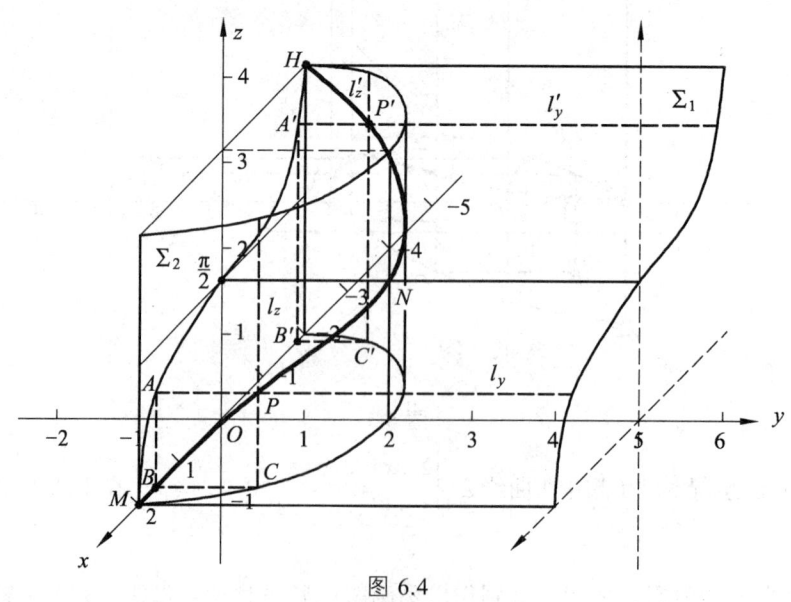

图 6.4

练习： 绘制下列图形.

1. 曲线 $L: \begin{cases} \Sigma_1: x^2 + 4z^2 = 1 \\ \Sigma_2: x + 4y = 4 \end{cases}$ 在第一卦限（I 卦限）的部分.

2.（1）曲线 $L: \begin{cases} \Sigma_1: z = -\dfrac{1}{2}x^2 + 2 \\ \Sigma_2: \dfrac{x^2}{9} + \dfrac{y^2}{4} = 1 \end{cases}$ 在 I , II 卦限的部分.

（2）曲线 $L: \begin{cases} \Sigma_1: z = -\dfrac{1}{2}x^2 + 2 \\ \Sigma_2: x^2 + y^2 = 4 \end{cases}$ 在 I , II 卦限的部分.

3. 空间（四次）曲线 $L: \begin{cases} \Sigma_1: x = \dfrac{z^4}{2} \\ \Sigma_2: \dfrac{x^2}{6^2} + \dfrac{y^2}{2^2} = 1 \end{cases}$ 在 I 卦限的部分. 另外，曲线 L 在 V 卦限部分与 I 卦限部分的图形关系如何？请作出来.

4. 空间（超越）曲线 $L: \begin{cases} \Sigma_1: x = 2\sin z + 1 \\ \Sigma_2: x^2 + y^2 = 9 \end{cases}$, $-\pi \leq z \leq \pi$，在 I 卦限的部分.

6.1.2 一般方程表示的曲线

对于一般曲线 $L = \Sigma_1 \bigcap \Sigma_2: \begin{cases} \Sigma_1: F_1(x,y,z) = 0 \\ \Sigma_2: F_2(x,y,z) = 0 \end{cases}$ 或 $L: \begin{cases} x = x(t) \\ y = y(t), t\text{ 参数} \\ z = z(t) \end{cases}$，其作法如下：

（1）将曲线的一般方程转化为射影式方程.

$$L = \Sigma_1 \bigcap \Sigma_2: \begin{cases} \Sigma_1: F_1(x,y,z) = 0 \\ \Sigma_2: F_2(x,y,z) = 0 \end{cases} \text{ 或 } L: \begin{cases} x = x(t) \\ y = y(t), t \text{ 参数} \\ z = z(t) \end{cases}$$

$$\xrightarrow[\text{射影式方程}]{\text{同解变为特殊的}} L = \Sigma_1^* \bigcap \Sigma_2^* \begin{cases} \text{仅含} \leq 2 \text{ 个坐标变量} \\ \Sigma_1^*: f_1(x,y) = 0 \text{ 或 } f_1(y,z) = 0, \\ \Sigma_2^*: f_2(x,z) = 0. \end{cases}$$

（2）画特殊柱面（母线平行于某坐标轴）Σ_1^* 与 Σ_2^*.

（3）画曲线 L 上的点 P.

分析如下：

$$\forall P \in L = \Sigma_1^* \bigcap \Sigma_2^* \xleftrightarrow{\text{对应}} \left.\begin{array}{l} P \in \Sigma_1^* \text{上的直母线 } l_1(\text{平行于坐标轴 1}) \\ \text{并且 } P \in \Sigma_2^* \text{上的直母线 } l_2(\text{平行于坐标轴 2}) \end{array}\right\} P = l_1 \times l_2$$

$$\xrightarrow{\text{对应}} B = \pi_{l_1 l_2} \bigcap \text{坐标轴 3}$$

注意： $\pi_{l_1 l_2}$ 平行于由 "坐标轴 1, 2" 确定的坐标面.

作法如下：

在坐标轴 3 上取参照点 B

$\Rightarrow$ 过点 B 作平行于坐标轴 1 与坐标轴 2 的截割面 $\pi_{l_1 l_2}$

其中：有由平行于坐标轴 1 的 l_1 与平行于坐标轴 2 的 l_2 确定的平面 $\pi_{l_1 l_2}$

$\Rightarrow$ 画出 Σ_1^* 上的直母线 l_1 以及 Σ_2^* 上的直母线 l_2

$\Rightarrow$ 画出 $P = l_1 \times l_2$，变动点 B 可画出众多的点 P.

（4）根据图形分布的特性，连接这些点 P 即可得到所求的曲线.

注意：（ⅰ）对于其他卦限，有完全类似的处理方法. 另外，还可以适当选取特殊位置的坐标系进行绘制，以使视图位置处于特殊视角之下，更显直观.

（ⅱ）当选用不同方向（平行于不同的坐标面时）的截割平面 $\pi_{l_1 l_2}$ 去截割研究时，l_1 与 l_2 不一定就是曲面上的直母线，它也可以是构作曲面的其他特殊曲线，比如：圆、双曲线、抛物线，等等，此时，也可以进行绘制；当然，以 l_1 与 l_2 是曲面上的直母线为好.

（ⅲ）当特征的整体性不强，单一地用"上述步骤"难以绘制时，可以采取局部绘制的方式进行绘制. 即将其转化为射影式方程，用截割平面 $\pi_{l_1 l_2}$ 多方向、分段地进行截割，由参考点 B 得到不同的曲线 l_1 与 l_2，一点一点地确定 P，并画出点 P，从而绘制出曲线的局部图形.

例 6.1.2（Ⅰ）：试绘制空间曲线 $L:\begin{cases}\Sigma_1: 4x^2+z^2+3x-y-7=0 & ① \\ \Sigma_2: x^2+\dfrac{z^2}{4}-3x+y+2=0 & ②\end{cases}$ 在 Ⅳ 卦限部分的图形.

解答：

（1）将曲线的一般方程转化为射影式方程.

①式 - ②式 × 4，化简得到 $3x-y-3=0$，……③

①式 + ③式，化简得到 $x^2+\dfrac{z^2}{4}-1=0$.……④

这样将其同解变形为 $L:\begin{cases}\Sigma_1^*: y=3x-3 \\ \Sigma_2^*: x^2+\dfrac{z^2}{4}=1\end{cases}$ 在 Ⅳ 卦限部分的图形，其中 $L=\Sigma_1 \cap \Sigma_2 = \Sigma_1^* \cap \Sigma_2^*$.

（2）针对曲线 L 的射影式方程，分别作出刻画 L 的特殊柱面：母线平行于 z 轴的柱面（平面）Σ_1^* 与母线平行于 y 轴的椭圆柱面 Σ_2^*，以及与坐标面的交线.

（3）画出在 Ⅳ 卦限曲线 L 上的点 P.

先确定 Σ_1^* 与 Σ_2^* 的交线 L 上的特殊点 M, N（见图 6.5）.

再对 L 上任意点的位置进行分析：

$$\forall P \in L = \Sigma_1^* \cap \Sigma_2^* \xleftrightarrow{\text{对应}} \left.\begin{array}{l} P \in \Sigma_1^* \text{上的直母线} l_z(\text{平行于} z \text{ 轴}) \\ \text{并且 } P \in \Sigma_2^* \text{上的直母线} l_y(\text{平行于} y \text{ 轴}) \end{array}\right\} P = l_y \times l_z$$

$$\xleftrightarrow{\text{对应}} B = \pi_{l_y l_z} \cap x \text{ 轴}$$

注意：$\pi_{l_y l_z}$ 平行于由"坐标轴 y, z"确定的 yOz 面.

作法如下：

在 x 轴上取参照点 B

$\Rightarrow$ 过点 B 作平行于 y 轴与 z 轴的截割面 $\pi_{l_y l_z}$

其中：有由平行于 y 轴的 l_y 与平行于 z 轴的 l_z 确定的平面 $\pi_{l_y l_z}$

$\Rightarrow$ 画出 Σ_1^* 上的直母线 l_z：

过点 B 作平行于 y 轴的直线交 Σ_1^* 的边缘于点 C，过点 C 作平行于 z 轴的直线 l_z；

画出 Σ_2^* 上的直母线 l_y：

过点 B 作平行于 z 轴的直线交 Σ_2^* 的边缘于点 A，过点 A 作平行于 y 轴的直线 l_y

$\Rightarrow$ 画出 $P = l_y \times l_z$，变动参考点 B 可以得到更多不同的点 P.

（4）根据图形分布的特性，连接这些点 P 以及特殊点 M, N：$M \to P \to N$，即可得到所求的曲线. 如图 6.5 所示.

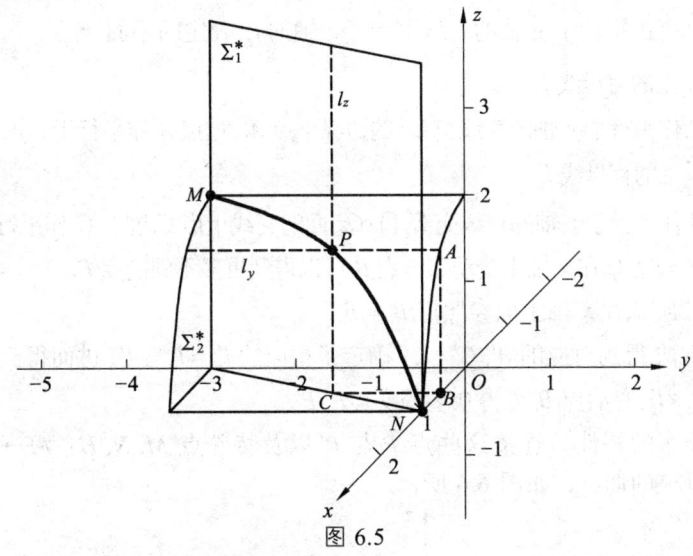

图 6.5

例 6.1.2（Ⅱ）：试绘制空间曲线 $L: \begin{cases} x = -\dfrac{8}{9}t^2 + 2 \\ y = t \\ z = \dfrac{8}{9}t^2 \end{cases}$，$-1.5 \leqslant t \leqslant 1.5$.

解答：

（1）将曲线的一般方程（参数方程）转化为射影式方程.

消去参数同解变形为

$$L: \begin{cases} \Sigma_1^*: x = -\dfrac{8}{9}y^2 + 2 \\ \Sigma_2^*: z = -x + 2 \end{cases},$$

由参数 t 的范围得到 $0 \leqslant x \leqslant 2$，$|y| \leqslant 1.5$，$0 \leqslant z \leqslant 2$，即图形在Ⅰ，Ⅳ卦限部分，其中 $L = \Sigma_1^* \cap \Sigma_2^*$.

（2）针对曲线 L 的射影式方程，分别作出刻画 L 的特殊柱面：母线平行于 z 轴的抛物柱面

Σ_1^* 与母线平行于 y 轴的柱面（平面）Σ_2^*，以及与坐标面的交线.

（3）画在 I，IV 卦限曲线 L 上的点 P.

先确定 Σ_1^* 与 Σ_2^* 的交线 L 上的特殊点 M, N, H（见图 6.6）.

再对 L 上任意点的位置进行分析：

$$\forall P \in L = \Sigma_1^* \cap \Sigma_2^* \xleftrightarrow{\text{对应}} \left.\begin{array}{l} P \in \Sigma_1^* \text{上的直母线 } l_z (\text{平行于} z \text{ 轴}) \\ \text{并且} P \in \Sigma_2^* \text{上的直母线 } l_y (\text{平行于} y \text{ 轴}) \end{array}\right\} P = l_y \times l_z$$

$$\xleftrightarrow{\text{对应}} B = \pi_{l_y l_z} \cap x \text{ 轴}$$

注意： $\pi_{l_y l_z}$ 平行于由"坐标轴 y, z"确定的 yOz 面.

作法如下：

先对第一卦限，在 x 轴上取参照点 B

⇒ 过点 B 作平行于 y 轴与 z 轴的截割面 $\pi_{l_y l_z}$

其中：有由平行于 y 轴的 l_y 与平行于 z 轴的 l_z 确定的平面 $\pi_{l_y l_z}$

⇒ 画出 Σ_1^* 上的直母线 l_z：

过点 B 作平行于 y 轴的直线交 Σ_1^* 的边缘于点 A，过点 A 作平行于 z 轴的直线 l_z；

画出 Σ_2^* 上的直母线 l_y：

过点 B 作平行于 z 轴的直线交 $\Sigma_2^* \cap xOz$ 面的交线于点 C，过点 C 作平行于 y 轴的直线 l_y

⇒ 画出 $P = l_y \times l_z$，在 x 轴上变动参考点 B 可以得到更多不同的点 P.

再对第二卦限，在 x 轴上取参照点 $B' = B$

⇒ 同上方法，得到对应的 $A', C' = C$，确定了相应的 $l_y' = l_y$ 与 l_z'，进而得到点 P'，并且可画出 $P' = l_y' \times l_z'$，变动点 B 可得众多的交点 P, P'.

（4）根据图形分布的特性，连接这些点 P 与 P' 以及特殊点 M, N, H：$M \rightarrow P' \rightarrow N \rightarrow P \rightarrow H$，即可得到所求的曲线. 如图 6.6 所示.

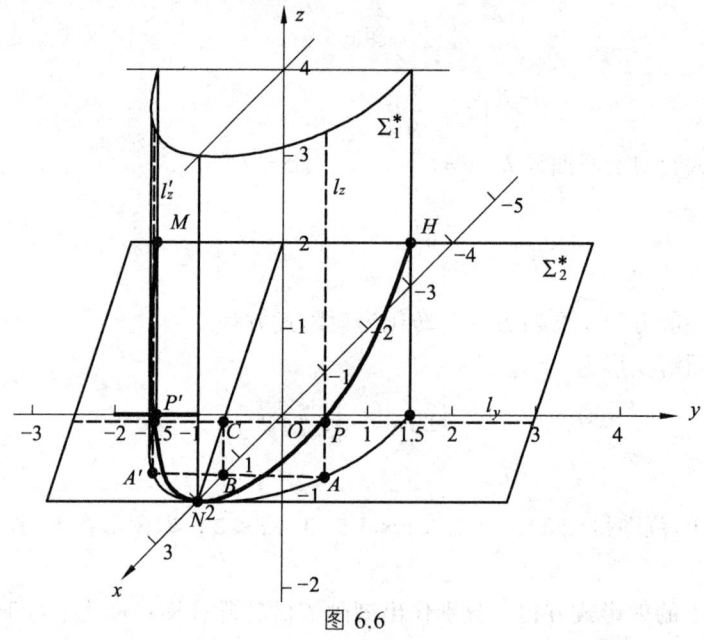

图 6.6

> **练习**：绘制下列图形.
>
> 1. 曲线 $L:\begin{cases} \Sigma_1: 9x^2+y^2+2x+z-11=0 \\ \Sigma_2: x^2+\dfrac{y^2}{9}-2x-z+1=0 \end{cases}$ 在 IV 卦限的部分.
>
> 2. 曲线 $L:\begin{cases} x=2\sin\theta \\ y=-3\cos\theta+3, \ 0\leqslant\theta\leqslant\dfrac{\pi}{2} \\ z=2\cos\theta \end{cases}$.

由此可见，关于空间任意曲线 $L=\Sigma_1\cap\Sigma_2:\begin{cases}\Sigma_1:F_1(x,y,z)=0\\ \Sigma_2:F_2(x,y,z)=0\end{cases}$ 或 $L:\begin{cases}x=x(t)\\ y=y(t)(t\text{参数})\\ z=z(t)\end{cases}$ 的认识，一般可以将其同解变形转化为射影式方程：

$$L=\Sigma_1^*\cap\Sigma_2^* \quad \begin{cases}\text{仅含}\leqslant 2\text{个坐标变量}\\ \Sigma_1^*: f_1(x,y)=0\text{或}f_1(y,z)=0.\\ \Sigma_2^*: f_2(x,z)=0\end{cases}$$
射影式方程

比如 $L:\begin{cases}\Sigma_1^*: f_1(x,y)=0\\ \Sigma_2^*: f_2(x,z)=0\end{cases}$ 来研究.

绘制曲线 L 的关键是构作母线平行于坐标轴（在此为 z 轴、y 轴）的柱面 $\Sigma_1^*: f_1(x,y)=0$，$\Sigma_2^*: f_2(x,z)=0$. 而构作柱面的关键，比如 $\Sigma_1^*: f_1(x,y)=0$，是构作与 xOy 面截割以及与 xOy 面平行平面截割的准线，即

$$\text{准线 1}:\begin{cases}f_1(x,y)=0\\ z=0\end{cases} \text{与 准线 2}:\begin{cases}f_1(x,y)=0\\ z=h\end{cases}.$$

所以，认识与绘制"准线 1"或"准线 2"的方法是我们关心的问题. 也就是说，坐标面上以及与坐标面平行的平面上的一般平面曲线的绘制，应是我们关注的问题.

关于一般平面曲线，在 Oxy 坐标面下 $f_1(x,y)=0$ 的表现为：所处位置一般（方程一般）、图形一般（方程一般），而对于具有一般方程的平面曲线，可以经过寻找曲线的对称中心、对称轴，进行坐标平移与旋转变换，在新坐标原点周围进行绘制. 关于这种方法，应用较好的实例无疑是二次曲线. 下列面对空间任意曲线 L 构作的关注点，以二次曲线为实例介绍一般平面曲线"准线 1"或"准线 2"的绘制方法.

6.2 二次曲线

作为一般平面曲线的认识方法的典型实例，由于我们面对的是三维空间柱面的构作，且以准线 1：$\begin{cases}f_1(x,y)=0\\ z=0\end{cases}$ 与准线 2：$\begin{cases}f_1(x,y)=0\\ z=h\end{cases}$ 形式的二次曲线为重点进行讲解的，其中，在代数方面涉及方程的化简方法，而在几何方面是指坐标变换方法，因此，要注意对应认识. 而

对于空间任意平面上的二次曲线（圆锥曲线），我们将其化归为"6.1.2 一般方程表示的曲线"来认识，再结合空间坐标变换以达到绘图与方程的认识方法的统一.

6.2.1 常见平面解析几何中的二次曲线

关于第 5 章中柱面在 Oxy 坐标面上的准线 $1:\begin{cases}f_1(x,y)=0\\z=0\end{cases}$ 的认识问题，在此只需在平面 $z=0$（即 xOy 面）上思考曲线 $f_1(x,y)=0$，并将其划归为平面解析几何范畴即可. 我们以方程 $f_1(x,y)=0$ 的变量性质来确定曲线的几何性质，得到构作曲线 $f_1(x,y)=0$ 的坐标变换方法以及不变量等方法. 本小节以如下形式的曲线 $f_1(x,y)=0$（二次曲线）绘制为例进行实践[参见大学解析几何二次曲线章节（吕林根教材 CH5）].

二次曲线 $\Gamma: F(x,y) = a_{11}x^2 + 2a_{12}xy + a_{22}y^2 + 2a_{13}x + 2a_{23}y + a_{33} = 0$.

1. 方法一：坐标变换法

1）原理.

原理：针对二次曲线 Γ 的方程，研究 Γ 的方程在坐标变换（旋转、平移）下的变化规律，目标是化简方程方便认识 Γ；对应地，研究曲线 Γ 在坐标变换（旋转、平移）下几何量的不变规律，目标是寻找曲线 Γ 的中心、顶点、对称轴等. 进而得出：以二次曲线 Γ 的中心、顶点、对称轴为新坐标系的原点、坐标轴进行坐标变换，使得 Γ 的方程在新坐标系下得到简化或标准化；同时，在新坐标系下绘制 Γ 的简化或标准化方程的图形.

其中，二次曲线 Γ 的中心 (x_0, y_0) 满足方程组：

$$\begin{cases}a_{11}x + a_{12}y + a_{13} = 0 \\ a_{12}x + a_{22}y + a_{23} = 0\end{cases};$$

并且

$$\Gamma: F(x,y)=0 \xrightarrow{\quad T \quad} \Gamma: a'_{11}x'^2 + 2a'_{12}x'y' + a'_{22}y'^2 + 2a'_{13}x' + 2a'_{23}y' + a'_{33} = 0.$$
（Oxy 到 $O'x'y'$）

（1）经过平移变换 $T = T_1:\begin{cases}x = x' + x_0\\y = y' + y_0\end{cases}$ 后有如下规律：

二次项系数不变；

一次项系数要变：$\begin{cases}2a'_{13} = 2(a_{11}x_0 + a_{12}y_0 + a_{13})\\2a'_{23} = 2(a_{12}x_0 + a_{22}y_0 + a_{23})\end{cases}$；

常数项要变：$a'_{33} = a_{11}x_0^2 + 2a_{12}x_0y_0 + a_{22}y_0^2 + 2a_{13}x_0 + 2a_{23}y_0 + a_{33}$.

应用：取 (x_0, y_0) 为 Γ 的中心 → 新坐标系 $O'x'y'$ 下方程没有一次项；

取 (x_0, y_0) 为 Γ 上的点（如顶点）→ 新坐标系 $O'x'y'$ 下方程没有常数项.

（2）经过旋转变换 $T = T_2:\begin{cases}x = x'\cos\alpha - y'\sin\alpha\\y = x'\sin\alpha + y'\cos\alpha\end{cases}$ 后有如下规律：

二次项系数要变：$2a'_{12} = (a_{22} - a_{11})\sin 2\alpha + 2a_{12}\cos 2\alpha$；

一次项系数要变：$\begin{cases} 有一次项 \to 有一次项 \\ 无一次项 \to 无一次项 \end{cases}$；

常数项不变.

应用：由 $\cot 2\alpha = \dfrac{a_{11}-a_{22}}{2a_{12}} = \dfrac{1-\tan^2\alpha}{2\tan\alpha}$ 得到 $\cos\alpha, \sin\alpha$，确定旋转变换 T_2，使得新坐标系 $O'x'y'$ 下方程没有交叉项（由主直径与主方向方法易见：L 的对称轴是新坐标轴）.

注：该方法能同时刻画二次曲线 Γ 的形状与位置，并且是与中学解析几何直接接轨的方法.

2) 方法.

方法：绘制二次曲线 $\Gamma: a_{11}x^2 + 2a_{12}xy + a_{22}y^2 + 2a_{13}x + 2a_{23}y + a_{33} = 0$ ……①

其一：若二次曲线 Γ 有中心 (x_0, y_0)，即中心方程组 $\begin{cases} a_{11}x + a_{12}y + a_{13} = 0 \\ a_{12}x + a_{22}y + a_{23} = 0 \end{cases}$ 有解 (x_0, y_0)，则：

（1）先平移．求出中心 (x_0, y_0)，得到平移变换：

$$T_1: \begin{cases} x = x' + x_0 \\ y = y' + y_0 \end{cases},$$

进而有：$\Gamma: ① \xrightarrow[T_1]{Oxy} \Gamma: a_{11}x'^2 + 2a_{12}x'y' + a_{22}y'^2 + a'_{33} = 0 \cdots ①'$

（2）再旋转．由 $\cot 2\alpha = \dfrac{a_{11}-a_{22}}{2a_{12}} = \dfrac{1-\tan^2\alpha}{2\tan\alpha}$ 得到 $\cos\alpha, \sin\alpha$，确定旋转变换：

$$T_2: \begin{cases} x' = x^*\cos\alpha - y^*\sin\alpha \\ y' = x^*\sin\alpha + y^*\cos\alpha \end{cases},$$

进而有：$\Gamma: ①' \xrightarrow[T_2]{O'x'y'} \Gamma: a_{11}^* x^{*2} + a_{22}^* y^{*2} + a'_{33} = 0 \cdots ①^*$

（3）在坐标系 Oxy 下作新坐标系 $O^*x^*y^*$：$Oxy \to O'x'y' \to O^*x^*y^*$；

在新坐标系 $O^*x^*y^*$ 下，由简化方程 $①^*$ 作 Γ 的图形.

其二：若二次曲线 Γ 没有中心 (x_0, y_0)，即中心方程组 $\begin{cases} a_{11}x + a_{12}y + a_{13} = 0 \\ a_{12}x + a_{22}y + a_{23} = 0 \end{cases}$ 无解，则：

（1）先旋转．由 $\cot 2\alpha = \dfrac{a_{11}-a_{22}}{2a_{12}} = \dfrac{1-\tan^2\alpha}{2\tan\alpha}$ 得到 $\cos\alpha, \sin\alpha$，确定旋转变换：

$$T_2: \begin{cases} x = x'\cos\alpha - y'\sin\alpha \\ y = x'\sin\alpha + y'\cos\alpha \end{cases},$$

进而有：$\Gamma: ① \xrightarrow[T_2]{Oxy} \Gamma: a'_{11}x'^2 + a'_{22}y'^2 + 2a'_{13}x' + 2a'_{23}y' + a_{33} = 0 \cdots ①'$

由于 Γ 没有中心，所以方程组 $\begin{cases} a'_{11}x' + a'_{12}y + a'_{13} = 0 \\ a'_{12}x + a'_{22}y + a'_{23} = 0 \end{cases}$，$a'_{12} = 0$，无解. 所以 a'_{11} 与 a'_{22} 必有一个为 0，不妨令 $a'_{11} = 0$，在此有：

$$\Gamma: \underset{Oxy}{①} \xrightarrow{T_2} \underset{O'x'y'}{\Gamma: a'_{22}y'^2 + 2a'_{13}x' + 2a'_{23}y' + a_{33} = 0 \cdots ①'}$$

（2）再平移. 对 ①′ 按照相同变量分组，作因式分解与变量替换，得到：

$$\Gamma: \underset{O'x'y'}{①'} \xrightarrow{T_1} \underset{O^*x^*y^*}{\Gamma: a^*_{22}(y' - y_0)^2 + a^*_{13}(x' - x_0) = 0 \cdots ①^*}$$

得到平移变换：

$$T_1: \begin{cases} x' = x^* + x_0 \\ y' = y^* + y_0 \end{cases},$$

将原点移到 Γ 的顶点处，进而有：

$$\Gamma: \underset{O'x'y'}{①'} \xrightarrow{T_1} \underset{O^*x^*y^*}{\Gamma: a^*_{22}y^{*2} + a^*_{13}x^* = 0 \cdots ①^*}$$

（3）在坐标系 Oxy 下作新坐标系 $O^*x^*y^*$：$Oxy \to O'x'y' \to O^*x^*y^*$；
在新坐标系 $O^*x^*y^*$ 下，由简化方程 ①* 作 Γ 的图形.

例 6.2.1（Ⅰ）：绘制二次曲线 $\Gamma: 17x^2 - 12xy + 8y^2 - 10x - 20y + 5 = 0$ 的图形.

解答：

中心方程组为 $\begin{cases} 17x - 6y - 5 = 0 \\ -6x + 8y - 10 = 0 \end{cases}$，有解 $\begin{cases} x = 1 \\ y = 2 \end{cases}$. 故二次曲线 Γ 有中心 $(x_0, y_0) = (1, 2)$. 则：

（1）先平移. 由中心 $(1, 2)$，得到平移变换：

$$T_1: \begin{cases} x = x' + 1 \\ y = y' + 2 \end{cases},$$

进而有：

$$\Gamma: \underset{Oxy}{原方程 \cdots ①} \xrightarrow{T_1} \underset{O'x'y'}{\Gamma: 17x'^2 - 12x'y' + 8y'^2 - 20 = 0 \cdots ①'}$$

（2）再旋转. 由 $\cot 2\alpha = \dfrac{a_{11} - a_{22}}{2a_{12}} = \dfrac{1 - \tan^2 \alpha}{2\tan \alpha}$，得到 $\cot 2\alpha = \dfrac{17 - 8}{-12} = \dfrac{1 - \tan^2 \alpha}{2\tan \alpha}$，取一个锐角解

$\tan \alpha = 2 \to \cos \alpha = \dfrac{1}{\sqrt{5}}$，$\sin \alpha = \dfrac{2}{\sqrt{5}}$ 即可. 即逆时针旋转 α 确定旋转变换：

$$T_2: \begin{cases} x' = \dfrac{1}{\sqrt{5}} x^* - \dfrac{2}{\sqrt{5}} y^* \\ y' = \dfrac{2}{\sqrt{5}} x^* + \dfrac{1}{\sqrt{5}} y^* \end{cases},$$

进而有：

$$\Gamma: \textcircled{1}' \xrightarrow{T_2} \begin{array}{c} O^*x^*y^* \\ \Gamma: 5x^{*2} + 20y^{*2} - 20 = 0 \cdots \textcircled{1}^* \end{array}$$

（3）在坐标系 Oxy 下作新坐标系 $O^*x^*y^*$：$Oxy \to O'x'y' \to O^*x^*y^*$；

在新坐标系 $O^*x^*y^*$ 下，作 $\Gamma: \dfrac{x^{*2}}{4} + \dfrac{y^{*2}}{1} = 1 \cdots \textcircled{1}^*$ 的图形（见图 6.7）.

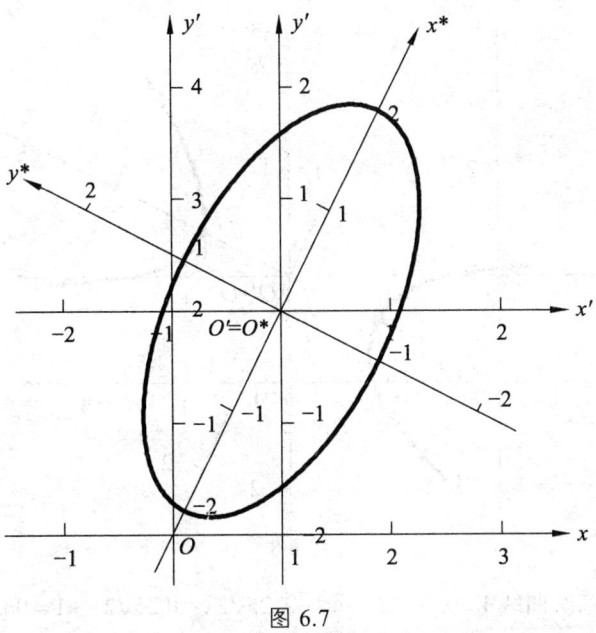

图 6.7

例 6.2.1（Ⅱ）：绘制二次曲线 $\Gamma: 0.2x^2 + 3.2xy - 2.2y^2 - 4x - 2y + 4 = 0$ 的图形.

解答：

中心方程组为 $\begin{cases} 0.2x + 1.6y - 2 = 0 \\ 1.6x - 2.2y - 1 = 0 \end{cases}$，有解 $\begin{cases} x = 2 \\ y = 1 \end{cases}$，故 Γ 有中心 $(x_0, y_0) = (2, 1)$.

（1）先平移. 由中心 $(2,1)$，得到平移变换：

$$T_1: \begin{cases} x = x' + 2 \\ y = y' + 1 \end{cases},$$

进而有：

$$\begin{array}{c} Oxy \\ \Gamma: 原方程 \cdots \textcircled{1} \end{array} \xrightarrow{T_1} \begin{array}{c} O'x'y' \\ \Gamma: 0.2x'^2 + 3.2x'y' - 2.2y'^2 - 1 = 0 \cdots \textcircled{1}' \end{array}$$

（2）再旋转. 由 $\cot 2\alpha = \dfrac{a_{11} - a_{22}}{2a_{12}} = \dfrac{1 - \tan^2\alpha}{2\tan\alpha}$ 得到 $\dfrac{0.2 + 2.2}{3.2} = \dfrac{1 - \tan^2\alpha}{2\tan\alpha}$，取一个锐角解

$\tan\alpha = 0.5 \to \cos\alpha = \dfrac{2}{\sqrt{5}}$，$\sin\alpha = \dfrac{1}{\sqrt{5}}$ 即可. 即逆时针旋转 α 确定旋转变换：

$$T_2: \begin{cases} x' = \dfrac{2}{\sqrt{5}} x^* - \dfrac{1}{\sqrt{5}} y^* \\ y' = \dfrac{1}{\sqrt{5}} x^* + \dfrac{2}{\sqrt{5}} y^* \end{cases},$$

进而有：

$$\Gamma: \textcircled{1}' \xrightarrow{T_1} \Gamma: x^{*2} - 3y^{*2} - 1 = 0 \cdots \textcircled{1}^*$$

（3）在坐标系 Oxy 下作新坐标系 $O^*x^*y^*$：$Oxy \to O'x'y' \to O^*x^*y^*$；

在新坐标系 $O^*x^*y^*$ 下，作 $\Gamma: x^{*2} - 3y^{*2} = 1 \cdots \textcircled{1}^*$ 的图形（见图 6.8）。

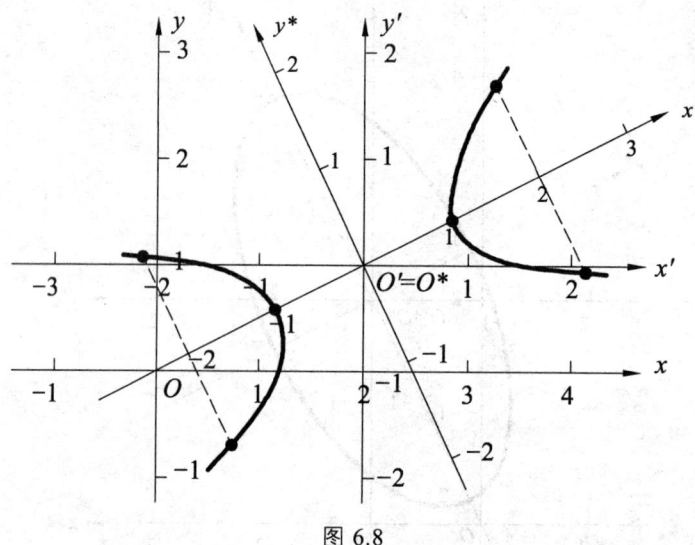

图 6.8

例 6.2.1（Ⅲ）：绘制二次曲线 $\Gamma: x^2 - 2xy + y^2 - 0.25\sqrt{2}x - 0.25\sqrt{2}y + 1 = 0$ 的图形。

解答：

中心方程组为 $\begin{cases} x - y - 0.125\sqrt{2} = 0 \\ -x + y - 0.125\sqrt{2} = 0 \end{cases}$，无解，从而 Γ 是无心二次曲线。

（1）先旋转。由 $\cot 2\alpha = \dfrac{a_{11} - a_{22}}{2a_{12}} = \dfrac{1 - \tan^2 \alpha}{2 \tan \alpha}$ 得到 $\dfrac{1-1}{-1} = \dfrac{1 - \tan^2 \alpha}{2 \tan \alpha}$，取一个锐角解 $\tan \alpha = 1 \to$

$\cos \alpha = \dfrac{\sqrt{2}}{2}$，$\sin \alpha = \dfrac{\sqrt{2}}{2}$ 即可。即逆时针转 $\alpha = 45°$ 得到旋转变换：

$$T_2: \begin{cases} x = \dfrac{\sqrt{2}}{2}x' - \dfrac{\sqrt{2}}{2}y' \\ y = \dfrac{\sqrt{2}}{2}x' + \dfrac{\sqrt{2}}{2}y' \end{cases},$$

进而有：

$$\begin{array}{cc} Oxy & O'x'y' \\ \Gamma:\text{原方程}\cdots\textcircled{1} \xrightarrow{T_2} & \Gamma: 2y'^2 - 0.5x' + 1 = 0 \cdots \textcircled{1}' \end{array}$$

（2）再平移。对 $\textcircled{1}'$ 按照相同变量分组，作因式分解与变量替换，得到：

$$\begin{array}{cc} O'x'y' & O^*x^*y^* \\ \Gamma:\textcircled{1}' \xrightarrow{T_1} & \Gamma: 2y'^2 - 0.5(x' - 2) = 0 \cdots \textcircled{1}^* \end{array}$$

得到平移变换：

$$T_1:\begin{cases} x' = x^* + 2 \\ y' = y^* + 0 \end{cases},$$

将原点移到 Γ 的顶点处，进而有：

$$\begin{array}{ccc} O'x'y' & \xrightarrow{T_1} & O^*x^*y^* \\ \Gamma:① ' & & \Gamma: y^{*2} = 0.25 x^* \cdots ①^* \end{array}$$

（3）在坐标系 Oxy 下作新坐标系 $O^*x^*y^*$：$Oxy \to O'x'y' \to O^*x^*y^*$；

在新坐标系 $O^*x^*y^*$ 下，由简化方程 $①^*$ 作 Γ 的图形（见图 6.9）.

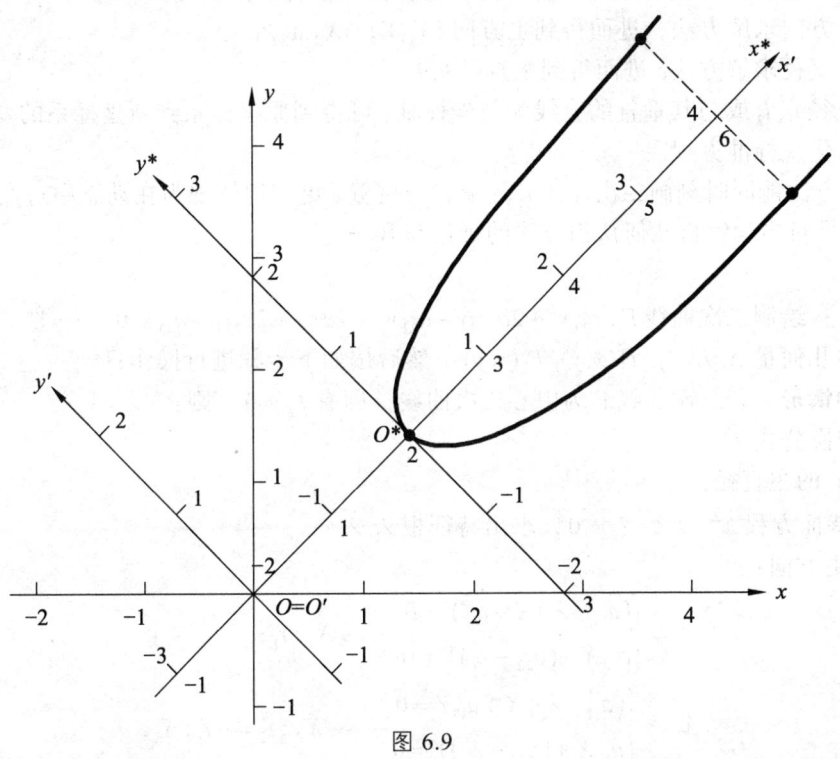

图 6.9

2. 方法二：主直径、主方向法

绘制二次曲线 $\Gamma: a_{11}x^2 + 2a_{12}xy + a_{22}y^2 + 2a_{13}x + 2a_{23}y + a_{33} = 0 \cdots\cdots ①$

1）原理.

原理：针对二次曲线 Γ 的方程，以曲线 Γ 的弦及其弦方向为出发点，求出 Γ 的中心、对称轴与顶点、互相垂直的对称轴及其交点等几何量，目标是寻找主直径、主方向、中心、顶点. 进而得出：以曲线 Γ 的主直径及其主方向为新坐标系的坐标轴及其方向，以 Γ 的中心或顶点为新原点，进行直角坐标旋转与平移变换，这样就可以使得二次曲线 Γ 的方程在新坐标系下得到简化或标准化；同时，在新坐标系下绘制 Γ 的简化或标准化方程的图形.

其中，方程 $\Gamma: F(x,y) = a_{11}x^2 + 2a_{12}xy + a_{22}y^2 + 2a_{13}x + 2a_{23}y + a_{33} = 0$ 的对应矩阵为

$$A = \begin{pmatrix} a_{11} & a_{12} & a_{13} \\ a_{12} & a_{22} & a_{23} \\ a_{13} & a_{23} & a_{33} \end{pmatrix},$$

$$F_1(x,y) = a_{11}x + a_{12}y + a_{13}, \quad F_2(x,y) = a_{12}x + a_{22}y + a_{23}, \quad F_3(x,y) = a_{13}x + a_{23}y + a_{33},$$

$$I_1 = a_{11} + a_{22}, \quad I_2 = \begin{vmatrix} a_{11} & a_{12} \\ a_{12} & a_{22} \end{vmatrix},$$

可知，二次曲线Γ的中心(x_0, y_0)就是平分Γ的任意弦的中点，满足$\begin{cases} a_{11}x + a_{12}y + a_{13} = 0 \\ a_{12}x + a_{22}y + a_{23} = 0 \end{cases}$；

主直径为Γ的对称轴（垂直且平分Γ的弦之直线），在此选为新坐标轴；

主方向为Γ的主直径的方向及垂直于主直径的方向（成对出现），在此选为新坐标轴的方向．

按照弦与直径的共轭关系以及主方向、主直径的垂直条件，可以得到：

Γ的主方向求解方法，进而得到主方向$\{X_1, Y_1\}, \{X_2, Y_2\}$；

Γ的主直径求解方法，进而得到主直径l_1, l_2．

以主直径l_1, l_2或与其垂直的直线为新坐标轴，可得到原坐标系到新坐标系的变换公式T，以及Γ的简化或标准方程．

注：该方法能同时刻画二次曲线Γ的形状与位置，更多地体现为在动态中对图形的认识，这是对中学解析几何认识方法的延拓与升华．

2）方法．

方法 I：绘制二次曲线Γ：$a_{11}x^2 + 2a_{12}xy + a_{22}y^2 + 2a_{13}x + 2a_{23}y + a_{33} = 0$……①

先写出几何量$A, I_1, I_2, F_1(x,y), F_2(x,y)$，然后按如下步骤进行操作：

对于第一种情形，若二次曲线Γ为中心二次曲线，即有$I_2 \neq 0$，则：

（1）求变换公式T．

① 求Γ的主直径：

由特征方程$\lambda^2 - I_1\lambda + I_2 = 0$，求出特征根$\lambda_1, \lambda_2$；

求主方向：

$$\lambda_1 \Rightarrow \begin{cases} (a_{11} - \lambda_1)X + a_{12}Y = 0 \\ a_{12}X + (a_{22} - \lambda_1)Y = 0 \end{cases} \longrightarrow X_1 : Y_1;$$

$$\lambda_2 \Rightarrow \begin{cases} (a_{11} - \lambda_2)X + a_{12}Y = 0 \\ a_{12}X + (a_{22} - \lambda_2)Y = 0 \end{cases} \longrightarrow X_2 : Y_2 = -Y_1 : X_1.$$

得到主直径：

$\lambda_1 \longrightarrow X_1 : Y_1$ $l_1 : X_2 F_1(x,y) + Y_2 F_2(x,y) = 0$
得：$A_1 x + B_1 y + C_1 = 0 \cdots x^*$轴；
$\lambda_2 \longrightarrow X_2 : Y_2$ $l_2 : X_1 F_1(x,y) + Y_1 F_2(x,y) = 0$
得：$A_2 x + B_2 y + C_2 = 0 \cdots y^*$轴

② 构造新坐标轴，得T.

首先，令$\begin{array}{l} l_1 \cdots x^*\text{轴} \\ l_2 \cdots y^*\text{轴} \end{array}$，$l_1 \times l_2 = O^*$，得到$T: Oxy \to O^*x^*y^*$的逆变换公式：

$$T^{-1}: \begin{cases} x^* = \pm \dfrac{A_2 x + B_2 y + C_2}{\sqrt{A_2^2 + B_2^2}} \\ y^* = \pm \dfrac{A_1 x + B_1 y + C_1}{\sqrt{A_1^2 + B_1^2}} \end{cases}.$$

其次，与直角坐标变换公式比较，得到符号的取法：

第一式右边 x 的"系数" = 第二式右边 y 的"系数" = $\cos\alpha$，"系数"同号，有两种选取方法，取一种即可.

最后，反解 T^{-1} 得到 T.

（2）化简方程.

将 T 代入原方程①得到：在 $O^*x^*y^*$ 下，

$$\Gamma: \lambda_1 x^{*2} + \lambda_2 y^{*2} + (\text{常数项}) = 0 \cdots\cdots ①^*$$

注：该坐标变换 $T = T_2 T_1$ 就是平移与旋转的合成.

其一：由方法 I 的坐标变化规律，以及 $T = T_2 T_1$ 变换后的常数项就是平移 T_1 后的常数项，可以看到，平移到中心 (x_0, y_0) 后有

$$a_{11} x'^2 + 2a_{12} x' y' + a_{22} y'^2 + F(x_0, y_0) = 0.$$

从而得

$$F(x_0, y_0) \equiv x_0 F_1(x_0, y_0) + y_0 F_2(x_0, y_0) + F_3(x_0, y_0) = F_3(x_0, y_0).$$

对于"常数项"，由 T 代入原方程①中仅仅计算数字部分即可.

若已知 Γ 的中心 (x_0, y_0)，则

$$\text{"常数项"} = F_3(x_0, y_0).$$

其二：作旋转变换 T_2 仅仅是对二次项作变换，即将 T 代入二次项部分，应用主方向满足的关系式，消去交叉项，得到平方项系数，正是对应的 λ_1 与 λ_2.

$$\lambda_1 \longleftrightarrow X_1 : Y_1 \cdots x^* \text{轴方向} \longleftrightarrow x^{*2} \text{之系数};$$
$$\lambda_2 \longleftrightarrow X_2 : Y_2 \cdots y^* \text{轴方向} \longleftrightarrow y^{*2} \text{之系数}.$$

（3）绘制图形 Γ.

① 首先，在原坐标系 Oxy 下画新坐标系 $O^*x^*y^*$：

在 Oxy 下画 $\begin{array}{l} x^*\text{轴} = l_1 : A_1 x + B_1 y + C_1 = 0 \\ y^*\text{轴} = l_2 : A_2 x + B_2 y + C_2 = 0 \end{array}$，$l_1 \times l_2 = O^*$.

其次，确定转角 $\angle(x\text{轴}, x^*\text{轴}) = \alpha$. 由逆变换公式 T^{-1} 中的

第一式右边 x 的"系数" = $\cos\alpha$，第一式右边 y 的"系数" = $\sin\alpha$

得到 α，从而得到 x^* 轴的方向；由右手系得到 y^* 轴的方向.

② 在新坐标系 $O^*x^*y^*$ 下画二次曲线 $\Gamma \cdots ①^*$.

例 6.2.1（Ⅳ）：绘制二次曲线 $\Gamma: 17x^2 - 12xy + 8y^2 - 22x - 4y - 7 = 0$ 的图形.

解答：已知 Γ 方程对应的矩阵：

$$A = \begin{pmatrix} 17 & -6 & -11 \\ -6 & 8 & -2 \\ -11 & -2 & -7 \end{pmatrix},$$

$$F_1(x,y) = 17x - 6y - 11, \quad F_2(x,y) = -6x + 8y - 2,$$

$$I_1 = 17 + 8 = 25, \quad I_2 = \begin{vmatrix} 17 & -6 \\ -6 & 8 \end{vmatrix} = 100 \neq 0,$$

易见 Γ 是中心二次曲线.

（1）求变换公式 T.

① 求 Γ 的主直径.

由特征方程 $\lambda^2 - 25\lambda + 100 = 0$，求出特征根 $\lambda_1 = 5, \lambda_2 = 20$.

求主方向：

$$\lambda_1 = 5 \Rightarrow \begin{cases} (17-5)X - 6Y = 0 \\ -6X + (8-5)Y = 0 \end{cases} \longrightarrow X_1 : Y_1 = 1:2;$$

$$\lambda_2 = 20 \Rightarrow \cdots\cdots\cdots \longrightarrow X_2 : Y_2 = -Y_1 : X_1 = -2:1.$$

得到主直径：

$$\lambda_1 = 5 \longrightarrow X_1 : Y_1 = 1:2 \quad\searrow\quad \begin{array}{l} l_1 : -2F_1(x,y) + F_2(x,y) = 0 \\ \text{得}: 2x - y - 1 = 0 \cdots x^* \text{轴}; \end{array}$$

$$\lambda_2 = 20 \longrightarrow X_2 : Y_2 = -2:1 \quad\nearrow\quad \begin{array}{l} l_2 : F_1(x,y) + 2F_2(x,y) = 0 \\ \text{得}: x + 2y - 3 = 0 \cdots y^* \text{轴}. \end{array}$$

② 构造新坐标轴，得 T.

首先，令 $\begin{array}{l} l_1 \cdots x^* \text{轴} \\ l_2 \cdots y^* \text{轴} \end{array}$，$l_1 \times l_2 = O^*$，得到 $T : Oxy \to O^*x^*y^*$ 的逆变换公式

$$T^{-1} : \begin{cases} x^* = \pm \dfrac{x+2y-3}{\sqrt{5}} \\ y^* = \pm \dfrac{2x-y-1}{\sqrt{5}} \end{cases},$$

其次，与直角坐标变换公式比较，得到符号的取法：

第一式右边 x 的"系数" = 第二式右边 y 的"系数" = $\cos\alpha$. "系数"同号，在此选取：第一式右边"$+$"，第二式右边应为"$-$". 即

$$T^{-1} : \begin{cases} x^* = \dfrac{x+2y-3}{\sqrt{5}} = \dfrac{1}{\sqrt{5}}x + \dfrac{2}{\sqrt{5}}y - \dfrac{3}{\sqrt{5}} \\ y^* = -\dfrac{2x-y-1}{\sqrt{5}} = -\dfrac{2}{\sqrt{5}}x + \dfrac{1}{\sqrt{5}}y + \dfrac{1}{\sqrt{5}} \end{cases}.$$

最后，反解 T^{-1} 得到 T.

（2）化简方程.

将 T 代入原方程①得到：在 $O^*x^*y^*$ 下，

$$\Gamma : 5x^{*2} + 20y^{*2} + (\text{常数项}) = 0 \cdots\cdots ①^*$$

注：对于"常数项"，由 T 代入原方程①中仅仅计算数字部分即可. 在此可以由 T^{-1} 中

令 $x^* = y^* = 0 \Rightarrow x = y = 1$，代入原方程①得到（也可由 Γ 的中心坐标 $(1,1)$ 得到，即 "常数项" $= F_3(1,1) = -20$）．

即在 $O^*x^*y^*$ 下，

$$\Gamma: 5x^{*2} + 20y^{*2} - 20 = 0, \cdots\cdots ①^*$$

即

$$\frac{x^{*2}}{2^2} + \frac{y^{*2}}{1} = 1. \cdots\cdots ①^*$$

（3）绘制图形 Γ．

① 首先，在原坐标系 Oxy 下画新坐标系 $O^*x^*y^*$．

在 Oxy 下画 $\begin{cases} x^*\text{轴} = l_1: 2x - y - 1 = 0 \\ y^*\text{轴} = l_2: x + 2y - 3 = 0 \end{cases}$，$l_1 \times l_2 = O^*(1,1)$．

其次，确定转角 $\angle(x\text{轴}、x^*\text{轴}) = \alpha$：由逆变换公式 T^{-1} 中的

第一式右边 x 的"系数" $= \cos\alpha = \dfrac{1}{\sqrt{5}}$，第一式右边 y 的"系数" $= \sin\alpha = \dfrac{2}{\sqrt{5}}$

得到 $\tan\alpha = 2$，从而得到 x^* 轴的方向；由右手系得到 y^* 轴的方向．

② 在新坐标系 $O^*x^*y^*$ 下画 Γ：$\dfrac{x^{*2}}{2^2} + \dfrac{y^{*2}}{1^2} = 1 \cdots\cdots ①^*$（见图 6.10）．

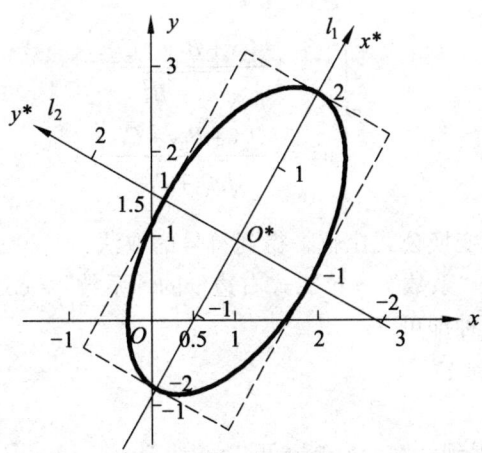

图 6.10

方法 II：绘制二次曲线 $\Gamma: a_{11}x^2 + 2a_{12}xy + a_{22}y^2 + 2a_{13}x + 2a_{23}y + a_{33} = 0 \cdots\cdots ①$

对于第二种情形，若二次曲线 Γ 为无心二次曲线，即有 $I_2 = 0$，则：

（1）求变换公式 T．

① 求 Γ 的主直径（只有 1 条）：

由特征方程 $\lambda^2 - I_1\lambda + I_2 = 0$，求出特征根 $\lambda_1 = 0, \lambda_2$．

求主方向：

$$\lambda_1 = 0 \Rightarrow \begin{cases} (a_{11} - \lambda_1)X + a_{12}Y = 0 \\ a_{12}X + (a_{22} - \lambda_1)Y = 0 \end{cases} \longrightarrow X_1 : Y_1 = -Y_2 : X_2 ;$$

$$\lambda_2 \neq 0 \Rightarrow \begin{cases} (a_{11} - \lambda_2)X + a_{12}Y = 0 \\ a_{12}X + (a_{22} - \lambda_2)Y = 0 \end{cases} \longrightarrow X_2 : Y_2 弦方向.$$

得到主直径:

$$\begin{array}{l} \lambda_1 = 0 \longrightarrow X_1 : Y_1 \\ \lambda_2 \neq 0 \longrightarrow X_2 : Y_2 \end{array} \diagdown\!\!\!\!\diagup \begin{array}{l} l_1 : X_2 F_1(x,y) + Y_2 F_2(x,y) = 0 \\ 得: A_1 x + B_1 y + C_1 = 0 \cdots x* 轴; \\ l_2 : X_1 F_1(x,y) + Y_1 F_2(x,y) = 0 \\ 不存在 \end{array}$$

② 求过 Γ 的顶点与 l_1 垂直的直线 $L_2 \cdots y*$ 轴.

首先,求顶点 $O^* = \Gamma \cap l_1 = (x_0, y_0)$.

其次,求过顶点 O^* 与 l_1 垂直的直线 $L_2: \dfrac{x - x_0}{X_2} = \dfrac{y - y_0}{Y_2}$,化简得

$$L_2 : A_2 x + B_2 y + C_2 = 0 \cdots y* 轴.$$

③ 构造新坐标轴,得 T.

首先,令 $\begin{array}{l} l_1 \cdots x* 轴 \\ L_2 \cdots y* 轴 \end{array}$, $l_1 \times L_2 = O^*$,得到 $T: Oxy \to O^* x^* y^*$ 的逆变换公式

$$T^{-1} : \begin{cases} x^* = \pm \dfrac{A_2 x + B_2 y + C_2}{\sqrt{A_2^2 + B_2^2}} \\ y^* = \pm \dfrac{A_1 x + B_1 y + C_1}{\sqrt{A_1^2 + B_1^2}} \end{cases},$$

其次,与直角坐标变换公式比较,得到符号的取法:

第一式右边 x 的"系数" = 第二式右边 y 的"系数" = $\cos \alpha$. "系数"同号,有两种选取方法,取一种即可.

最后,反解 T^{-1} 得到 T.

(2) 化简方程.

将 T 代入原方程①得到:在 $O^* x^* y^*$ 下,

$$\Gamma : 0 x^{*2} + \lambda_2 y^{*2} + (常数) x^* = 0. \cdots\cdots ①^*$$

注:类同于中心二次曲线方法,由坐标变化规律与主直径、主方向特点知道有此结构特点. 对于"常数",由 T 代入原方程①中仅仅计算含 x^* 变量部分的系数即可.

(3) 绘制图形 Γ.

① 首先,在原坐标系 Oxy 下画新坐标系 $O^* x^* y^*$:

在 Oxy 下画 $\begin{array}{l} x* 轴 = l_1 : A_1 x + B_1 y + C_1 = 0 \\ y* 轴 = L_2 : A_2 x + B_2 y + C_2 = 0 \end{array}$, $l_1 \times L_2 = O^*$.

其次，确定转角 $\angle(x\text{轴}, x^*\text{轴}) = \alpha$：由逆变换公式 T^{-1} 中的

第一式右边 x 的"系数"$=\cos\alpha$，第一式右边 y 的"系数"$=\sin\alpha$

得到 α，从而得到 x^* 轴的方向；由右手系得到 y^* 轴的方向.

② 在新坐标系 $O^*x^*y^*$ 下画二次曲线 $\Gamma\cdots$①*.

对于第三种情形，若二次曲线 Γ 为线心二次曲线，即有 $\dfrac{a_{11}}{a_{21}} = \dfrac{a_{12}}{a_{22}} = \dfrac{a_{13}}{a_{23}}$，则：二次曲线 Γ 为两条平行直线或重合直线，此时，只需将 Γ 的方程分解因式即可得到两条直线方程之乘积，直接画出两条直线，即 Γ.

例 6.2.1（Ⅴ）：绘制二次曲线 $\Gamma: x^2 + 2xy + y^2 - 2x + 2y + 8 = 0$ 的图形.

解答：

已知 Γ 方程对应的矩阵：

$$A = \begin{pmatrix} 1 & 1 & -1 \\ 1 & 1 & 1 \\ -1 & 1 & 8 \end{pmatrix},$$

$F_1(x,y) = x + y - 1, F_2(x,y) = x + y + 1,$

$I_1 = 1 + 1 = 2, \quad I_2 = \begin{vmatrix} 1 & 1 \\ 1 & 1 \end{vmatrix} = 0.$

易见，方程组 $\begin{cases} F_1(x,y) = x+y-1 = 0 \\ F_2(x,y) = x+y+1 = 0 \end{cases}$ 无解，故 Γ 是无心二次曲线.

（1）求变换公式 T.

① 求 Γ 的主直径（只有 1 条）.

由特征方程 $\lambda^2 - 2\lambda + 0 = 0$，求出特征根 $\lambda_1 = 0, \lambda_2 = 2$.

求主方向：

$\lambda_1 = 0 \Rightarrow \begin{cases} (1-0)X + Y = 0 \\ X + (1-0)Y = 0 \end{cases} \longrightarrow X_1 : Y_1 = -1 : 1;$

$\lambda_2 = 2 \Rightarrow \begin{cases} (1-2)X + Y = 0 \\ X + (1-2)Y = 0 \end{cases} \longrightarrow X_2 : Y_2 = 1 : 1 \cdots$ 弦方向.

得到主直径：

$\lambda_1 = 0 \longrightarrow X_1 : Y_1 = -1 : 1$

$\lambda_2 = 2 \longrightarrow X_2 : Y_2 = 1 : 1$

$l_1 : F_1(x,y) + F_2(x,y) = 0$ 得：$x + y = 0 \cdots x^*$ 轴；

$l_2 : -F_1(x,y) + F_2(x,y) = 0$ 不存在

② 求过 Γ 的顶点与 l_1 垂直的直线 $L_2 \cdots y^*$ 轴.

首先，求顶点 $O^* = \Gamma \cap l_1 : \begin{cases} x^2 + 2xy + y^2 - 2x + 2y + 8 = 0 \\ x + y = 0 \end{cases} \Rightarrow O^*(x_0, y_0) = (2, -2);$

其次，求过顶点 $O*$ 与 l_1 垂直的直线 $L_2: \dfrac{x-2}{1} = \dfrac{y+2}{1}$，化简得

$$L_2: x - y - 4 = 0 \cdots y* \text{轴}.$$

③ 构造新坐标轴，得 T.

首先，令 $\begin{matrix} l_1 \cdots x*\text{轴} \\ L_2 \cdots y*\text{轴} \end{matrix}$，$l_1 \times L_2 = O*$，得到 $T: Oxy \to O*x*y*$ 的逆变换公式；

$$T^{-1}: \begin{cases} x* = \pm \dfrac{x-y-4}{\sqrt{2}} \\ y* = \pm \dfrac{x+y}{\sqrt{2}} \end{cases}$$

其次，与直角坐标变换公式比较，得到符号的取法：

第一式右边 x 的"系数" = 第二式右边 y 的"系数" = $\cos\alpha$. "系数"同号，有两种选取方法，取一种即可. 从而可取：第一式右边"+"，第二式应为"+".

$$T^{-1}: \begin{cases} x* = \dfrac{x-y-4}{\sqrt{2}} = \dfrac{\sqrt{2}}{2}x - \dfrac{\sqrt{2}}{2}y - 2\sqrt{2} \\ y* = \dfrac{x+y}{\sqrt{2}} = \dfrac{\sqrt{2}}{2}x + \dfrac{\sqrt{2}}{2}y \end{cases},$$

得 $$T: \begin{cases} x = \dfrac{\sqrt{2}}{2}x* + \dfrac{\sqrt{2}}{2}y* + 2 \\ y = -\dfrac{\sqrt{2}}{2}x* + \dfrac{\sqrt{2}}{2}y* - 2 \end{cases}.$$

（2）化简方程.

将 T 代入原方程①得到：在 $O*x*y*$ 下，

$$\Gamma: 0x*^2 + 2y*^2 + (\text{常数})x* = 0 \cdots\cdots ①*$$

注：对于"常数"，将 T 代入原方程①中仅仅计算含 $x*$ 变量部分的系数即可，得到：在 $O*x*y*$ 下，

$$\Gamma: 2y*^2 - 2\sqrt{2}x* = 0 \cdots\cdots ①*, \quad \text{即} \quad y*^2 = \sqrt{2}x* \cdots\cdots ①*$$

（3）绘制图形 Γ.

① 在原坐标系 Oxy 下画新坐标系 $O*x*y*$.

首先，在 Oxy 下画

$$\begin{matrix} x*\text{轴} = l_1: x+y = 0 \\ y*\text{轴} = L_2: x-y-4 = 0 \end{matrix}, \quad l_1 \times L_2 = O*(2, -2).$$

其次，确定转角 $\angle(x\text{轴}、x*\text{轴}) = \alpha$：由逆变换公式 T^{-1} 中的

第一式右边 x 的"系数" = $\cos\alpha = \dfrac{\sqrt{2}}{2}$，第一式右边 y 的"系数" = $\sin\alpha = -\dfrac{\sqrt{2}}{2}$

得 $\alpha = -45°$. 从而得 $x*$ 轴的方向；由右手系得到 $y*$ 轴的方向.

② 在新坐标系 $O*x*y*$ 下画二次曲线 $y*^2 = \sqrt{2}x* \cdots\cdots ①*$（见图 6.11）.

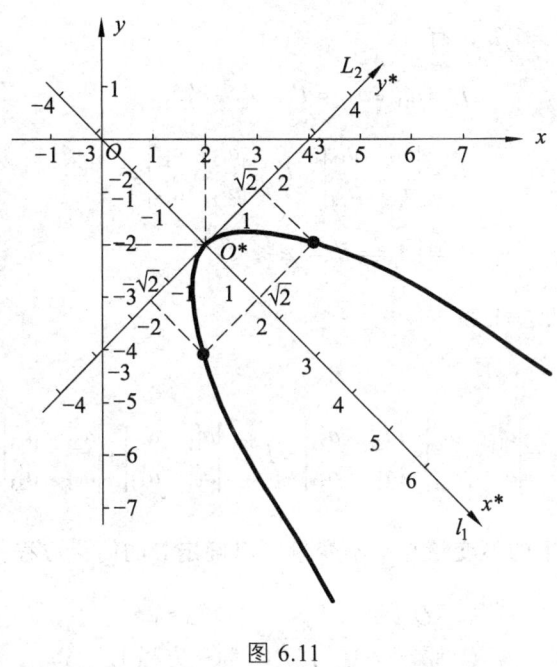

图 6.11

3. 方法三：不变量法

绘制二次曲线 Γ: $F(x,y) = a_{11}x^2 + 2a_{12}xy + a_{22}y^2 + 2a_{13}x + 2a_{23}y + a_{33} = 0$ ……①

1）原理．

原理：依据二次曲线 Γ "位置一般对应的方程表达式具有一般性、位置特殊（中心或顶点为坐标原点、对称轴为坐标轴）对应的方程表达式简单"等特点，以及 Γ 方程的表达式能化为标准方程，则 Γ 的图形将容易绘制．针对二次曲线 Γ:①的图形绘制问题，从几何上看，只需将图形 Γ 搬动到特殊的坐标系位置去观察即可（图形变换）．相应地就是：将原坐标系 Oxy 变动为 Γ 的特殊位置下的 $O^*x^*y^*$ 坐标系（坐标变换），以便在 $O^*x^*y^*$ 坐标系下观察 Γ 的图形，这样图形会更清晰；从代数上看，只需求出坐标变换

$$T: Oxy \to O^*x^*y^*$$
$$\Gamma: ① \xrightarrow{T} \Gamma: 标准方程①^*$$

下 Γ 的标准方程，即 $O^*x^*y^*$ 坐标下的方程①*．那么如何在不求坐标变换公式 T 情况下求标准方程？

在此，我们抓住 Γ 在坐标变换 T 下前后的几何不变量．即

$$由①式计算的量 = 由①*式计算的量,$$

从而达到由①式去确定 Γ:标准方程①*的目的．

其中：（1）坐标变换 T 下的不变量与半不变量（代入比较验证得）：

$$Oxy \xrightarrow{T} O'x'y'$$
$$\Gamma: F(x,y) = 0 \cdots ① \quad \Gamma: a'_{11}x'^2 + 2a'_{12}x'y' + a'_{22}y'^2 + 2a'_{13}x' + 2a'_{23}y' + a'_{33} = 0$$

不变量：$\forall T = T_2 T_1$，有

$$I_1 = a_{11} + a_{22} = I_1' = a_{11}' + a_{22}',$$

$$I_2 = \begin{vmatrix} a_{11} & a_{12} \\ a_{12} & a_{22} \end{vmatrix} = I_2' = \begin{vmatrix} a_{11}' & a_{12}' \\ a_{12}' & a_{22}' \end{vmatrix},$$

$$I_3 = |A| == I_2' = |A'|.$$

特征根 $\lambda_i = \lambda_i'$，$i = 1, 2.$

半不变量：$\forall T_2$，有

$$K_1 = \begin{vmatrix} a_{11} & a_{13} \\ a_{13} & a_{33} \end{vmatrix} + \begin{vmatrix} a_{22} & a_{23} \\ a_{23} & a_{33} \end{vmatrix} = K_1' = \begin{vmatrix} a_{11}' & a_{13}' \\ a_{13}' & a_{33}' \end{vmatrix} + \begin{vmatrix} a_{22}' & a_{23}' \\ a_{23}' & a_{33}' \end{vmatrix}.$$

（2）由坐标变换 T 下的不变量与半不变量可以确定 Γ 的简化方程：

$$\begin{array}{ccc} Oxy & \xrightarrow{T} & O^*x^*y^* \\ \Gamma：\text{原方程①} & & \Gamma：\text{简化方程①*} \end{array}$$

① 若 Γ 是中心二次曲线（$I_2 = \lambda_1 \lambda_2 \neq 0$），则 Γ 的简化方程为

$$\lambda_1 x^{*2} + \lambda_2 y^{*2} + \frac{I_3}{I_2} = 0.$$

② 若 Γ 是无心二次曲线（$I_2 = \lambda_1 \lambda_2 = 0$ 且 $I_3 \neq 0, I_1 \neq 0$ 或 $\dfrac{a_{11}}{a_{12}} = \dfrac{a_{12}}{a_{22}} \neq \dfrac{a_{13}}{a_{23}}$），则 Γ 的简化方程为

$$\lambda_2 y^{*2} \pm \sqrt{-\frac{I_3}{I_1}} x^* = 0.$$

③ 若 Γ 是线心二次曲线（$I_2 = I_3 = 0$ 且 $I_1 \neq 0$ 或 $\dfrac{a_{11}}{a_{12}} = \dfrac{a_{12}}{a_{22}} = \dfrac{a_{13}}{a_{23}}$），则 Γ 的简化方程为

$$\lambda_2 y^{*2} + \frac{K_1}{I_1} = 0.$$

2）方法.

方法：针对在 Oxy 坐标系下的 Γ 的原方程①，首先计算 $I_1, I_2, I_3, \lambda_1, \lambda_2, K_1$；再判断 Γ 是什么二次曲线；最后得到 Γ 的简化方程，进而得到 Γ：标准方程①*，即得到一个新坐标系下 Γ 的图形.

注：该方法一般只能刻画二次曲线 Γ 的形状，不知道其位置. 它更多地体现为在动态中对图形的认识思想，这是对中学解析几何认识方法思想的升华.

4. 方法四：矩阵初等变换法

绘制二次曲线 Γ：$a_{11}x^2 + 2a_{12}xy + a_{22}y^2 + 2a_{13}x + 2a_{23}y + a_{33} = 0 \cdots\cdots$①

1）原理.

（1）坐标变换法.

$$\Gamma: 原方程① \xrightarrow[Oxy \to O'x'y']{T_2} \Gamma: ①' \xrightarrow[O'x'y' \to O^*x^*y^*]{T_1} \Gamma: 简化方程①^*$$

$$A = \begin{pmatrix} a_{11} & a_{12} & a_{13} \\ a_{12} & a_{22} & a_{23} \\ a_{13} & a_{23} & a_{33} \end{pmatrix} \quad 正交矩阵\ T_2 \quad A' \quad 矩阵\ T_1 \quad B$$

坐标变换法的矩阵表示为：原方程 $\begin{pmatrix} x \\ y \\ 1 \end{pmatrix}^T A \begin{pmatrix} x \\ y \\ 1 \end{pmatrix} = 0$，经变换

$$\begin{pmatrix} x \\ y \\ 1 \end{pmatrix} = (T_2 T_1) \begin{pmatrix} x^* \\ y^* \\ 1 \end{pmatrix}$$

得

$$\begin{pmatrix} x^* \\ y^* \\ 1 \end{pmatrix}^T B \begin{pmatrix} x^* \\ y^* \\ 1 \end{pmatrix} = 0. \cdots ①^*$$

其中旋转变换 T_2 为：

$$T_2 = \begin{pmatrix} \cos\alpha & -\sin\alpha & 0 \\ \sin\alpha & \cos\alpha & 0 \\ 0 & 0 & 1 \end{pmatrix},$$

平移 T_1 变换为：

$$T_1 = \begin{pmatrix} 1 & 0 & x_0 \\ 0 & 1 & y_0 \\ 0 & 0 & 1 \end{pmatrix}.$$

按照此关系，有矩阵初等变换法.

（2）矩阵初等变换法.

$$A \xrightarrow{T_2} A' \xrightarrow{T_1} B$$

即： $(T_2 T_1)^T A (T_2 T_1) = T_1^T T_2^T A T_2 T_1 = T_1^T A' T_1 = B$.

即：面对目标矩阵 B 的分类形状，将对称矩阵 A 经过初等变换化为对称矩阵 B. 其中按照二次曲线的分类有：

Γ 为中心二次曲线：

$$B = \begin{pmatrix} \lambda_1 & 0 & 0 \\ 0 & \lambda_2 & 0 \\ 0 & 0 & \dfrac{I_3}{I_2} \end{pmatrix};$$

Γ 为无心二次曲线：

$$B = \begin{pmatrix} 0 & 0 & \sqrt{-\dfrac{I_3}{I_1}} \\ 0 & \lambda_2 & 0 \\ \sqrt{-\dfrac{I_3}{I_1}} & 0 & 0 \end{pmatrix} \text{ 或 } \begin{pmatrix} 0 & 0 & -\sqrt{-\dfrac{I_3}{I_1}} \\ 0 & \lambda_2 & 0 \\ -\sqrt{-\dfrac{I_3}{I_1}} & 0 & 0 \end{pmatrix},$$

也可有：

$$B = \begin{pmatrix} \lambda_1 & 0 & 0 \\ 0 & 0 & \sqrt{-\dfrac{I_3}{I_1}} \\ 0 & \sqrt{-\dfrac{I_3}{I_1}} & 0 \end{pmatrix} \text{ 或 } \begin{pmatrix} \lambda_1 & 0 & 0 \\ 0 & 0 & -\sqrt{-\dfrac{I_3}{I_1}} \\ 0 & -\sqrt{-\dfrac{I_3}{I_1}} & 0 \end{pmatrix},$$

Γ 为线心二次曲线：

$$B = \begin{pmatrix} 0 & 0 & 0 \\ 0 & \lambda_2 & 0 \\ 0 & 0 & \dfrac{K_1}{I_1} \end{pmatrix} \text{ 或 } \begin{pmatrix} \lambda_1 & 0 & 0 \\ 0 & 0 & 0 \\ 0 & 0 & \dfrac{K_1}{I_1} \end{pmatrix}.$$

2）方法.

方法：用高等代数方法可以得到：先对二次项部分（二次型）进行标准化（标准型）处理，即对应于旋转. 也就是，由对称矩阵 A 的特征根 λ_1, λ_2，求出对应的单位特征向量，即

$$\lambda_1 \Rightarrow \begin{cases} a_{11}X + a_{12}Y = \lambda_1 X \\ a_{12}X + a_{22}Y = \lambda_1 Y \end{cases} \longrightarrow X_1 : Y_1;$$

$$\lambda_2 \Rightarrow \begin{cases} a_{11}X + a_{12}Y = \lambda_2 X \\ a_{12}X + a_{22}Y = \lambda_2 Y \end{cases} \longrightarrow X_2 : Y_2 = -Y_1 : X_1 \cdots\cdots(*)$$

并且求出单位正交特征方向（主方向）.

作正交变换 T_2：

$$T_2 = \begin{pmatrix} X_1 & X_2 & 0 \\ Y_1 & Y_2 & 0 \\ 0 & 0 & 1 \end{pmatrix}, \quad \begin{pmatrix} x \\ y \\ 1 \end{pmatrix} = \begin{pmatrix} X_1 & X_2 & 0 \\ Y_1 & Y_2 & 0 \\ 0 & 0 & 1 \end{pmatrix} \begin{pmatrix} x' \\ y' \\ 1 \end{pmatrix},$$

得到

$$T_2^{\mathrm{T}} A T_2 = \begin{pmatrix} X_1 & Y_1 & 0 \\ X_2 & Y_2 & 0 \\ 0 & 0 & 1 \end{pmatrix} \begin{pmatrix} a_{11} & a_{12} & a_{13} \\ a_{12} & a_{22} & a_{23} \\ a_{13} & a_{23} & a_{33} \end{pmatrix} \begin{pmatrix} X_1 & X_2 & 0 \\ Y_1 & Y_2 & 0 \\ 0 & 0 & 1 \end{pmatrix}$$

$$(*) = \begin{pmatrix} \lambda_1 & 0 & a_{13}X_1 + a_{23}Y_1 \\ 0 & \lambda_2 & a_{13}X_2 + a_{23}Y_2 \\ a_{13}X_1 + a_{23}Y_1 & a_{13}X_2 + a_{23}Y_2 & a_{33} \end{pmatrix} = A',$$

作平移变换 T_1:

$$T_1 = \begin{pmatrix} 1 & 0 & x_0 \\ 0 & 1 & y_0 \\ 0 & 0 & 1 \end{pmatrix}, \begin{pmatrix} x' \\ y' \\ 1 \end{pmatrix} = \begin{pmatrix} 1 & 0 & x_0 \\ 0 & 1 & y_0 \\ 0 & 0 & 1 \end{pmatrix} \begin{pmatrix} x^* \\ y^* \\ 1 \end{pmatrix},$$

得到 $T_1^T A' T_1 = \begin{pmatrix} 1 & 0 & 0 \\ 0 & 1 & 0 \\ x_0 & y_0 & 1 \end{pmatrix} A' \begin{pmatrix} 1 & 0 & x_0 \\ 0 & 1 & y_0 \\ 0 & 0 & 1 \end{pmatrix} = \begin{pmatrix} \lambda_1 & 0 & *_1 \\ 0 & \lambda_2 & *_2 \\ *_1 & *_2 & *_3 \end{pmatrix} = B.$

平移到二次曲线的中心或顶点，可将其方程简化为①*。

用初等变换法表示有：

$$T_1^T T_2^T \begin{pmatrix} A \\ E \end{pmatrix} T_2 T_1 = \begin{pmatrix} T_1^T T_2^T A T_2 T_1 \\ T_2 T_1 \end{pmatrix} = \begin{pmatrix} B \\ T \end{pmatrix} \cdots\cdots \text{左行右列}$$

$$\begin{pmatrix} A \\ E \end{pmatrix} \xrightarrow{\text{对 } A \text{ 作行与列相同的初等变换，列变换时需同时对 } E \text{ 进行}} \begin{pmatrix} B \\ T \end{pmatrix}$$

该过程的操作方法众多，请读者自己去寻求与优化。在此不仅能得到 B（简化方程）来确定图形的形状，同时还可以得到变换公式 T，以方便确定图形的位置。

注：该方法是将几何问题代数化的突出表现。一般地，刻画二次曲线 Γ 的形状比较简单，而对于 Γ 的位置的刻画需要关注变换过程，其中，平移与旋转要用矩阵的初等变换来刻画。对此类问题的认识也就是对图形与矩阵代数相结合的认识。与 GeoGebra 软件一样，该方法有利于学生在 Maple 等平台中展示手工作图的过程以及图形与数据之间的关系。另外，该方法还有利于计算机工具的使用，它对"数形结合"的认识具有重要的意义，有兴趣的读者可以进一步实践之。它更多地体现为代数与图形结合的思想，是对解析几何认识思想的升华。

练习：绘制下列二次曲线 Γ 的图形。

1. $5x^2 - 6xy + 5y^2 + 14x - 2y + 5 = 0$。提示：$\Gamma: \dfrac{x^{*2}}{4} + \dfrac{y^{*2}}{1} = 1 \cdots ①^*$
2. $-4x^2 + 36xy - 31y^2 + 20x + 10y + 20 = 0$。提示：$\Gamma: x^{*2} - 8y^{*2} = 1 \cdots ①^*$
3. $x^2 - 2xy + y^2 + \sqrt{2}x + \sqrt{2}y + 2\sqrt{2} = 0$。提示：$x^{*2} = -y^* \cdots ①^*$

6.2.2 平行于坐标面的平面上的二次曲线

对第 5 章柱面在平行于 Oxy 坐标面的平面 $z = h$ 上 准线 2：$\begin{cases} f_1(x,y) = 0 \\ z = h \end{cases}$ 的认识问题，也就是在平面 $z = h$ 上思考曲线 $f_1(x,y) = 0$ 的性质的问题。特别地，本小节以 $f_1(x,y) = 0$ 作为二次曲线 $a_{11}x^2 + 2a_{12}xy + a_{22}y^2 + 2a_{13}x + 2a_{23}y + a_{33} = 0$ 的实例谈谈其绘制方法，这可归结为平面解析几何的延拓，是大学解析几何二次曲线章节（吕林根教材 CH5）向空间延拓的实例。

即：绘制二次曲线 $\begin{cases} f_1(x,y) \equiv a_{11}x^2 + 2a_{12}xy + a_{22}y^2 + 2a_{13}x + 2a_{23}y + a_{33} = 0 \\ z = h \end{cases}$ 的图形.

方法：先用 6.2.1 节的方法在 xOy 坐标面上画出 $f_1(x,y) = 0$，再将图形平移到 $z = h$ 平面上即可. 具体如下：

首先，用平面坐标变换方法在 Oxy 坐标面上化简方程（坐标变换到 $O^*x^*y^*$ 坐标面），得到 L 的 $f_1(x,y) = 0$ 的简化方程 $f(x^*, y^*) = 0$.

其次，将空间坐标系 $Oxyz$ 下的 $O^*x^*y^*$ 坐标面上的原点 $O^*(x_0, y_0, 0)$、x^* 轴、y^* 轴平移到平面 $z = h$ 上，变为 $O''(x_0, y_0, h)$、x'' 轴、y'' 轴（x'' 轴 $\cap$ y'' 轴 $= O''$），完成坐标系 $Oxyz$ 到坐标系 $O''x''y''z''$ 的坐标变换. 并且在坐标系 $Oxyz$ 下画出 $O''x''y''z''$.

最后，在 $z = h$ 平面上的 $O''x''y''$ 坐标系下，绘制与 $f(x^*, y^*) = 0$ 对应的 $f(x'', y'') = 0$ 即可.

例 6.2.2：绘制二次曲线 $\Gamma: \begin{cases} 17x^2 - 12xy + 8y^2 - 22x - 4y - 7 = 0 \\ z = 2 \end{cases}$ 的图形.

解答：

首先，用坐标变换法或主直径主方向法，在 Oxy 坐标面上认识方程

$$17x^2 - 12xy + 8y^2 - 22x - 4y - 7 = 0$$

的简化与图形绘制【例 6.2.1（Ⅳ）】. 有：

在 Oxy 下 在 $O^*x^*y^*$ 下

$$17x^2 - 12xy + 8y^2 - 22x - 4y - 7 = 0 \xrightarrow{T} \frac{x^{*2}}{2^2} + \frac{y^{*2}}{1} = 1$$

x^* 轴 $= l_1: 2x - y - 1 = 0$
y^* 轴 $= l_2: x + 2y - 3 = 0$, $l_1 \times l_2 = O^*(1, 1)$.

$T^{-1}: \begin{cases} x^* = \dfrac{1}{\sqrt{5}}x + \dfrac{2}{\sqrt{5}}y - \dfrac{3}{\sqrt{5}} \\ y^* = -\dfrac{2}{\sqrt{5}}x + \dfrac{1}{\sqrt{5}}y + \dfrac{1}{\sqrt{5}} \end{cases}$，即 $T: \begin{cases} x = \dfrac{1}{\sqrt{5}}x^* - \dfrac{2}{\sqrt{5}}y^* + 1 \\ y = \dfrac{2}{\sqrt{5}}x^* + \dfrac{1}{\sqrt{5}}y^* + 1 \end{cases}$.

$\angle(x$ 轴、x^* 轴$) = \alpha$，$\cos\alpha = \dfrac{1}{\sqrt{5}}$，$\sin\alpha = \dfrac{2}{\sqrt{5}}$.

其次，将空间坐标系 $Oxyz$ 下的 $O^*x^*y^*$ 坐标面上的原点 $O^*(1, 1, 0)$、x^* 轴、y^* 轴平移到平面 $z = 2$ 上，有 $O''(1, 1, 2)$；在坐标系 $Oxyz$ 下画出 $O''x''y''z''$. 即先画出 $O''(1, 1, 2)$，再以 x^* 轴、y^* 轴的方向作为 x'' 轴、y'' 轴的方向，画出 x'' 轴、y'' 轴（见图 6.12）.

注意：由 $\angle(x$ 轴、x^* 轴$) = \alpha$，$\tan\alpha = 2$ 确定 x^* 轴的方向，进而得到 y^* 轴的方向；

由 $\lambda_1 = 5 \longrightarrow X_1 : Y_1 = 1 : 2$，即 x^* 轴方向单位化得 $i^* = \left\{\dfrac{1}{\sqrt{3}}, \dfrac{2}{\sqrt{3}}, 0\right\}$；

由 $\lambda_2 = 20 \rightarrow X_2 : Y_2 = -2 : 1$，即 y^* 轴方向单位化得 $j^* = \left\{\dfrac{-2}{\sqrt{3}}, \dfrac{1}{\sqrt{3}}, 0\right\}$.

得 i^* 的模长为 x^* 轴的单位长，j^* 的模长为 y^* 轴的单位长. 由此得 x'' 轴，y'' 轴上的基向量 $i'' = i^*$，$j'' = j^*$，即单位.

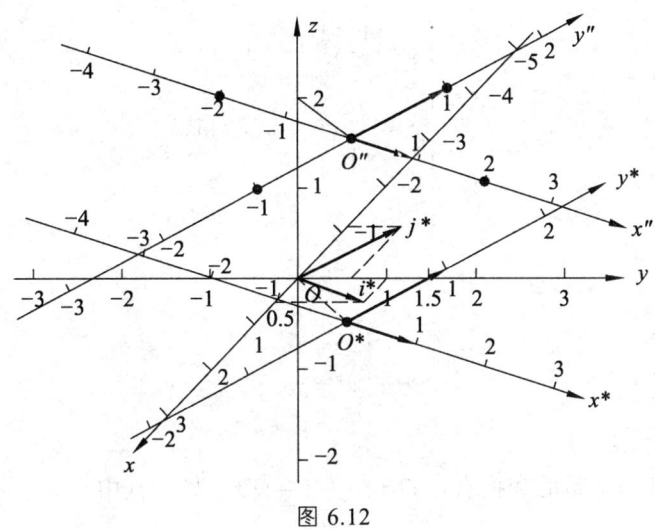

图 6.12

最后,在 $z=2$ 平面的 $O''x''y''$ 坐标系下,绘制 $\dfrac{x^{*2}}{2^2}+\dfrac{y^{*2}}{1}=1$ 对应的 $\dfrac{x''^2}{2^2}+\dfrac{y''^2}{1}=1$ 即可(见图 6.13).

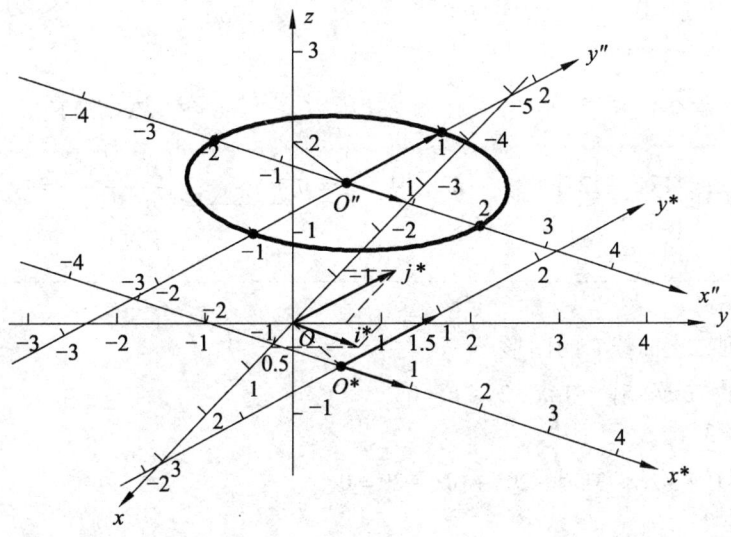

图 6.13

【注】 从空间坐标变换看:由 $Oxy \xrightarrow{T} O^*x^*y^*$,其中

$$T:\begin{cases} x=\dfrac{1}{\sqrt{5}}x^*-\dfrac{2}{\sqrt{5}}y^*+1 \\ y=\dfrac{2}{\sqrt{5}}x^*+\dfrac{1}{\sqrt{5}}y^*+1 \end{cases},$$

有 $Oxyz \xrightarrow{T} O^*x^*y^*z^*$,其中

$$T:\begin{cases} x = \dfrac{1}{\sqrt{5}}x^* - \dfrac{2}{\sqrt{5}}y^* + 1 \\ y = \dfrac{2}{\sqrt{5}}x^* + \dfrac{1}{\sqrt{5}}y^* + 1 \\ z = z^* \end{cases}.$$

又由 $O^*x^*y^*z^* \xrightarrow{T} O''x''y''z''$，有

$$H:\begin{cases} x^* = x'' \\ y^* = y'' \\ z^* = z'' + 2 \end{cases}.$$

所以对应空间坐标系的变换有：$Oxyz \xrightarrow{H \circ T} O''x''y''z''$，其中

$$H \circ T:\begin{cases} x = \dfrac{1}{\sqrt{5}}x'' - \dfrac{2}{\sqrt{5}}y'' + 1 \\ y = \dfrac{2}{\sqrt{5}}x'' + \dfrac{1}{\sqrt{5}}y'' + 1 \\ z = z'' + 2 \end{cases}.$$

从而有：

在 $Oxyz$ 下 $\qquad\qquad\qquad\qquad\qquad$ 在 $O''x''y''z''$ 下

$$\Gamma:\begin{cases} 17x^2 - 12xy + 8y^2 - 22x - 4y - 7 = 0 \\ z = 2 \end{cases} \xrightarrow{H \circ T} \Gamma:\begin{cases} \dfrac{x''^2}{2^2} + \dfrac{y''^2}{1^2} = 1 \\ z'' = 0 \end{cases}.$$

练习：

1. 绘制下列二次曲线 Γ 的图形.

（1）$\Gamma:\begin{cases} 5x^2 - 6xy + 5y^2 + 14x - 2y + 5 = 0 \\ z = 3 \end{cases}$.

（2）$\Gamma:\begin{cases} -4x^2 + 36xy - 31y^2 + 20x + 10y + 20 = 0 \\ z = 2 \end{cases}$.

（3）$\Gamma:\begin{cases} x^2 - 2xy + y^2 + \sqrt{2}x + \sqrt{2}y + 2\sqrt{2} = 0 \\ z = 3 \end{cases}$.

2. 针对 1 题中（1）（2）（3），用【注】的方法写出坐标变换公式.

6.2.3 空间任意平面上的二次曲线

从几何角度看，二次曲线 L 是"圆锥曲线"+"两条平行直线"，其中，圆锥曲线是由一个平面截割二次锥面得到的曲线，两条平行直线可以由一个平面截割二次柱面得到. 所以，"空间中平面上的二次曲线"可以由任意一个平面 π 截割二次曲面 Σ 得到，即：

$$L:\begin{cases}\pi: Ax+By+Cz+D=0\\ \Sigma: a_{11}x^2+a_{22}y^2+a_{33}z^2+2a_{12}xy+2a_{13}xz+2a_{23}yz+2a_{14}x+2a_{24}y+2a_{34}z+a_{44}=0\end{cases}.$$

在此，L 称为平面 $\pi: Ax+By+Cz+D=0$ 上的二次曲线.

1. 作图方法一：局部认识法

关于此方法，完全可以归为通过空间任意曲线 $L=\Sigma_1\cap\Sigma_2:\begin{cases}\Sigma_1: F_1(x,y,z)=0\\ \Sigma_2: F_2(x,y,z)=0\end{cases}$ 的作图方法来认识. 一般可以将其同解变形转化为射影式方程

$$L=\Sigma_1^*\cap\Sigma_2^*:\begin{cases}\text{仅含}\le 2\text{个坐标变量}\\ \Sigma_1^*: f_1(x,y)=0 \text{ 或 } f_1(y,z)=0,\\ \Sigma_2^*: f_2(x,z)=0\end{cases}$$
射影式方程

比如 $L:\begin{cases}\Sigma_1^*: f_1(x,y)=0\\ \Sigma_2^*: f_2(x,z)=0\end{cases}$ 来作图. 其目的是：曲线 L 上的点由 $\Sigma_1^*: f_1(x,y)=0$ 上的直母线与 $\Sigma_2^*: f_2(x,z)=0$ 上的直母线相交得到.

在此，针对：

$$L:\begin{cases}\text{平面}\pi: Ax+By+Cz+D=0\\ \text{二次曲面}: a_{11}x^2+a_{22}y^2+a_{33}z^2+2a_{12}xy+2a_{13}xz+2a_{23}yz+2a_{14}x+2a_{24}y+2a_{34}z+a_{44}=0\end{cases},$$

有如下步骤：（这也保证了曲线 L 上的点由直母线与直母线相交得到）

（1）同解变形：

当 $A\ne 0$ 时，有 $L:\begin{cases}\text{平面}\pi: Ax+By+Cz+D=0\\ \Sigma^*: f(y,z)=0\end{cases}$；

当 $B\ne 0$ 时，有 $L:\begin{cases}\text{平面}\pi: Ax+By+Cz+D=0\\ \Sigma^*: f(x,z)=0\end{cases}$；

当 $C\ne 0$ 时，有 $L:\begin{cases}\text{平面}\pi: Ax+By+Cz+D=0\\ \Sigma^*: f(x,y)=0\end{cases}$.

这些都可以使得 L 上的点由 π 上的直母线与 Σ^* 上的直母线相交得到.

（2）构作母线平行于坐标轴的柱面 Σ^*：

当 $A\ne 0$ 时，以 6.2.2 节的方法绘制准线 1: $\begin{cases}x=0\\ f(y,z)=0\end{cases}$ 和准线 2: $\begin{cases}x=h\\ f(y,z)=0\end{cases}$，连接对应点的母线（平行于 x 轴），得到柱面 Σ^*；

当 $B\ne 0$ 时，以 6.2.2 节的方法绘制准线 1: $\begin{cases}y=0\\ f(x,z)=0\end{cases}$ 和准线 2: $\begin{cases}y=h\\ f(x,z)=0\end{cases}$，连接对应点的母线（平行于 y 轴），得到柱面 Σ^*；

当 $C\ne 0$ 时，以 6.2.2 节的方法绘制准线 1: $\begin{cases}z=0\\ f(x,y)=0\end{cases}$ 和准线 2: $\begin{cases}z=h\\ f(x,y)=0\end{cases}$，连接对应点的母线（平行于 z 轴），得到柱面 Σ^*.

（3）绘制平面 π 的图形.

（4）作出平面 π 与柱面 Σ^* 的交线（平面截割法）（参见 6.1 节）．

要注意分各个卦限局部地绘制比较方便．

2. 作图方法二：整体认识法

(1) 作空间坐标变换，以使这个任意平面 π 成为特殊的平面，即新坐标系 $O'x'y'z'$ 中的 $x'O'y'$ 坐标面．得到变换公式 T 后，将坐标系 $Oxyz$ 中的原方程变为坐标系 $O'x'y'z'$ 中的方程：

$$L:\begin{cases} 平面\,\pi = x'O'y'面: z' = 0 \\ 二次柱面: a'_{11}x'^2 + a'_{22}y'^2 + 2a'_{12}x'y' + 2a'_{14}x' + 2a'_{24}y' + a'_{44} = 0 \end{cases}.$$

其方法如下：

① 求新坐标系的坐标面：令已知的 π 为新坐标系中的 $x'O'y'$ 坐标面，再任取两个互相垂直且又垂直于已知平面 π 的平面作为另外两个新坐标面．可通过法向量的垂直来构作．

由平面 $\pi: Ax + By + Cz + D = 0$ 作 $\pi_{y'O'z'}: A_1x + B_1y + C_1z = 0$，其中 $\{A,B,C\}\{A_1,B_1,C_1\} = 0$．

由法向量知道

z' 轴直线方向 $\{A,B,C\}$，x' 轴直线方向 $\{A_1,B_1,C_1\}$

$\Rightarrow y'$ 轴直线方向 $\{A,B,C\} \times \{A_1,B_1,C_1\} = \{A_2,B_2,C_2\}$，

从而得：$\pi_{x'O'z'}: A_2x + B_2y + C_2z = 0$．

② 得到 $Oxyz$ 到 $O'x'y'z'$ 的变换公式，以及新坐标系的基矢（基向量）：

$$T^{-1}:\begin{cases} x' = \dfrac{A_1x + B_1y + C_1z}{\sqrt{A_1^2 + B_1^2 + C_1^2}} \\ y' = \dfrac{A_2x + B_2y + C_2z}{\sqrt{A_2^2 + B_2^2 + C_2^2}} \\ z' = \pm\dfrac{Ax + By + Cz + D}{\sqrt{A^2 + B^2 + C^2}} \end{cases} \rightarrow \begin{cases} \vec{i}' = \dfrac{1}{\sqrt{A_1^2 + B_1^2 + C_1^2}}\{A_1,B_1,C_1\} \\ \vec{j}' = \dfrac{1}{\sqrt{A_2^2 + B_2^2 + C_2^2}}\{A_2,B_2,C_2\} \\ \vec{k}' = \pm\dfrac{1}{\sqrt{A^2 + B^2 + C^2}}\{A,B,C\} \end{cases} \quad (*)$$

由系数行列式的值为 1 确定"$\pm$"的选取．即保证 $\vec{i}' \times \vec{j}' = \vec{k}'$．

③ 变换后得到 $O'x'y'z'$ 中的方程：

$$L:\begin{cases} 平面\,\pi = x'O'y'面: z' = 0 \\ 二次柱面: a'_{11}x'^2 + 2a'_{12}x'y' + a'_{22}y'^2 + 2a'_{14}x' + 2a'_{24}y' + a'_{44} = 0 \end{cases}.$$

(2) 在坐标系 $Oxyz$ 下绘制新坐标系 $O'x'y'z'$．

① 在坐标系 $Oxyz$ 下绘制新坐标轴所在的直线：用两点连线法．

x' 轴所在直线 $\begin{cases} Ax + By + Cz + D = 0 \\ A_2x + B_2y + C_2z = 0 \end{cases}$，基矢为（*）中的 $\vec{i}'$；

y' 轴所在直线 $\begin{cases} Ax + By + Cz + D = 0 \\ A_1x + B_1y + C_1z = 0 \end{cases}$，基矢为（*）中的 $\vec{j}'$；

z' 轴所在直线 $\begin{cases} A_1 x + B_1 y + C_1 z = 0 \\ A_2 x + B_2 y + C_2 z = 0 \end{cases}$，基矢为（*）中的 $\vec{k'}$.

② 三线交点为新坐标系原点 O'.

③ 以（*）中的 $\vec{i'}, \vec{j'}, \vec{k'}$ 为基矢分别确定 x' 轴、y' 轴、z' 轴所在的方向以及单位长.

（3）在新坐标系 $O'x'y'z'$ 下的平面 $\pi = x'O'y'$（$z' = 0$）上绘制曲线 L（见 6.2.1 节）.

在 $O'x'y'$ 下，绘制二次曲线 $L: a'_{11} x'^2 + 2a'_{12} x'y' + a'_{22} y'^2 + 2a'_{14} x' + 2a'_{24} y' + a'_{44} = 0$.

例 6.2.3（Ⅰ）：绘制二次曲线 $L: \begin{cases} \pi: x + 2y + 3z - 6 = 0 \\ \Sigma: 3x^2 + 6y^2 + 9z^2 + 12yz + 12x - 44 = 0 \end{cases}$.

解答

（作图方法一：局部认识法）：

（1）同解变形，有 $L: \begin{cases} \pi: x + 2y + 3z - 6 = 0 \\ \Sigma^*: 4x^2 + 2y^2 - 8 = 0 \end{cases}$.

（2）构作母线平行于坐标轴的柱面 Σ^*：

以 6.2.2 节的方法绘制准线 1：$\begin{cases} z = 0 \\ \dfrac{x^2}{(\sqrt{2})^2} + \dfrac{y^2}{2^2} = 1 \end{cases}$ 和准线 2：$\begin{cases} z = 6 \\ \dfrac{x^2}{(\sqrt{2})^2} + \dfrac{y^2}{2^2} = 1 \end{cases}$，连接对应点的直母线（平行于 z 轴），得到柱面 Σ^*.

（3）绘制平面 π 的图形.

（4）作出平面 π 与柱面 Σ^* 的交线（平面截割法）（参见 6.1 节）. 如图 6.14 所示.

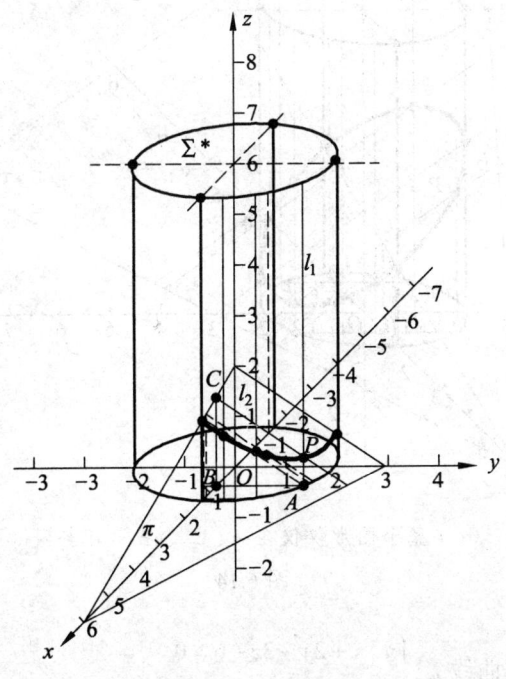

（a）第一卦限部分

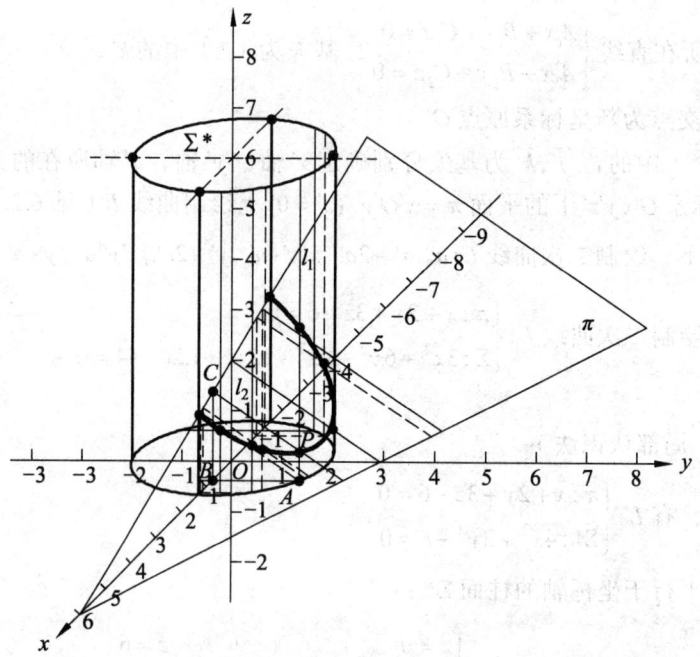

（b）第一、二卦限部分

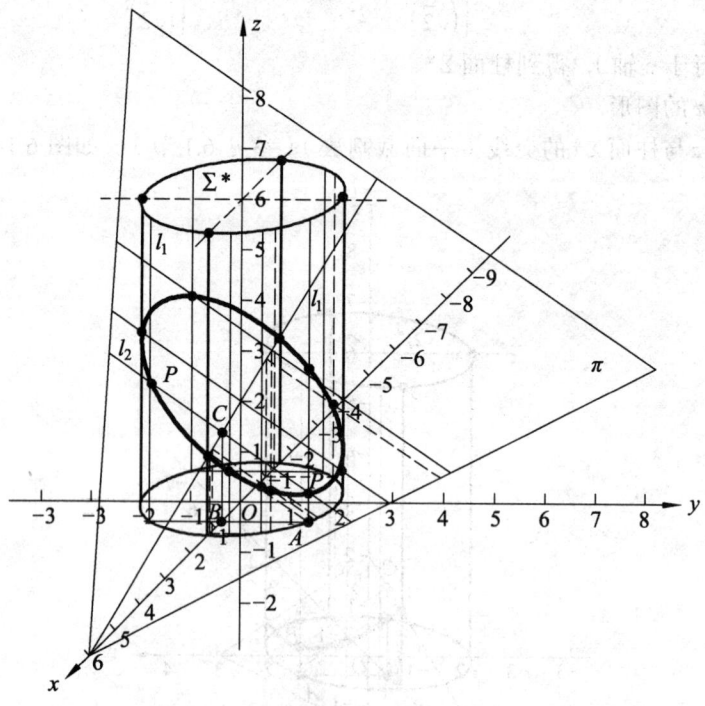

（c）整个图形仅仅在一、二、三、四卦限

图 6.14

例 6.2.3（Ⅱ）：绘制二次曲线 $L: \begin{cases} \pi: x+2y+3z-6=0 \\ \Sigma: 3x^2+6y^2+9z^2+12yz+12x-44=0 \end{cases}$.

解答

（作图方法二：整体认识法）：

（1）作空间坐标变换，以使这个平面 π 成为特殊的平面，即新坐标系 $O'x'y'z'$ 中的 $x'O'y'$ 坐标面．得到变换公式 T 后，将 $Oxyz$ 中的原方程变为 $O'x'y'z'$ 中的方程：

$$L:\begin{cases} \text{平面 }\pi = x'O'y'\text{面}: z' = 0 \\ \text{二次柱面}: a'_{11}x'^2 + a'_{22}y'^2 + 2a'_{12}x'y' + 2a'_{14}x' + 2a'_{24}y' + a'_{44} = 0 \end{cases}.$$

① 求新坐标系的坐标面．

令平面 $\pi = x'O'y'$ 面：$x + 2y + 3z - 6 = 0$，可以作 $\pi_{y'O'z'}: 2x - y = 0$．确保 $\{1,2,3\}\{2,-1,0\} = 0$．由法向量知道：

z' 轴直线方向 $\{1,2,3\}$，x' 轴直线方向 $\{2,-1,0\}$

$\Rightarrow y'$ 轴直线方向 $\{1,2,3\} \times \{2,-1,0\} = \{3,6,-5\}$，

从而可以取：$\pi_{x'O'z'}: 3x + 6y - 5z = 0$．

② 得到 $Oxyz$ 到 $O'x'y'z'$ 的变换公式，以及新坐标系的基矢（基向量）．

$$T^{-1}:\begin{cases} x' = \dfrac{2x - y}{\sqrt{5}} \\ y' = \dfrac{3x + 6y - 5z}{\sqrt{70}} \\ z' = \pm\dfrac{x + 2y + 3z - 6}{\sqrt{14}} \end{cases} \rightarrow \begin{cases} \vec{i}' = \dfrac{1}{\sqrt{5}}\{2,-1,0\} \\ \vec{j}' = \dfrac{1}{\sqrt{70}}\{3,6,-5\} \\ \vec{k}' = \pm\dfrac{1}{\sqrt{14}}\{1,2,3\} \end{cases} \quad (*)$$

由系数行列式的值为 1 确定"$\pm$"的选取．此处，"$\pm$"处取"$+$"．

③ 变换后得到 $O'x'y'z'$ 中的方程．

由 T^{-1} 得

$$T:\begin{cases} x = \dfrac{28\sqrt{5}\,x' + 3\sqrt{70}\,y' + 5\sqrt{14}\,z' + 30}{70} \\ y = \dfrac{-14\sqrt{5}\,x' + 6\sqrt{70}\,y' + 10\sqrt{14}\,z' + 60}{70} \\ z = \dfrac{-5\sqrt{70}\,y' + 15\sqrt{14}\,z' + 90}{70} \end{cases};$$

$$L:\begin{cases} \text{平面 }\pi = x'O'y'\text{面}: z' = 0 \\ \text{二次柱面}: 441x'^2 + 42\sqrt{14}\,x'y' + 189y'^2 + 84\sqrt{5}\,x' + 54\sqrt{2}\sqrt{35}\,y' - 710 = 0 \end{cases}.$$

（2）在坐标系 $Oxyz$ 下绘制新坐标系 $O'x'y'z'$．

① 在坐标系 $Oxyz$ 下绘制新坐标轴所在的直线：用两点连线法．

x' 轴所在直线 $l_{x'}:\begin{cases} x + 2y + 3z - 6 = 0 \\ 3x + 6y - 5z = 0 \end{cases}$，取点 $P_{x'}\left(\dfrac{15}{7}, 0, \dfrac{9}{7}\right)$，$Q_{x'}\left(0, \dfrac{15}{14}, \dfrac{9}{7}\right)$．基矢为（*）中的

$\vec{i}' = \dfrac{1}{\sqrt{5}}\{2,-1,0\} \approx \{0.9, -0.4, 0\}$；

y' 轴所在直线 $l_{y'}$：$\begin{cases} x+2y+3z-6=0 \\ 2x-y=0 \end{cases}$，取点 $P_{y'}\left(\dfrac{6}{5},\dfrac{12}{5},0\right)$，$Q_{y'}(0,0,2)$. 基矢为（*）中的

$\vec{j'} = \dfrac{1}{\sqrt{70}}\{3, 6, -5\} \approx \{0.4, 0.7, -0.6\}$；

z' 轴所在直线 $l_{z'}$：$\begin{cases} 3x+6y-5z=0 \\ 2x-y=0 \end{cases}$，取点 $P_{z'}(0,0,0)$，$Q_{z'}(1,2,3)$. 基矢为（*）中的

$\vec{k'} = \dfrac{1}{\sqrt{14}}\{1, 2, 3\} \approx \{0.3, 0.5, 0.8\}$.

② 三线交点为新坐标原点 O'.

③ 以（*）中的 $\vec{i'}, \vec{j'}, \vec{k'}$ 为基矢分别确定 x' 轴、y' 轴、z' 轴所在的方向以及单位长（见图 6.15）.

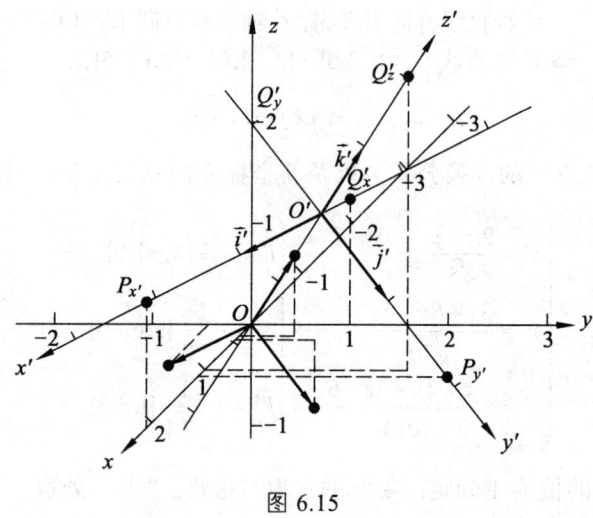

图 6.15

（3）在新坐标系 $O'x'y'z'$ 下的平面 $\pi = x'O'y'\,(z'=0)$ 上绘制二次曲线 L（见 6.2.1 节）.

在 $O'x'y'$ 下，绘制二次曲线

$$L: 441x'^2 + 42\sqrt{14}x'y' + 189y'^2 + 84\sqrt{5}x' + 54\sqrt{2}\sqrt{35}y' - 710 = 0 \cdots\cdots ①$$

解答：已知 Γ 方程对应的矩阵如下：

$$A = \begin{pmatrix} 441 & 21\sqrt{14} & 42\sqrt{5} \\ 21\sqrt{14} & 189 & 27\sqrt{2}\sqrt{35} \\ 42\sqrt{5} & 27\sqrt{2}\sqrt{35} & -710 \end{pmatrix},$$

$F_1(x',y') = 441x' + 21\sqrt{14}y' + 42\sqrt{5}$，$F_2(x',y') = 21\sqrt{14}x' + 189y' + 27\sqrt{2}\sqrt{35}$，

$I_1 = 630$，$I_2 = \begin{vmatrix} 441 & 21\sqrt{14} \\ 21\sqrt{14} & 189 \end{vmatrix} = 77175 \neq 0$，

易见，Γ 是中心二次曲线.

首先，求变换公式 T.

① 求 Γ 的主直径.

由特征方程 $\lambda^2 - 630\lambda + 77175 = 0$ 求出特征根：$\lambda_1 = 315 - 105\sqrt{2}$, $\lambda_2 = 315 + 105\sqrt{2}$；

求主方向：

$$\lambda_1 = 315 - 105\sqrt{2} \Rightarrow \begin{cases} (441 - 315 + 105\sqrt{2})X + 21\sqrt{14}Y = 0 \\ 21\sqrt{14}X + (189 - 315 + 105\sqrt{2})Y = 0 \end{cases}$$

$$\longrightarrow X_1 : Y_1 = \frac{-1}{14}\sqrt{14}(5\sqrt{2} - 6) : 1, \text{ 即 } \overrightarrow{V_{x^*}} = \{X_1, Y_1\};$$

$$\lambda_2 = 315 + 105\sqrt{2} \Rightarrow X_2 : Y_2 = -Y_1 : X_1 = 1 : \frac{1}{14}\sqrt{14}(5\sqrt{2} - 6), \text{ 即 } \overrightarrow{V_{y^*}} = \{X_2, Y_2\}.$$

得到主直径：

$$\lambda_1 \longrightarrow X_1 : Y_1 = \frac{-1}{14}\sqrt{14}(5\sqrt{2} - 6) : 1$$

$$\lambda_2 \longrightarrow X_2 : Y_2 = 1 : \frac{1}{14}\sqrt{14}(5\sqrt{2} - 6)$$

$l_1 : 7x' + \sqrt{7}(5 - 3\sqrt{2})y' + \sqrt{5}(5\sqrt{2} - 6) = 0$

绘图等价于：$x' + 0.3y' + 0.3 = 0 \cdots x^*$ 轴；

$l_2 : 7x' - \sqrt{7}(5 + 3\sqrt{2})y' - \sqrt{5}(5\sqrt{2} + 6) = 0$

绘图等价于：$x' - 3.5y' - 4.2 = 0 \cdots y^*$ 轴.

② 构造新坐标轴，得 T.

令 $\begin{cases} l_1 \cdots x^*\text{轴} \\ l_2 \cdots y^*\text{轴} \end{cases}$, $l_1 \times l_2 = O^*$, 得到 $T^* : O'x'y' \to O^*x^*y^*$ 的逆变换公式：

$$T^{*-1} : \begin{cases} x^* = \pm \dfrac{7x' - \sqrt{7}(5 + 3\sqrt{2})y' - \sqrt{5}(5\sqrt{2} - 6)}{\sqrt{7^2 + (\sqrt{7}(5 + 3\sqrt{2}))^2}} \\ y^* = \pm \dfrac{7x' + \sqrt{7}(5 - 3\sqrt{2})y' + \sqrt{5}(5\sqrt{2} - 6)}{\sqrt{7^2 + (\sqrt{7}(5 - 3\sqrt{2}))^2}} \end{cases},$$

再与直角坐标变换公式比较，得到符号的取法：

第一式右边 x 的"系数" = 第二式右边 y 的"系数" = $\cos\alpha$."系数"同号，在此选取：第一式右边"+"，第二式右边也为"+".

$$T^{*-1} : \begin{cases} x^* = \dfrac{1}{\sqrt{7}\sqrt{50 + 30\sqrt{2}}}(7x' - \sqrt{7}(5 + 3\sqrt{2})y' - \sqrt{5}(5\sqrt{2} - 6)) \\ y^* = \dfrac{1}{\sqrt{7}\sqrt{50 - 30\sqrt{2}}}(7x' + \sqrt{7}(5 - 3\sqrt{2})y' - \sqrt{5}(5\sqrt{2} - 6)) \end{cases}.$$

其次，化简方程.

将 T^* 代入坐标系 $O'x'y'$ 下的方程①得到坐标系 $O^*x^*y^*$ 下的二次曲线：

$$\Gamma : (315 - 105\sqrt{2})x^{*2} + (315 + 105\sqrt{2})y^{*2} + (\text{常数项}) = 0 \cdots \text{①}^*$$

注：对于"常数项"，由 T^* 代入坐标系 $O'x'y'$ 下的方程①中仅仅计算数字部分即可. 在此可以由 T^{*-1} 中，令 $x^* = y^* = 0 \Rightarrow x' = 0, y' = -\dfrac{1}{7}\sqrt{70}$，代入坐标系 $O'x'y'$ 下的方程①得到："常数项" = -980. 从而有：在 $O^*x^*y^*$ 下，

$$\Gamma : (315 - 105\sqrt{2})x^{*2} + (315 + 105\sqrt{2})y^{*2} - 980 = 0 \cdots \text{①}^*$$

即 $$\frac{x^{*2}}{\left(\sqrt{\dfrac{980}{315-105\sqrt{2}}}\right)^2}+\frac{y^{*2}}{\left(\sqrt{\dfrac{980}{315+105\sqrt{2}}}\right)^2}=1\cdots\cdots①^*$$

绘图等价于 $\dfrac{x^{*2}}{2.4^2}+\dfrac{y^{*2}}{1.5^2}=1\cdots\cdots①^*$

最后，绘制图形 Γ.

① 在坐标系 $O'x'y'$ 下画新坐标系 $O^*x^*y^*$. 先在坐标系 $O'x'y'$ 下画

$$\begin{aligned}x^*\text{轴}&=l_1:x'+0.3y'+0.3=0\\y^*\text{轴}&=l_2:x'-3.5y'-4.2=0\end{aligned},\quad l_1\times l_2=O^*(0.06,-1.2).$$

再确定转角 $\angle(x'\text{轴},x^*\text{轴})=\alpha$.

由逆变换公式 T^{*-1} 第一式的右边：x 的"系数" $=\cos\alpha>0$，y 的"系数" $=\sin\alpha<0$，得到 $\tan\alpha<0$，从而可取 α 为负锐角，即：x' 轴顺时针转到 x^* 轴，得到 x^* 轴的方向；由右手系得到 y^* 轴的方向. 又由

$$\{X_1,Y_1\}\to\overrightarrow{V_{x^*}}^0\approx\{0.27,-0.96\}\to x^*\text{轴上单位}$$
$$\{X_2,Y_2\}\to\overrightarrow{V_{y^*}}^0\approx\{0.96,0.27\}\to y^*\text{轴上单位}$$

② 在新坐标系 $O^*x^*y^*$ 下画 Γ：$\dfrac{x^{*2}}{2.4^2}+\dfrac{y^{*2}}{1.5^2}=1\cdots\cdots①^*$（见图 6.16）.

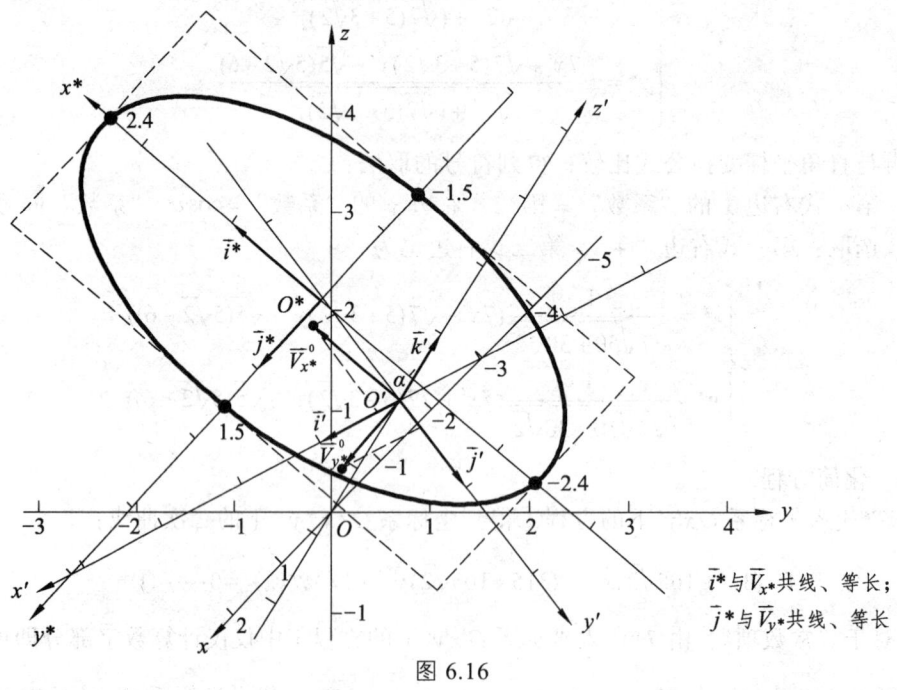

图 6.16

$\vec{i}^*$ 与 $\overrightarrow{V_{x^*}}$ 共线、等长；
$\vec{j}^*$ 与 $\overrightarrow{V_{y^*}}$ 共线、等长

练习：绘制下列二次曲线 Γ 的图形

$$\Gamma:\begin{cases}2x+y+3z-6=0\\4x^2+16y^2+18z^2+12xz+6yz-24x-12y-72z+56=0\end{cases},$$

请你分别用作图方法一中的局部认识法，以及作图方法二中的整体认识法解答之.

7 空间曲面

7.1 一般曲面

本节介绍绘制一般曲面 $\Sigma: f(x,y,z)=0$ 的方法:"平面截割法".

第一步:针对 Σ 的方程(图形)特点以及要求,选取如下三种形式之一的平面截割方式:

彩图 7.1 ~ 7.8

$$\Sigma = \{(x,y,z): f(x,y,z)=0\}$$

$$= \left\{ L \middle| \text{平面截割线 } L: \begin{cases} f(c,y,z)=0 \\ x=c \end{cases}, \text{由}x\text{的范围确定 }c\text{的取值} \right\} \cdots \cdots \text{其一}$$

$\cdots\cdots$垂直于 x 轴截割,在各个 $x=c$ 平面上的曲线 $f(c,y,z)=0$

$$= \left\{ L \middle| \text{平面截割线 } L: \begin{cases} f(x,c,z)=0 \\ y=c \end{cases}, \text{由}y\text{的范围确定 }c\text{的取值} \right\} \cdots \cdots \text{其二}$$

$\cdots\cdots$垂直于 y 轴截割,在各个 $y=c$ 平面上的曲线 $f(x,c,z)=0$

$$= \left\{ L \middle| \text{平面截割线 } L: \begin{cases} f(x,y,c)=0 \\ z=c \end{cases}, \text{由}z\text{的范围确定 }c\text{的取值} \right\} \cdots \cdots \text{其三}$$

$\cdots\cdots$垂直于 z 轴截割,在各个 $z=c$ 平面上的曲线 $f(x,y,c)=0$

(1)选取方法,即选取"其一、其二、其三"哪一个.

通过观察对应的截割曲线方程"$f(c,y,z)=0, f(x,c,z)=0, f(x,y,c)=0$"来选取,应以"方程简单、特点明确、图形好绘制"为优先选取标准;

通过观察"$f(c,y,z)=0, f(x,c,z)=0, f(x,y,c)=0$"对应的"$x$ 轴、y 轴、z 轴"来选取,应以"该轴为曲面的对称轴"为优先选取标准.

注:对于一些无法选取的,可以通过 $\Sigma: f(x,y,z)=0$ 的方程考察曲面的对称轴 l,比如,Σ 为二次曲面时,l 为两主径面的交线(见 7.2 节),以对称轴 l 为新坐标轴 y^* 轴进行空间坐标旋转,在新坐标系 $O^*x^*y^*z^*$ 下,有 $\Sigma: f^*(x^*,y^*,z^*)=0$;再用垂直于新坐标轴 y^* 轴的平面进行截割,即研究:

$$\Sigma = \left\{ L \middle| L: \begin{cases} f^*(x^*,c,z^*)=0 \\ y^*=c \end{cases}, \text{由}y^*\text{的范围确定 }c\text{的取值} \right\}$$

即可.

（2）截割范围 c 的确定.

下面以

$$\Sigma = \{(x,y,z): f(x,y,z)=0\}$$
$$= \left\{L \Big| 平面截割线 \ L: \begin{cases} f(x,c,z)=0 \\ y=c \end{cases}, 由 y 的范围确定 \ c 的取值 \right\} \cdots\cdots 其二$$

……垂直于 y 轴截割，在各个 $y=c$ 平面上的曲线 $f(x,c,z)=0$

为例来说明.

① 如果坐标变量 y 可以确定范围（即曲面的一定范围），比如 $a \leqslant y \leqslant b$，则 $a \leqslant c \leqslant b$.

② 如果从方程看，坐标变量没有限制范围（即曲面向四面八方无限伸展），就找对称中心、或关注点，认识以此为中心的局部图形，即确定局部图形的一个坐标变量的范围，比如 $a \leqslant y \leqslant b$，则 $a \leqslant c \leqslant b$.

③ 如果对曲面 Σ，只关心某个坐标变量的一定范围，可得 $a \leqslant y \leqslant b$，则 $a \leqslant c \leqslant b$.

以上都可归结于绘制曲面：

$$\Sigma = \{(x,y,z): f(x,y,z)=0, a \leqslant y \leqslant b\}$$
$$= \left\{ L: \begin{cases} f(x,c,z)=0 \\ y=c \end{cases}, a \leqslant c \leqslant b \right\} \cdots\cdots\cdots\cdots\cdots (*)$$
$$= \left\{ L: \begin{cases} g(x,z)=0 \\ y=c \end{cases}, a \leqslant c \leqslant b \right\}.$$

第二步：针对 c 的取值范围画出各个截割平面上的截割曲线 L，手工作图仅仅作出代表性的、特征明显的几条截割曲线.

比如（*）中，在一系列平面曲线 $L: \begin{cases} g(x,z)=0 \\ y=c \end{cases}, a \leqslant c \leqslant b$ 中，选取特殊的几条：

$L_1: \begin{cases} g(x,z)=0 \\ y=a \end{cases}$；

$L_2: \begin{cases} g(x,z)=0 \\ y=m \end{cases}, a<m<b$（在原点附近情况，常选 $m=0$）；

$L_3: \begin{cases} g(x,z)=0 \\ y=b \end{cases}$.

第三步：连接各个截割面上截割线的对应点即可.

其中注意，关于 L_1, L_2, L_3 的对应点，用相应点（沿着 y 轴）的变化走向曲线连接，即"沿着 y 轴的变化走向曲线"，用 $z=c$ 或 $x=c$ 去截割曲面得到. 最后连接截割线 $L_1 \to L_2 \to L_3$ 画出曲面 Σ.

例 7.1.1：绘制曲面 $\Sigma: z = y\sin x$.

解答：用"平面截割法".

第一步：

（1）选取截割方法.

用分别垂直于 "x 轴、y 轴、z 轴" 的平面去截割得：

直线族（简单）：$\begin{cases} z = y\sin c \\ x = c \end{cases}$；……其一

正弦曲线族（简单）：$\begin{cases} z = c\sin x \\ y = c \end{cases}$；……其二

多支曲线族（复杂）：$\begin{cases} y = \dfrac{c}{\sin x} \\ z = c \end{cases}$……其三

所以，以其一、其二为好.

又对 $\Sigma : z = y\sin x$，有 $(x, y, z) \in \Sigma \Leftrightarrow (x, -y, -z) \in \Sigma$，即 x 轴是对称轴，所以其一是一种较好的截割方法. 但是对于直线族 $\begin{cases} z = y\sin c \\ x = c \end{cases}$，需要画较多直线才能表达曲面的整体规律. 而用其二，对于正弦曲线族 $\begin{cases} z = c\sin x \\ y = c \end{cases}$，只需要变化其中的几条正弦曲线就能表达曲面的整体规律. 在此，选择"其二"方法，注意结合曲面关于 x 轴是对称的特点进行图形绘制.

（2）截割范围 c 的确定.

由于正弦曲线族 $\begin{cases} z = c\sin x \\ y = c \end{cases}$ 的振幅：大 $c < 0 \leftarrow c = 0 \rightarrow$ 大 $c > 0$，因此，关注坐标变量 y 的范围 $-b \leq y \leq b$，就可以刻画整体. 在此，选取范围 $-2 \leq y \leq 2$，则绘制图形. 即：

$$\Sigma = \{(x, y, z) : z = y\sin x, -2 \leq y \leq 2\}$$
$$= \left\{ L : \begin{cases} z = c\sin x \\ y = c \end{cases}, -2 \leq c \leq 2 \right\}.$$

第二步：针对 c 的取值范围，画出各个截割平面上的截割曲线 L，作出代表性的、特征明显的几条截割曲线：

$L_1 : \begin{cases} z = -2\sin x \\ y = -2 \end{cases}$ ……平面 $y = -2$ 上的正弦曲线 $z = -2\sin x$；

$L_2 : \begin{cases} z = 0 \\ y = 0 \end{cases}$ ……x 轴所在直线；

$L_3 : \begin{cases} z = 2\sin x \\ y = 2 \end{cases}$ ……平面 $y = 2$ 上的正弦曲线 $z = 2\sin x$.

仅仅绘制 $\sin x$ 的一个周期 $-\pi \leq x \leq \pi$.

第三步：连接各个截割面上截割线的对应点.

关注 L_1, L_2, L_3 的对应点，用相应点（沿着 y 轴）的变化走向曲线连接，即"沿着 y 的变化走向曲线"用 $z = c$ 或 $x = c$ 去截割曲面得到：

由于 $\begin{cases} z = y\sin c \\ x = c \end{cases}$ 是平行于 Oyz 坐标面的直线族，所以：$L_1 \to L_2 \to L_3$ 走向曲线是直线. 因此，只需用直线连接各个截割面上截割线 L_1, L_2, L_3 的对应点即可，注意其中的对应点分

别平均分布在 L_1, L_2, L_3 上. 从而刻画出曲面Σ. 如图 7.1 所示.

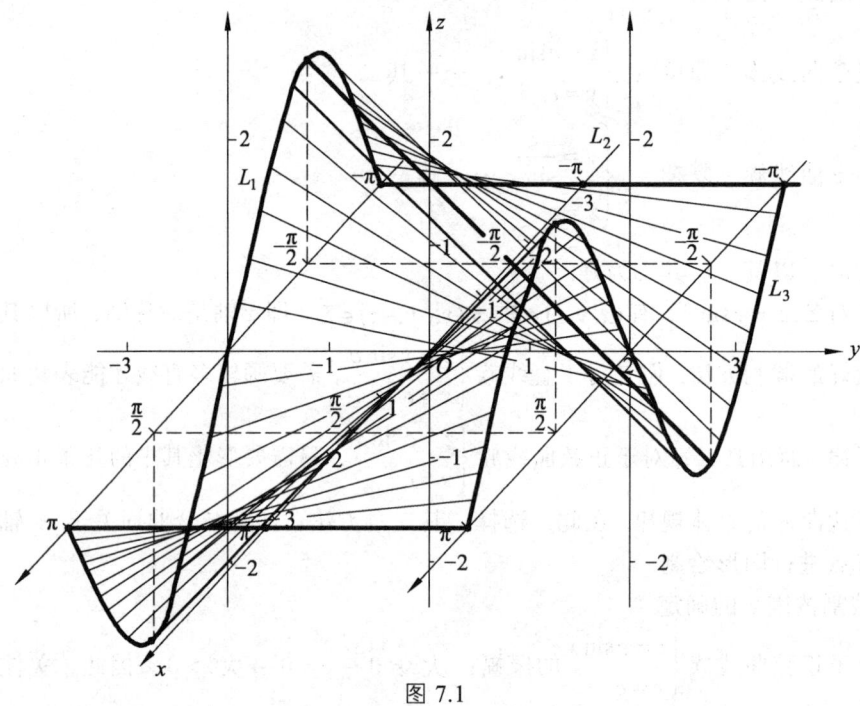

图 7.1

例 7.1.2：绘制曲面 $\begin{cases} z = \sin y \\ x = 0 \end{cases}$ 绕 y 轴旋转所得的曲面 $\Sigma: x^2 + z^2 = \sin^2 y$.

解答：用"平面截割法".

第一步：

（1）选取截割方法.

用分别垂直于"x 轴、y 轴、z 轴"的平面去截割有：

两支曲线族（复杂）：$\begin{cases} z = \pm\sqrt{\sin^2 y - c^2} \\ x = c \end{cases}$，特别地，有正弦曲线：$\begin{cases} z = \pm\sin y \\ x = 0 \end{cases}$；……其一.

圆周族（简单）：$\begin{cases} x^2 + z^2 = \sin^2 c \\ y = c \end{cases}$；……其二.

两支曲线族（复杂）：$\begin{cases} x = \pm\sqrt{\sin^2 y - c^2} \\ z = c \end{cases}$，特别地，有正弦曲线：$\begin{cases} x = \pm\sin y \\ z = 0 \end{cases}$ ……其三.

所以，其二的圆周族较好绘制.

又对 $\Sigma: x^2 + z^2 = \sin^2 y$，有 $(x,y,z) \in \Sigma \Leftrightarrow (\pm x, \pm y, \pm z) \in \Sigma$，即关于坐标原点、坐标轴、坐标面都是对称的；按照旋转曲线 $\begin{cases} z = \sin y \\ x = 0 \end{cases}$，控制曲面的整体边缘即可.

（2）截割范围 c 的确定.

由曲面Σ的对称性，关注旋转曲线 $\begin{cases} z = \sin y \\ x = 0 \end{cases}$ 的一个周期，坐标变量 y 的范围取 $-\pi \leqslant y \leqslant \pi$，就可以刻画整体. 在此选取范围 $-\pi \leqslant y \leqslant \pi$，可绘制图形. 即：

$$\Sigma = \{(x,y,z): x^2+z^2 = \sin^2 y,\ -\pi \leqslant y \leqslant \pi\}$$
$$= \left\{ L: \begin{cases} x^2+z^2 = \sin^2 c \\ y = c \end{cases},\ -\pi \leqslant c \leqslant \pi \right\}.$$

第二步：针对 c 的取值范围画出各个截割平面上的截割曲线 L，作出代表性的、特征明显的几条截割曲线：

对 L_0：$\begin{cases} x^2+z^2 = 0 \\ y = -\pi \end{cases}$，绘制点 $(0,-\pi,0)$.

对 L_1：$\begin{cases} x^2+z^2 = \sin^2 c \\ y = c \end{cases}$，绘制平面 $y=c$，$-\pi<c<0$ 上的多个圆周 $x^2+z^2 = \sin^2 c$.

对 L_2：$\begin{cases} x^2+z^2 = 0 \\ y = 0 \end{cases}$，绘制点 $(0,0,0)$.

对 L_3：$\begin{cases} x^2+z^2 = \sin^2 c \\ y = c \end{cases}$，绘制平面 $y=c$，$0<c<\pi$ 上的多个圆周 $x^2+z^2 = \sin^2 c$.

对 L_4：$\begin{cases} x^2+z^2 = 0 \\ y = \pi \end{cases}$，绘制点 $(0,\pi,0)$.

上面仅仅绘制了 $\sin y$ 的一个周期 $-\pi \leqslant y \leqslant \pi$ 内的图形.

第三步：连接各个截割面上截割线的对应点.

关注 L_0, L_1, L_2, L_3, L_4 的对应点，用相应点（沿着 y 轴）的变化走向曲线连接，即"沿着 y 轴的变化走向曲线"用 $z=c$ 或 $x=c$ 去截割曲面得到：

由于旋转曲面的生成曲线是 $\begin{cases} z = \pm\sin y \\ x = 0 \end{cases}$，所以只需 L_0, L_1, L_2, L_3, L_4 在坐标面 Oyz 上的顶点在

生成曲线 $\begin{cases} z = \pm\sin y \\ x = 0 \end{cases}$ 上即可. 由 L_0, L_1, L_2, L_3, L_4 刻画出曲面 Σ. 如图 7.2 所示.

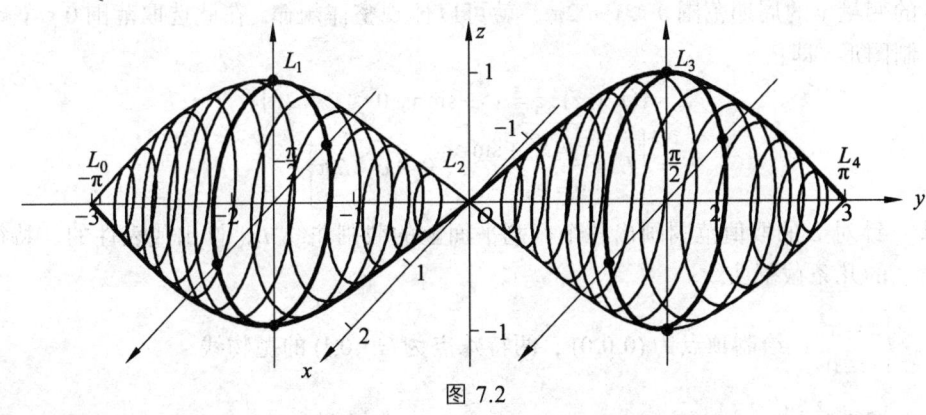

图 7.2

例 7.1.3：绘制曲面 $\Sigma: x^2 + \sin y - z = 0$.

解答：用"平面截割法".

第一步：

（1）选取截割方法.

用分别垂直于"x 轴、y 轴、z 轴"的平面去截割有：

其一：正弦曲线族（简单）：$\begin{cases} z = \sin y + c^2 \\ x = c \end{cases}$，随着 $x = c$ 的变动，它们可由正弦曲线 $\begin{cases} z = \sin y \\ x = 0 \end{cases}$ 在空间 x 轴与 z 轴方向上平移得到；

其二：抛物线族（简单）：$\begin{cases} z = x^2 + \sin c \\ y = c \end{cases}$，用 $y = c$ 面去截割，形成的是顶点为 $(0, c, \sin c)$、开口向 z 轴正向的抛物线；

其三：较一般曲线族（复杂）：$\begin{cases} x^2 = c - \sin y \\ z = c \end{cases}$.

所以，以"其一、其二"的曲线族较好绘制；在此选择"其二".

由于"其二"的抛物线族之顶点 $(0, c, \sin c)$ 在"其一"的正弦曲线 $\begin{cases} z = \sin y \\ x = 0 \end{cases}$ 上运动，

所以用"其二"方式，绘制垂直于"y 轴"的平面去截割之截割抛物线（保证顶点在"其一"正弦曲线上的抛物线族）即可.

又对 $\Sigma : x^2 + \sin y - z = 0$，有 $(x, y, z) \in \Sigma \Leftrightarrow (\pm x, y, z) \in \Sigma$，即关于 Oyz 坐标面是对称的；

截割线，即抛物线 $\begin{cases} z = x^2 + \sin c \\ y = c \end{cases}$ 上的点 $(a, c, a^2 + \sin c)$ 在"其一"的正弦曲线 $\begin{cases} z = \sin y + a^2 \\ x = a \end{cases}$ 上运动，从而可以用"其一"的正弦曲线控制"其二"截割的抛物线的走势.

（2）截割范围 c 的确定.

用垂直于"y 轴"的平面去截割，得抛物线族 $\begin{cases} z = x^2 + \sin c \\ y = c \end{cases}$. 此时，只需选取针对 $\sin y$ 的变量 y 的周期范围 $0 \leq y \leq 2\pi$，就可以体现整体规律. 在此选取范围 $0 \leq y \leq 2\pi$ 绘制图形. 即：

$$\Sigma = \{(x, y, z) : z = x^2 + \sin y, 0 \leq y \leq 2\pi\}$$
$$= \left\{ L : \begin{cases} z = x^2 + \sin c \\ y = c \end{cases}, 0 \leq c \leq 2\pi \right\}.$$

第二步：针对 c 的取值范围画出各个截割平面上的截割曲线 L，作出代表性的、特征明显的几条截割曲线：

对 $L_1 : \begin{cases} z = x^2 \\ y = 0 \end{cases}$：绘制顶点为 $(0, 0, 0)$、两特殊点为 $(\pm 1, 0, 1)$ 的抛物线.

对 $L_2 : \begin{cases} z = x^2 + 1 \\ y = \dfrac{\pi}{2} \end{cases}$：绘制顶点为 $\left(0, \dfrac{\pi}{2}, 0\right)$、两特殊点为 $\left(\pm 1, \dfrac{\pi}{2}, 2\right)$ 的抛物线.

对 $L_3 : \begin{cases} z = x^2 \\ y = \pi \end{cases}$：绘制顶点为 $(0, \pi, 0)$、两特殊点为 $(\pm 1, \pi, 1)$ 的抛物线.

对 L_4: $\begin{cases} z = x^2 - 1 \\ y = \dfrac{3\pi}{2} \end{cases}$: 绘制顶点为 $\left(0, \dfrac{3\pi}{2}, 0\right)$、两特殊点为 $\left(\pm 1, \dfrac{3\pi}{2}, 0\right)$ 的抛物线.

对 L_5: $\begin{cases} z = x^2 \\ y = 2\pi \end{cases}$: 绘制顶点为 $(0, 2\pi, 0)$、两特殊点为 $(\pm 1, 2\pi, 1)$ 的抛物线.

仅仅绘制关于 $\sin y$ 的一个周期 $0 \leq y \leq 2\pi$ 内的图形. 只需作出 L_1 一条，其余的顶点在所作的正弦曲线 l_0: $\begin{cases} z = \sin y \\ x = 0 \end{cases}$ 上，沿着 y 轴方向平行移动即可.

第三步：连接各个截割面上截割线的对应点.

关注抛物线 L_1, L_2, L_3, L_4, L_5 的对应点，用相应点的变化走向曲线连接，即"沿着 y 轴的变化走向曲线"用 $z = c$ 面或 $x = c$ 面去截割曲面得到：

顶点沿着 y 轴方向在正弦曲线 l_0: $\begin{cases} z = \sin y \\ x = 0 \end{cases}$ 上，当 $x = +1, -1$ 时，对应所取的特殊点，沿着 y 轴方向分别在正弦曲线 l_1: $\begin{cases} z = \sin y \\ x = 1 \end{cases}$ 与 l_{-1}: $\begin{cases} z = \sin y \\ x = -1 \end{cases}$ 上，所以只需画出沿着 y 轴方向滑动的抛物线 L_1, L_2, L_3, L_4, L_5 即可. 由 "顶点与两特殊点"走向曲线 l_0, l_{-1}, l_1 以及 L_1, L_2, L_3, L_4, L_5 刻画出曲面 Σ 的特征. 注意在下方沿着 l_0 画正弦曲线的外部轮廓线. 如图 7.3 所示.

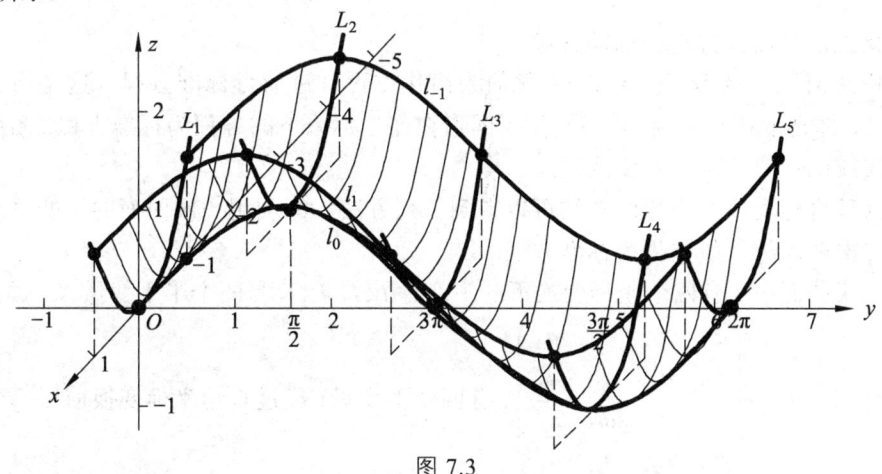

图 7.3

练习：绘制下列曲面.

1. $z = y\cos x$, $-2 \leq y \leq 2$.

2. 曲线 $\begin{cases} z = \cos y \\ x = 0 \end{cases}$, $0 \leq y \leq 2\pi$，绕 y 轴旋转所得的曲面.

3. $x^2 + 2\cos y - z = 0$, $0 \leq y \leq 2\pi$.

7.2 二次曲面

关于二次曲面的特殊情况见"5.2 节"，而对一般情况，可以见一般曲面的认识"7.1 节".

由于二次曲面常见，且有特殊性（可以由二次曲线或直线构作）、重要性（以此思考一般图形认识法），所以我们关注其特有的图形认识方法.

关于一般曲面图形认识的坐标变换法是：坐标的恰当变换，能将方程变简单，也使图形位置变特殊，以方便绘制. 在解析几何中，该方法传递的思想是制图应依托于二次曲面的研究来进行.

关于二次曲面图形认识的坐标变换法，参见吕林根编写的《解析几何》"第六章 二次曲面的一般理论". 此教材中，目前缺乏【"方程"—"变换"—"图形"】的认识图形之实践方法及其操作，即"用图形位置变换思想认识图形"这一个重要内容还没有落实于实践中. 从方程与图形的一体化研究与实践方法，以及确定图形形状与图形位置关系的体验，认识图形与方程对应的内在联系等方面来看，目前，关于这部分内容，还缺乏或被忽略，因此，进行构图方法的认识与实践研究显得很有必要. 进行绘图实践训练，以及对"方程←→图形"的关系进行思考，在"数形结合"能力培养方面也是很有价值的.

7.2.1 一般二次曲面绘图方法

下面介绍绘制一般二次曲面 Σ：

$$F(x,y,z) = a_{11}x^2 + a_{22}y^2 + a_{33}z^2 + 2a_{12}xy + 2a_{13}xz + 2a_{23}yz + 2a_{14}x + 2a_{24}y + 2a_{34}z + a_{44} = 0$$

的方法.

第一步：化二次曲面的方程为标准方程.

在"解析几何"中将 $\Sigma: F(x,y,z) = 0$ 化简为简化方程，进而得标准方程，这是通过坐标变换得到的. 即选取适当的新坐标系，使得图形在新坐标系下的方程为标准方程. 图形在新坐标系下安放的位置特殊，方便认识.

通过对这种坐标变换的规律的总结可以得到下列方法，即利用二次曲面的不变量和半不变量，化二次曲面的一般方程为标准方程.

在这个二次曲面中，有四个坐标变换下的不变量 I_1, I_2, I_3, I_4 与两个半不变量 K_1, K_2，即对于 Σ 的矩阵 $A = (a_{ij}) = \begin{pmatrix} a_{11} & a_{12} & a_{13} & a_{14} \\ a_{12} & a_{22} & a_{23} & a_{24} \\ a_{13} & a_{23} & a_{33} & a_{34} \\ a_{14} & a_{24} & a_{34} & a_{44} \end{pmatrix}$，有四个不变量（经过直角坐标变换前后不变的量）：

$$I_1 = a_{11} + a_{22} + a_{33}, \quad I_2 = \begin{vmatrix} a_{11} & a_{12} \\ a_{12} & a_{22} \end{vmatrix} + \begin{vmatrix} a_{11} & a_{13} \\ a_{13} & a_{33} \end{vmatrix} + \begin{vmatrix} a_{22} & a_{23} \\ a_{23} & a_{33} \end{vmatrix}, \quad I_3 = \begin{vmatrix} a_{11} & a_{12} & a_{13} \\ a_{12} & a_{22} & a_{23} \\ a_{13} & a_{23} & a_{33} \end{vmatrix}, \quad I_4 = |A|.$$

有两半不变量（经过旋转（转轴）变换前后不变的量）：

$$K_1 = \begin{vmatrix} a_{11} & a_{14} \\ a_{14} & a_{44} \end{vmatrix} + \begin{vmatrix} a_{22} & a_{24} \\ a_{24} & a_{44} \end{vmatrix} + \begin{vmatrix} a_{33} & a_{34} \\ a_{34} & a_{44} \end{vmatrix}, \quad K_2 = \begin{vmatrix} a_{11} & a_{12} & a_{14} \\ a_{12} & a_{22} & a_{24} \\ a_{14} & a_{24} & a_{44} \end{vmatrix} + \begin{vmatrix} a_{11} & a_{13} & a_{14} \\ a_{12} & a_{33} & a_{34} \\ a_{14} & a_{34} & a_{44} \end{vmatrix} + \begin{vmatrix} a_{22} & a_{23} & a_{24} \\ a_{23} & a_{33} & a_{34} \\ a_{24} & a_{34} & a_{44} \end{vmatrix}.$$

由此可得曲面的特征方程

$$\lambda^3 - I_1\lambda^2 + I_2\lambda - I_3 = 0,$$

并可求得特征根 $\lambda_1, \lambda_2, \lambda_3$.

根据不变量化简二次曲面方程的理论，可以分别得到下列二次曲面的标准方程 $\Sigma: F'(x', y', z') = 0$. 即下列五种情况：

情况（Ⅰ）：若 $I_3 \neq 0$，则 $F(x, y, z) = 0$ 的简化方程为[中心（唯心）二次曲面]：

$$\lambda_1 x'^2 + \lambda_2 y'^2 + \lambda_3 z'^2 + \frac{I_4}{I_3} = 0 ;$$

情况（Ⅱ）：若 $I_3 = 0, I_4 \neq 0$，则 $F(x, y, z) = 0$ 的简化方程为（无心二次曲面）：

$$\lambda_1 x'^2 + \lambda_2 y'^2 \pm 2\sqrt{-\frac{I_4}{I_2}} z' = 0 ;$$

情况（Ⅲ）：若 $I_3 = I_4 = 0, I_2 \neq 0$，则 $F(x, y, z) = 0$ 的简化方程为（线心二次曲面）：

$$\lambda_1 x'^2 + \lambda_2 y'^2 + \frac{K_2}{I_2} = 0 ;$$

情况（Ⅳ）：若 $I_3 = I_4 = I_2 = 0, K_2 \neq 0$，则 $F(x, y, z) = 0$ 的简化方程为（无心二次曲面）：

$$I_1 x'^2 \pm 2\sqrt{-\frac{K_2}{I_1}} y' = 0，其中 \lambda_1 = I_1, \lambda_2 = \lambda_3 = 0 ;$$

情况（Ⅴ）：若 $I_3 = I_4 = I_2 = K_2 = 0$，则 $F(x, y, z) = 0$ 的简化方程为（面心二次曲面）：

$$I_1 x'^2 + \frac{K_1}{I_1} = 0，其中 \lambda_1 = I_1, \lambda_2 = \lambda_3 = 0.$$

注：由于情况（Ⅲ）与情况（Ⅳ）是柱面，因此可以用柱面方法绘制；而情况（Ⅴ）是两个平面，因此，可以直接分解因式得到两个方程来绘制. 接下来，应重点关注分析情况（Ⅰ）和情况（Ⅱ）的绘制方法.

第二步：求新坐标系的原点.

要求：新坐标系的原点是"第一步"化简后的标准方程所处坐标系的原点.

（1）当二次曲面 Σ 为有心二次曲面时，用下列中心方程组确定新坐标系的原点.

$$\begin{cases} F_1(x, y, z) = a_{11}x + a_{12}y + a_{13}z + a_{14} = 0 \\ F_2(x, y, z) = a_{12}x + a_{22}y + a_{23}z + a_{24} = 0 \\ F_3(x, y, z) = a_{13}x + a_{23}y + a_{33}z + a_{34} = 0 \end{cases}.$$

对于情况（Ⅰ），二次曲面为中心（唯心）二次曲面时，用中心方程组解得的中心坐标 $O'(x'_0, y'_0, z'_0)$ 作为新坐标系的原点；

对于情况（Ⅲ），二次曲面为线心二次曲面，中心方程组为两个独立方程，其方程组表示中心直线，在中心直线上任意取定一点 $O'(x'_0, y'_0, z'_0)$ 作为新坐标系的原点；

对于情况（Ⅴ），二次曲面为面心二次曲面，中心方程组为一个独立方程，其方程表示中心平面，在中心平面上任意取定一点 $O'(x'_0, y'_0, z'_0)$ 作为新坐标系的原点.

（2）当二次曲面为无心二次曲面时，有：

情况（Ⅱ）：$I_3 = 0, I_4 \neq 0$；

情况（Ⅳ）：$I_3 = I_4 = I_2 = 0, K_2 \neq 0$.

对于情况（Ⅱ），有一特征根为 0（如 $\lambda_3 = 0$），将另外的特征根 $\lambda = \lambda_1, \lambda_2$ 分别代入方程组：

$$\begin{cases} (a_{11} - \lambda)X + a_{12}Y + a_{13}Z = 0 \\ a_{12}X + (a_{22} - \lambda)Y + a_{23}Z = 0 \\ a_{13}X + a_{23}Y + (a_{33} - \lambda)Z = 0 \end{cases},$$

分别解得非渐进（弦的）主方向：$X_i : Y_i : Z_i (i = 1, 2)$.

将主方向 $X_i : Y_i : Z_i (i = 1, 2)$ 分别代入方程：

$$X_i F_1(x, y, z) + Y_i F_2(x, y, z) + Z_i F_3(x, y, z) = 0,$$

其中 $\begin{cases} F_1(x, y, z) = a_{11}x + a_{12}y + a_{13}z + a_{14} \\ F_2(x, y, z) = a_{12}x + a_{22}y + a_{23}z + a_{24} \\ F_3(x, y, z) = a_{13}x + a_{23}y + a_{33}z + a_{34} \end{cases},$

化简后分别得出共轭于这两个主方向的主径面：

$$A_i x + B_i y + C_i z + D_i = 0 \ (i = 1, 2).$$

由方程组

$$\begin{cases} A_1 x + B_1 y + C_1 z + D_1 = 0 \\ A_2 x + B_2 y + C_2 z + D_2 = 0 \\ F(x, y, z) = 0 \end{cases}$$

求得曲面的顶点坐标 $O'(x_0', y_0', z_0')$，作为新坐标的原点.

对于情况（Ⅳ），有两个特征根为 0（如 $\lambda_2 = \lambda_3 = 0$），将另外的特征根 $\lambda = \lambda_1$ 代入方程组：

$$\begin{cases} (a_{11} - \lambda)X + a_{12}Y + a_{13}Z = 0 \\ a_{12}X + (a_{22} - \lambda)Y + a_{23}Z = 0 \\ a_{13}X + a_{23}Y + (a_{33} - \lambda)Z = 0 \end{cases},$$

解得非渐进（弦的）主方向：$X_1 : Y_1 : Z_1$.

将主方向 $X_1 : Y_1 : Z_1$ 代入方程：

$$X_1 F_1(x, y, z) + Y_1 F_2(x, y, z) + Z_1 F_3(x, y, z) = 0,$$

其中 $\begin{cases} F_1(x, y, z) = a_{11}x + a_{12}y + a_{13}z + a_{14} \\ F_2(x, y, z) = a_{12}x + a_{22}y + a_{23}z + a_{24} \\ F_3(x, y, z) = a_{13}x + a_{23}y + a_{33}z + a_{34} \end{cases},$

化简后，求出共轭于这个主方向的唯一主径面：

$$\pi : A_1 x + B_1 y + C_1 z + D_1 = 0,$$

由 $\pi \cap \Sigma : \begin{cases} \pi : A_1 x + B_1 y + C_1 z + D_1 = 0 \\ \Sigma : F(x, y, z) = 0 \end{cases}$ 可以求得一条直线方程为：

$$\pi \cap \Sigma = l_{z'}: \frac{x-x_0}{m} = \frac{y-y_0}{n} = \frac{z-z_0}{l}.$$

此直线为 z' 轴所在的直线（由方程 $I_1 x'^2 \pm 2\sqrt{-\frac{K_2}{I_1}} y' = 0$ 可以知道），在其上任意取定一点 $O'(x_0', y_0', z_0')$ 可以作为新坐标系的原点.

第三步：求新坐标轴（用基向量与新坐标原点确定坐标轴的方法）.

要求：新坐标轴与化简后的标准方程匹配，即曲面 Σ 在新坐标系下具有化简后的标准方程.
根据特征方程 $\lambda^3 - I_1 \lambda^2 + I_2 \lambda - I_3 = 0$ 求得特征根 $\lambda_1, \lambda_2, \lambda_3$.

对于情况（Ⅰ），即对于特征根 $\lambda_1, \lambda_2, \lambda_3$ 满足 $\lambda_1 \lambda_2 \lambda_3 \neq 0$ 的情况.

当 $\lambda_1 \neq \lambda_2 \neq \lambda_3$ 时，将特征根 $\lambda_1, \lambda_2, \lambda_3$ 分别代入方程组：

$$\begin{cases} (a_{11}-\lambda)X + a_{12}Y + a_{13}Z = 0 \\ a_{12}X + (a_{22}-\lambda)Y + a_{23}Z = 0 \\ a_{13}X + a_{23}Y + (a_{33}-\lambda)Z = 0 \end{cases} \cdots\cdots\cdots (\ast)$$

可以解得特征根对应的三个非渐进（弦的）主方向：$X_i : Y_i : Z_i (i=1,2,3)$.

注意：为了使新坐标轴与化简后的标准方程匹配，按照坐标变换方法，针对标准方程的五种情况，也为了操作方便，对于变换下的不变量 $\lambda_i (i=1,2,3)$ 作出与新坐标变量的适当对应约定.

约定 1 方程平方项的系数对应选取为 $\lambda_1 \leftrightarrow x', \lambda_2 \leftrightarrow y', \lambda_3 \leftrightarrow z'$.

约定 2 分别以直线 $\frac{x-x_0'}{X_i} = \frac{y-y_0'}{Y_i} = \frac{z-z_0'}{Z_i}$ $(i=1,2,3)$ 为 x' 轴、y' 轴、z' 轴.

将 $\vec{V_i} = \{X_i, Y_i, Z_i\}$ 单位化得到：

$$\vec{V_i'} = \left\{ \frac{X_i}{\sqrt{X_i^2+Y_i^2+Z_i^2}}, \frac{Y_i}{\sqrt{X_i^2+Y_i^2+Z_i^2}}, \frac{Z_i}{\sqrt{X_i^2+Y_i^2+Z_i^2}} \right\},$$

即对应的新坐标轴的基向量 $\vec{i'} = \vec{V_1'}, \vec{j'} = \vec{V_2'}, \vec{k'} = \vec{V_3'}$. 注意 $\vec{V_3'} = \vec{V_1'} \times \vec{V_2'}$，即满足右手标架，从而可确定对应新坐标轴的单位和方向.

当 $\lambda_1 = \lambda_2 \neq \lambda_3$ 时，根据上述方程组（$\ast$），对于 λ_3，能求出（一组解）一个非渐进（弦的）主方向 $\vec{V_3} = \{X_3, Y_3, Z_3\}$；对于 $\lambda_1 = \lambda_2$，能求出（多组解）多个非渐进（弦的）主方向（分布于一个平面的向量），从中取出两个互相垂直的主方向 $\vec{V_i} = \{X_i, Y_i, Z_i\}$ $(i=1,2)$. 并且满足 $\vec{V_3} = \vec{V_1} \times \vec{V_2}$；再将其单位化得到基向量：$\vec{i'} = \vec{V_1'}, \vec{j'} = \vec{V_2'}, \vec{k'} = \vec{V_3'}$.

当 $\lambda_1 = \lambda_2 = \lambda_3$ 时，根据上述方程组（$\ast$），能求出（多组解）多个非渐进（弦的）主方向（分布于空间的向量），取定（一组解）一个主方向 $\vec{V_1}$，再任取一个与主方向 $\vec{V_1}$ 垂直的主方向为 $\vec{V_2}$，第三个主方向可以用 $\vec{V_3} = \vec{V_1} \times \vec{V_2}$ 求得. 再将其单位化也得到基向量 $\vec{i'} = \vec{V_1'}, \vec{j'} = \vec{V_2'}, \vec{k'} = \vec{V_3'}$. 在此，当二次曲面为球面时，可以任意取三个互相垂直的方向作为主方向.

关于情况（Ⅰ）的方法实例，见实例 7.2（1）.

对于情况（Ⅱ）、情况（Ⅲ），即对于特征根 $\lambda_1, \lambda_2, \lambda_3$ 满足 $\lambda_1 \lambda_2 \neq 0, \lambda_3 = 0$ 的情况.

当 $\lambda_1 \neq \lambda_2$ 时, 根据方程组 (*), 能求出对应的两个非渐进 (弦的) 主方向 $\vec{V_i} = \{X_i, Y_i, Z_i\}$, $(i = 1, 2)$. 另一个主方向可以用 $\vec{V_3} = \vec{V_1} \times \vec{V_2}$ 求得. 再将其单位化得到:

基向量:
$$\vec{i'} = \vec{V_1'}, \ \vec{j'} = \vec{V_2'}, \ \vec{k'} = \vec{V_3'}.$$

x' 轴、y' 轴、z' 轴所在的直线方程:
$$\frac{x - x_0'}{X_i} = \frac{y - y_0'}{Y_i} = \frac{z - z_0'}{Z_i}, \ (i = 1, 2, 3).$$

当 $\lambda_1 = \lambda_2$ 时, 根据方程组 (*), 对于 $\lambda_1 = \lambda_2$, 能求出 (多组解) 多个非渐进 (弦的) 主方向 (分布于一个平面的向量), 从中取出两个互相垂直的主方向 $\vec{V_i} = \{X_i, Y_i, Z_i\}$, $(i = 1, 2)$. 再由 $\vec{V_3} = \vec{V_1} \times \vec{V_2}$ 得到第三个主方向. 再将其单位化得到:

基向量:
$$\vec{i'} = \vec{V_1'}, \ \vec{j'} = \vec{V_2'}, \ \vec{k'} = \vec{V_3'}.$$

x' 轴、y' 轴、z' 轴所在的直线方程:
$$\frac{x - x_0'}{X_i} = \frac{y - y_0'}{Y_i} = \frac{z - z_0'}{Z_i}, \ (i = 1, 2, 3).$$

关于情况 (Ⅱ)、情况 (Ⅲ) 的方法实例, 见实例 7.2 (2).

对于情况 (Ⅳ)、情况 (Ⅴ), 即对于特征根 $\lambda_1, \lambda_2, \lambda_3$ 满足 $\lambda_1 \neq 0, \lambda_2 = \lambda_3 = 0$ 的情况.

由 $\lambda = \lambda_1 \neq 0$, 根据方程组 (*), 能求出唯一一个非渐进 (弦的) 主方向 $\vec{V_1} = \{X_1, Y_1, Z_1\}$; 由于情况 (Ⅳ)、情况 (Ⅴ) 中方程的平方项系数与 $\lambda_1, \lambda_2, \lambda_3$ 对应 $\lambda_1 \leftrightarrow x', \lambda_2 \leftrightarrow y', \lambda_3 \leftrightarrow z'$, 故得到 $\vec{V_1} = \{X_1, Y_1, Z_1\} \leftrightarrow \vec{V_1'} = \vec{i'}$ 为 x' 轴的基向量, 其中 $\vec{i'} = \vec{V_1'} = \frac{\vec{V_1}}{|\vec{V_1}|}$, 并得到 x' 轴所在的直线方程:

$$l_{x'} : \frac{x - x_0'}{X_1} = \frac{y - y_0'}{Y_1} = \frac{z - z_0'}{Z_1}.$$

对于情况 (Ⅳ), $\lambda_1 x'^2 \pm 2\sqrt{-\frac{K_2}{I_1}} y' = 0$.

(1) 由 $\lambda_1 \to \vec{V_1} \leftrightarrow \vec{i'}$ 对应确定了 x' 轴的基向量, 进而得到 x' 轴所在的直线方程 $l_{x'}$.

(2) 由非渐进 (弦的) 主方向 $\vec{V_1} = \{X_1, Y_1, Z_1\}$ 得到共轭的主径面:
$$X_1 F_1(x, y, z) + Y_1 F_2(x, y, z) + Z_1 F_3(x, y, z) = 0,$$

即 $$\pi : A_1 x + B_1 y + C_1 z + D_1 = 0.$$

进而得到 z' 轴所在的直线方程:

$$\pi \cap \Sigma = l_{z'} : \begin{cases} \pi : A_1 x + B_1 y + C_1 z + D_1 = 0 \\ \Sigma : F(x, y, z) = 0 \end{cases}$$

即
$$l_{z'}: \frac{x-x_0}{m} = \frac{y-y_0}{n} = \frac{z-z_0}{l},$$

其原点 $O'(x_0', y_0', z_0')$ 取自于 $l_{z'}$. 所以由 $l_{z'}$，即 $\frac{x-x_0'}{m} = \frac{y-y_0'}{n} = \frac{z-z_0'}{l}$，可以得到它的方向为 $\vec{V_3} = \{m, n, l\}$，进而 $\vec{V_3} = \{m, n, l\} \to \vec{V_3}' = \vec{k}'$ 为 z' 轴的基向量，有：

$$\vec{k}' = \vec{V_3}' = \varepsilon \frac{\vec{V_3}}{|\vec{V_3}|}, \text{ 其中 } \varepsilon = \pm 1 \text{ 待定}.$$

（3）由于新坐标系也用右手系，所以得到 y' 轴的基向量 $\vec{j}'$（见图 7.4）：

$$\vec{j}' = \vec{k}' \times \vec{i}' = \varepsilon \frac{\vec{V_3}}{|\vec{V_3}|} \times \vec{i}' \xrightarrow{\text{计算}} \varepsilon \{X_2', Y_2', Z_2'\}, \text{ 其中 } \varepsilon = \pm 1 \text{ 待定}.$$

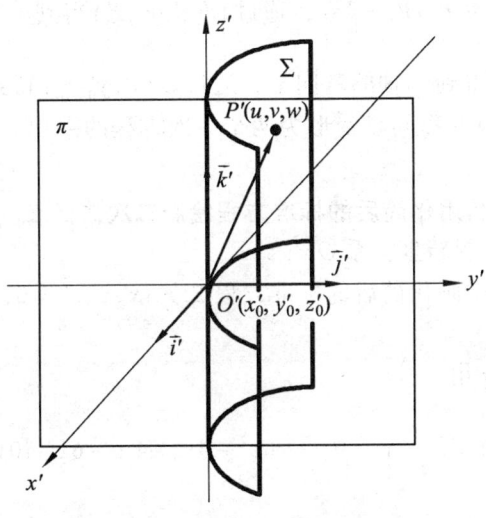

图 7.4

由于曲面 Σ 在新坐标系下的方程 $x'^2 = \pm \frac{2}{\lambda_1} \sqrt{-\frac{K_2}{I_1}} y'$ 与新坐标系之标架构建一致，在此不妨令 $\pm \frac{2}{\lambda_1} \sqrt{-\frac{K_2}{I_1}} > 0$（小于 0 的情况与此类同，见实例 7.2（3））.

在二次曲面 Σ 上任意取定非 z' 轴上的一个点 $P'(u, v, w)$，由 Σ 的方程 $x'^2 = \pm \frac{2}{\lambda_1} \sqrt{-\frac{K_2}{I_1}} y'$ 知道：抛物柱面 Σ 的开口向 y' 轴正向，从而

$$\angle(\overrightarrow{O'P'}, \vec{j}') < 90°, \text{ 即 } \overrightarrow{O'P'} \cdot \vec{j}' > 0.$$

所以：由 $\overrightarrow{O'P'} \cdot \vec{j}' = \{u - x_0', v - y_0', w - z_0'\} \{\varepsilon X_2', \varepsilon Z_2'\} > 0$ 确定 ε，从而得到 z' 轴的基向量 $\vec{k}'$ 与 y' 轴的基向量 $\vec{j}'$，进而得到 y' 轴所在的直线方程：

$$l_{y'}: \frac{x-x_0'}{X_2'} = \frac{y-y_0'}{Y_2'} = \frac{z-z_0'}{Z_2'}.$$

对于情况（Ⅴ）， $\lambda_1 x'^2 + \frac{K_1}{I_1} = 0$.

（1）二次曲面为面心二次曲面。中心方程组为一个独立方程

$$F_1(x,y,z) = a_{11}x + a_{12}y + a_{13}z + a_{14} = 0,$$

其方程表示中心平面，在中心平面上任意取定一点 $O'(x_0', y_0', z_0')$ 作为新坐标系的原点。由 $\lambda_1 \to$ 主方向 $\vec{V_1} \leftrightarrow \vec{i'}$ 对应确定了 x' 轴的基向量，进而由方向 $\vec{i'}$ 与 O' 得到 x' 轴所在的直线方程 $l_{x'}$.

（2）取定平行于中心平面 $a_{11}x + a_{12}y + a_{13}z + a_{14} = 0$ 的任意一个与 $\vec{V_1}$ 垂直的方向为 $\vec{V_2}$，将其单位化为 $\vec{j'} = \vec{V_2'} = \frac{\vec{V_2}}{|\vec{V_2}|}$，通过 $O'(x_0', y_0', z_0')$ 得到 y' 轴所在的直线 $l_{y'}$ 方程。

（3）由 $\vec{k'} = \vec{i'} \times \vec{j'}$ 得到 z' 轴的基向量，通过 $O'(x_0', y_0', z_0')$ 得到 z' 轴所在的直线方程 $l_{z'}$.
（关于此情形，可以由原方程同解变形为两个一次方程的乘积，直接在原坐标系下绘制两个平面即可。）

第四步：在新坐标系下，利用化简后的标准方程绘制二次曲面 Σ.
（1）在坐标系 $Oxyz$ 下绘制新坐标系 $O'x'y'z'$.
（2）在新坐标系 $O'x'y'z'$ 中画化简后的标准方程 $\Sigma: F'(x', y', z') = 0$.

7.2.2 绘图方法应用

例 7.2.1（Ⅰ）： 绘制二次曲面 $\Sigma: 5x^2 + 7y^2 + 6z^2 - 4xz - 4yz - 6x - 10y - 4z + 7 = 0$ 的图形。
解：
第一步：化方程为标准方程。

$$A = (a_{ij}) = \begin{pmatrix} 5 & 0 & -2 & -3 \\ 0 & 7 & -2 & -5 \\ -2 & -2 & 6 & -2 \\ -3 & -5 & -2 & 7 \end{pmatrix},$$

$$I_4 = |A| = -486, \quad I_1 = 5+7+6 = 18,$$

$$I_2 = \begin{vmatrix} 5 & 0 \\ 0 & 7 \end{vmatrix} + \begin{vmatrix} 5 & -2 \\ -2 & 6 \end{vmatrix} + \begin{vmatrix} 7 & -2 \\ -2 & 6 \end{vmatrix} = 99, \quad I_3 = \begin{vmatrix} 5 & 0 & -2 \\ 0 & 7 & -2 \\ -2 & -2 & 6 \end{vmatrix} = 162 \neq 0,$$

从而 Σ 属于情况（Ⅰ）的中心（唯心）二次曲面。
由特征方程 $\lambda^3 - 18\lambda^2 + 99\lambda - 162 = 0$ 得特征根为 $\lambda_1 = 3, \lambda_2 = 6, \lambda_3 = 9$. 所以在新坐标系 $O'x'y'z'$ 下曲面 $\Sigma: \lambda_1 x'^2 + \lambda_2 y'^2 + \lambda_3 z'^2 + \frac{I_4}{I_3} = 0$，即

$$3x'^2 + 6y'^2 + 9z'^2 - 3 = 0,$$

其标准方程为

$$\Sigma: \frac{x'^2}{1} + \frac{y'^2}{\frac{1}{2}} + \frac{z'^2}{\frac{1}{3}} = 1,$$

Σ 是椭球面，是中心（唯心）二次曲面．

第二步：求新坐标系的原点．

根据中心方程组

$$\begin{cases} F_1(x,y,z) = 5x + 0y - 2z - 3 = 0 \\ F_2(x,y,z) = 0x + 7y - 2z - 5 = 0 \\ F_3(x,y,z) = -2x - 2y + 6z - 2 = 0 \end{cases},$$

解得中心 $O'(1,1,1)$，中心 O' 作为新坐标系的原点．

第三步：求新坐标轴（所在直线以及基向量）．

（1）将 $\lambda_1 = 3$（对应 x'^2 的系数）代入方程组（*）：

$$\begin{cases} (5-\lambda)X + 0Y - 2Z = 0 \\ 0X + (7-\lambda)Y - 2Z = 0 \\ -2X - 2Y + (6-\lambda)Z = 0 \end{cases},$$

得 $\lambda = \lambda_1 = 3$ 对应的主方向为：

$$X_1 : Y_1 : Z_1 = 2 : 1 : 2,$$

并且将其作为 x' 轴的直线方向．由新坐标系的原点为 $O'(1,1,1)$ 得到 x' 轴所在的直线方程：

$$\frac{x-1}{2} = \frac{y-1}{1} = \frac{z-1}{2}.$$

将 $\vec{V}_1 = \{2,1,2\}$ 单位化得到 $\vec{V}_1' = \left\{\frac{2}{3}, \frac{1}{3}, \frac{2}{3}\right\}$，因此，可以确定 x' 轴的方向和单位，即 $\vec{V}_1 = \{2,1,2\} \rightarrow \vec{V}_1' = \vec{i}'$ 为 x' 轴的基向量．

（2）将 $\lambda_2 = 6$（对应 y'^2 的系数）代入方程组（*），对应 $\lambda_2 = 6$ 的主方向为：

$$X_2 : Y_2 : Z_2 = 2 : -2 : -1,$$

并且将其作为 y' 轴的直线方向．由新坐标系的原点为 $O'(1,1,1)$ 得到 y' 轴所在的直线方程：

$$\frac{x-1}{2} = \frac{y-1}{-2} = \frac{z-1}{-1}.$$

将 $\vec{V}_2 = \{2,-2,-1\}$ 单位化得到 $\vec{V}_2' = \left\{\frac{2}{3}, -\frac{2}{3}, -\frac{1}{3}\right\}$，因此，可以确定 y' 轴的方向和单位，即 $\vec{V}_2 = \{2,-2,-1\} \rightarrow \vec{V}_2' = \vec{j}'$ 为 y' 轴的基向量．

（3）将 $\lambda_3 = 9$（对应 z'^2 的系数）代入方程组（*），对应 $\lambda_3 = 9$ 的主方向为：

$$X_3 : Y_3 : Z_3 = 1 : 2 : -2, \text{ 其中 } \{1,2,-2\} \perp \vec{V}_1 \wedge \vec{V}_2,$$

并将其作为 z' 轴的直线方向．由新坐标系的原点为 $O'(1,1,1)$ 得到 z' 轴所在的直线方程：

$$\frac{x-1}{1}=\frac{y-1}{2}=\frac{z-1}{-2}.$$

注意：为了保证 $\{O';\vec{i}',\vec{j}',\vec{k}'\}$ 右手标架（即 $\vec{k}'=\vec{i}'\times\vec{j}'$），需要 $\vec{V}_3$ 与 $\vec{V}_1\times\vec{V}_2$ 同向，取 $\vec{V}_3=k\{1,2,-2\}$，其中 $k=1$ 或 -1，在此 $k=1$.

将 $\vec{V}_3=\{1,2,-2\}$ 单位化得 $\vec{V}_3'=\left\{\dfrac{1}{3},\dfrac{2}{3},-\dfrac{2}{3}\right\}$，则可以确定 z' 轴的方向和单位. 即 $\vec{V}_3=\{1,2,-2\}\to\vec{V}_3'=\vec{k}'$ 为 z' 轴的基向量. 有 $\{O';\vec{i}',\vec{j}',\vec{k}'\}$ 是右手标架.

第四步：在新坐标系下利用化简后的标准方程绘制二次曲面 Σ.

（1）在坐标系 $Oxyz$ 下绘制新坐标系 $O'x'y'z'$.

在原坐标系 $Oxyz$ 下画新坐标系 $O'x'y'z'$ 的坐标原点 $O'(1,1,1)$.

作 x' 轴所在的直线：$\dfrac{x-1}{2}=\dfrac{y-1}{1}=\dfrac{z-1}{2}$，并且作出 x' 轴的基向量 $\vec{V}_1'=\left\{\dfrac{2}{3},\dfrac{1}{3},\dfrac{2}{3}\right\}=\vec{i}'$，以此确定 x' 轴的方向与单位长；

作 y' 轴所在的直线：$\dfrac{x-1}{2}=\dfrac{y-1}{-2}=\dfrac{z-1}{-1}$，并且作出 y' 轴的基向量 $\vec{V}_2'=\left\{\dfrac{2}{3},-\dfrac{2}{3},-\dfrac{1}{3}\right\}=\vec{j}'$，以此确定 y' 轴的方向与单位长；

作 z' 轴所在的直线：$\dfrac{x-1}{1}=\dfrac{y-1}{2}=\dfrac{z-1}{-2}$，并且作出 z' 轴的基向量 $\vec{V}_3'=\left\{\dfrac{1}{3},\dfrac{2}{3},-\dfrac{2}{3}\right\}=\vec{k}'$，以此确定 z' 轴的方向与单位长.

绘制 $O'x'y'z'$，如图 7.5（a）所示.

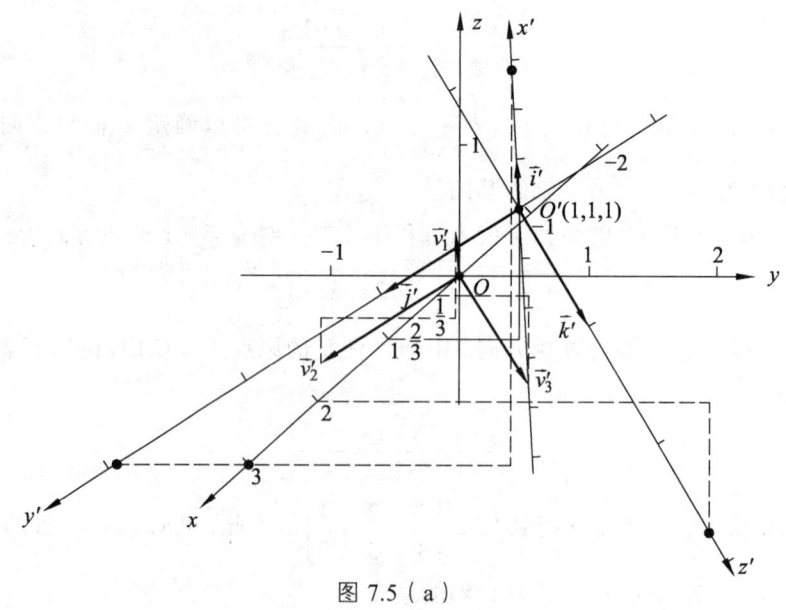

图 7.5（a）

（2）在新坐标系 $O'x'y'z'$ 下绘制椭球面 Σ：$\dfrac{x'^2}{1}+\dfrac{y'^2}{\frac{1}{2}}+\dfrac{z'^2}{\frac{1}{3}}$ 的图形.

画三条主截线：$\begin{cases}\dfrac{x'^2}{1}+\dfrac{y'^2}{\frac{1}{2}}=1\\ z'=0\end{cases}$ ； $\begin{cases}\dfrac{y'^2}{\frac{1}{2}}+\dfrac{z'^2}{\frac{1}{3}}=1\\ x'=0\end{cases}$ ； $\begin{cases}\dfrac{x'^2}{1}+\dfrac{z'^2}{\frac{1}{3}}=1\\ y'=0\end{cases}$.

画外部轮廓线. 得到椭球面Σ. 如图 7.5（b）所示.

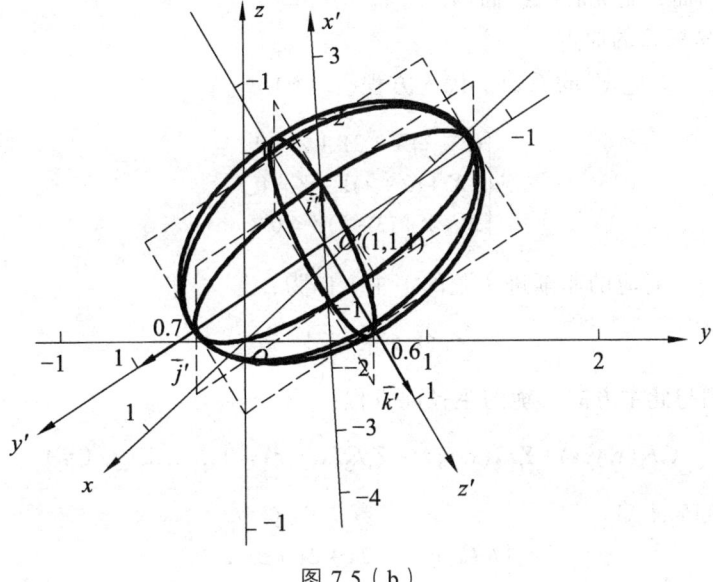

图 7.5（b）

例 7.2.1（Ⅱ）：绘制二次曲面$\Sigma:2x^2+2y^2+3z^2+4xy+2xz+2yz-4x+6y-2z-3=0$的图形.

解：

第一步：化方程为标准方程.

$$A=(a_{ij})=\begin{pmatrix}2 & 2 & 1 & -2\\ 2 & 2 & 1 & 3\\ 1 & 1 & 3 & -1\\ -2 & 3 & -1 & -3\end{pmatrix},$$

$I_4=|A|=-125$ ， $I_1=2+2+3=7$ ，

$I_2=\begin{vmatrix}2&2\\2&2\end{vmatrix}+\begin{vmatrix}2&1\\1&3\end{vmatrix}+\begin{vmatrix}2&1\\1&3\end{vmatrix}=10$ ， $I_3=\begin{vmatrix}2&2&1\\2&2&1\\1&1&3\end{vmatrix}=0$.

由特征方程$\lambda^3-7\lambda^2+10\lambda=0$得特征根为$\lambda_1=2,\lambda_2=5,\lambda_3=0$，且$I_3=0$，$I_4\neq 0$. 所以，Σ属于情况（Ⅱ）的无心二次曲面，在新坐标系$O'x'y'z'$下，对曲面$\Sigma:\lambda_1x'^2+\lambda_2y'^2\pm 2\sqrt{-\dfrac{I_4}{I_2}}z'=0$，取一形式

$$2x'^2+5y'^2-2\sqrt{\dfrac{125}{10}}z'=0,$$

其标准方程为

$$\Sigma: \frac{x'^2}{\frac{5\sqrt{2}}{4}} + \frac{y'^2}{\frac{\sqrt{2}}{2}} = 2z'$$

Σ 是椭圆抛物面，是无心二次曲面.

第二步：求新坐标系的原点.

（1）将 $\lambda_1 = 2$（对应 x'^2 的系数）代入方程组（*）：

$$\begin{cases} (2-\lambda)X + 2Y + Z = 0 \\ 2X + (2-\lambda)Y + Z = 0 ， \\ X + Y + (3-\lambda)Z = 0 \end{cases}$$

得 $\lambda = \lambda_1 = 2$ 对应的非渐进（弦的）主方向为：

$$X_1 : Y_1 : Z_1 = 1 : 1 : -2.$$

进而得到与此主方向共轭的主径面方程：

$$X_i F_1(x,y,z) + Y_i F_2(x,y,z) + Z_i F_3(x,y,z) = 0 \cdots\cdots（\#）$$

其中由矩阵 A 知

$$\begin{cases} F_1(x,y,z) = 2x + 2y + z - 2 \\ F_2(x,y,z) = 2x + 2y + z + 3 . \\ F_3(x,y,z) = x + y + 3z - 1 \end{cases}$$

化简得到与主方向 $\vec{V}_1 = \{1,1,-2\}$ 共轭的主径面方程为：

$$2x + 2y - 4z + 3 = 0 \cdots\cdots 是 \Sigma 的对称面.$$

（2）同理，将 $\lambda_2 = 5$（对应 y'^2 的系数）代入方程组（*），得到对应的非渐进（弦的）主方向为：

$$X_2 : Y_2 : Z_2 = 1 : 1 : 1.$$

代入（#）式，得到与该主方向 $\vec{V}_2 = \{1,1,1\}$ 共轭的主径面为

$$x + y + z = 0 \cdots\cdots \Sigma 的对称面.$$

（3）将 $\lambda_3 = 0$ 代入方程组（*）得到对应的主方向为

$$X_3 : Y_3 : Z_3 = -1 : 1 : 0.$$

$\{1,-1,0\}$ 与 z' 轴方向平行，没有共轭的主径面.

由

$$\begin{cases} 2x + 2y - 4z + 3 = 0 \\ x + y + z = 0 \\ 2x^2 + 2y^2 + 3z^2 + 4xy + 2xz + 2yz - 4x + 6y - 2z + 3 = 0 \end{cases}$$

解得曲面的顶点坐标 $O'\left(-\dfrac{1}{40}, -\dfrac{19}{40}, \dfrac{1}{2}\right)$，从而选此点为新坐标系原点.

第三步：求新坐标轴（所在直线以及基向量）.

由第二步可知：

（1）$\lambda_1 = 2$（对应 x'^2 的系数）对应的主方向为 $\vec{V}_1 = \{1,1,-2\}$，可以作为 x' 轴的直线方向. 由新坐标系的原点 $O'\left(-\dfrac{1}{40}, -\dfrac{19}{40}, \dfrac{1}{2}\right)$ 得到 x' 轴所在的直线方程：

$$\dfrac{x+\dfrac{1}{40}}{1} = \dfrac{y+\dfrac{19}{40}}{1} = \dfrac{z-\dfrac{1}{2}}{-2}.$$

将 $\vec{V}_1 = \{1,1,-2\}$ 单位化得 $\vec{V}_1' = \left\{\dfrac{1}{\sqrt{6}}, \dfrac{1}{\sqrt{6}}, \dfrac{-2}{\sqrt{6}}\right\}$，则可以确定 x' 轴的方向和单位. 即

$\vec{V}_1 = \{1,1,-2\} \to \vec{V}_1' = \dfrac{\vec{V}_1}{|\vec{V}_1|} = \vec{i}'$ 为 x' 轴基向量.

（2）$\lambda_2 = 5$（对应 y'^2 的系数）对应的主方向为 $\vec{V}_2 = \{1,1,1\}$，可以作为 y' 轴的直线方向. 由新坐标系的原点 $O'\left(-\dfrac{1}{40}, -\dfrac{19}{40}, \dfrac{1}{2}\right)$ 得到 y' 轴所在的直线方程：

$$\dfrac{x+\dfrac{1}{40}}{1} = \dfrac{y+\dfrac{19}{40}}{1} = \dfrac{z-\dfrac{1}{2}}{1}.$$

将 $\vec{V}_2 = \{1,1,1\}$ 单位化得到 $\vec{V}_2' = \left\{\dfrac{\sqrt{3}}{3}, \dfrac{\sqrt{3}}{3}, \dfrac{\sqrt{3}}{3}\right\}$，则可以确定 y' 轴的方向和单位，即

$\vec{V}_2 = \{1,1,1\} \to \vec{V}_2' = \dfrac{\vec{V}_2}{|\vec{V}_2|} = \vec{j}'$ 为 y' 轴的基向量.

（3）$\lambda_3 = 0$ 对应的主方向为 $X_3 : Y_3 : Z_3 = -1:1:0$，有 $\vec{V}_3 = k\{-1,1,0\}$ 与 z' 轴平行.

注意： 为了保证 $\{O'; \vec{i}', \vec{j}', \vec{k}'\}$ 右手标架（即 $\vec{k}' = \vec{i}' \times \vec{j}'$），需要 $\vec{V}_3$ 与 $\vec{V}_1 \times \vec{V}_2$ 同向以确定 k 的正负. 所以，$\lambda_3 = 0$ 对应的主方向在此只需直接求出：

$$\vec{V}_3 = \vec{V}_1 \times \vec{V}_2 = \{1,1,-2\} \times \{1,1,1\} = \{3,-3,0\} = 3\{1,-1,0\}.$$

由新坐标系的原点 $O'\left(-\dfrac{1}{40}, -\dfrac{19}{40}, \dfrac{1}{2}\right)$ 得到 z' 轴所在的直线方程：

$$\dfrac{x+\dfrac{1}{40}}{1} = \dfrac{y+\dfrac{19}{40}}{-1} = \dfrac{z-\dfrac{1}{2}}{0}.$$

将 $\vec{V}_3 = \{3,-3,0\}$ 单位化得到 $\vec{V}_3' = \left\{\dfrac{\sqrt{2}}{2}, \dfrac{-\sqrt{2}}{2}, 0\right\}$，则可以确定 z' 轴的方向和单位. 即

$\vec{V}_3 = \{3,-3,0\} \to \vec{V}_3' = \dfrac{\vec{V}_3}{|\vec{V}_3|} = \vec{k}'$ 为 z' 轴的基向量.

第四步：在新坐标系下利用化简后的标准方程绘制二次曲面Σ.

（1）在坐标系 $Oxyz$ 下绘制新坐标系 $O'x'y'z'$.

在原坐标系 $Oxyz$ 下画新坐标系的坐标原点 $O'\left(-\dfrac{1}{40},-\dfrac{19}{40},\dfrac{1}{2}\right)$.

作 x' 轴所在的直线：$\dfrac{x+\dfrac{1}{40}}{1}=\dfrac{y+\dfrac{19}{40}}{1}=\dfrac{z-\dfrac{1}{2}}{-2}$，并且作出 x' 轴的基向量 $\vec{V}_1'=\left\{\dfrac{1}{\sqrt{6}},\dfrac{1}{\sqrt{6}},\dfrac{-2}{\sqrt{6}}\right\}=\vec{i}\,'$，以此确定 x' 轴的方向与单位长；

作 y' 轴所在的直线：$\dfrac{x+\dfrac{1}{40}}{1}=\dfrac{y+\dfrac{19}{40}}{1}=\dfrac{z-\dfrac{1}{2}}{1}$，并且作出 y' 轴的基向量 $\vec{V}_2'=\left\{\dfrac{\sqrt{3}}{3},\dfrac{\sqrt{3}}{3},\dfrac{\sqrt{3}}{3}\right\}=\vec{j}\,'$，以此确定 y' 轴的方向与单位长；

作 z' 轴所在的直线：$\dfrac{x+\dfrac{1}{40}}{1}=\dfrac{y+\dfrac{19}{40}}{-1}=\dfrac{z-\dfrac{1}{2}}{0}$，并且作出 z' 轴的基向量 $\vec{V}_3'=\left\{\dfrac{\sqrt{2}}{2},\dfrac{-\sqrt{2}}{2},0\right\}=\vec{k}\,'$，以此确定 z' 轴的方向与单位长.

绘制 $O'x'y'z'$，如图 7.6（a）所示.

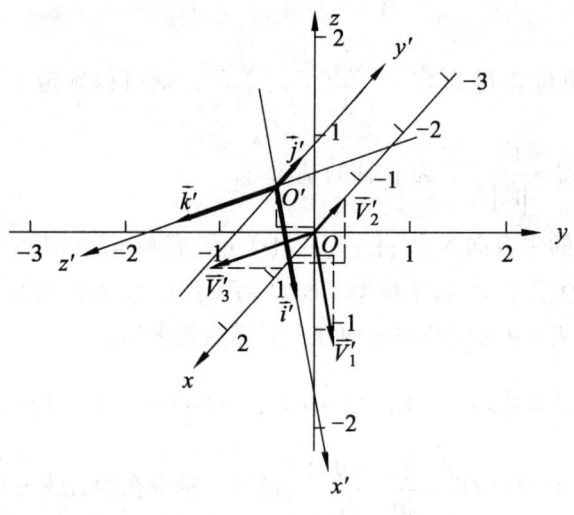

图 7.6（a）

（2）在新坐标系 $O'x'y'z'$ 下绘制化简后的椭圆抛物面 $\dfrac{x'^2}{\dfrac{5\sqrt{2}}{4}}+\dfrac{y'^2}{\dfrac{\sqrt{2}}{2}}=2z'$ 的图形.

绘制 $x'O'y'$ 面上的椭圆 $\begin{cases}\dfrac{x'^2}{(\sqrt{5})^2}+\dfrac{y'^2}{(\sqrt{2})^2}=1\\ z'=\sqrt{2}\end{cases}$；连接曲面的顶点与椭圆的顶点确定的两条

抛物线；画外部轮廓线．得到曲面Σ，如图7.6（b）所示．

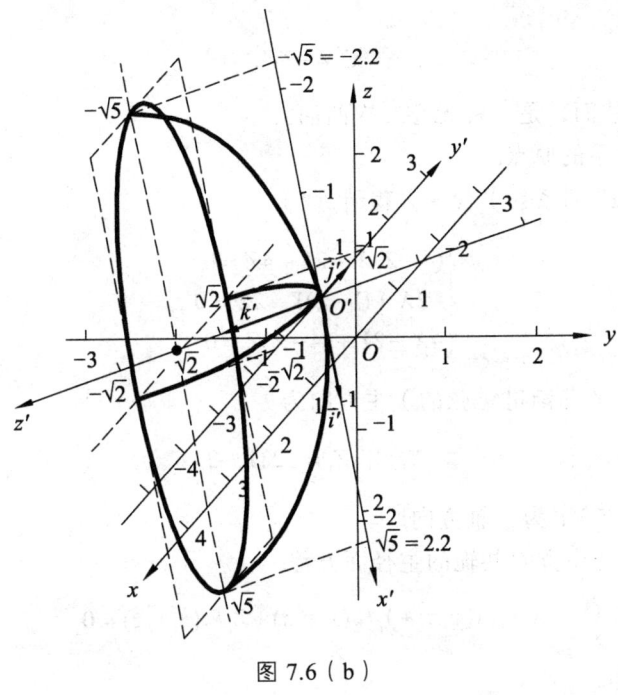

图 7.6（b）

例 7.2.1（Ⅲ）：绘制二次曲面$\Sigma: 4x^2 + y^2 + 4z^2 - 4xy + 8xz - 4yz - 12x - 12y + 6z = 0$的图形．

解：

第一步：化方程为标准方程．

$$A = (a_{ij}) = \begin{pmatrix} 4 & -2 & 4 & -6 \\ -2 & 1 & -2 & -6 \\ 4 & -2 & 4 & 3 \\ -6 & -6 & 3 & 0 \end{pmatrix},$$

$I_4 = |A| = 0$，$I_1 = 4+1+4 = 9$，

$$I_2 = \begin{vmatrix} 4 & -2 \\ -2 & 1 \end{vmatrix} + \begin{vmatrix} 4 & 4 \\ 4 & 4 \end{vmatrix} + \begin{vmatrix} 1 & -2 \\ -2 & 4 \end{vmatrix} = 0,\quad I_3 = \begin{vmatrix} 4 & -2 & 4 \\ -2 & 1 & -2 \\ 4 & -2 & 4 \end{vmatrix} = 0,$$

$$K_2 = \begin{vmatrix} 4 & -2 & -6 \\ -2 & 1 & -6 \\ -6 & -6 & 0 \end{vmatrix} + \begin{vmatrix} 4 & 4 & -6 \\ 4 & 4 & 3 \\ -6 & 3 & 0 \end{vmatrix} + \begin{vmatrix} 1 & -2 & -6 \\ -2 & 4 & 3 \\ -6 & 3 & 0 \end{vmatrix} = -729.$$

由特征方程$\lambda^3 - 9\lambda^2 = 0$得特征根为$\lambda_1 = 9, \lambda_2 = \lambda_3 = 0$．由于$I_2 = I_3 = I_4 = 0, K_2 \neq 0$，所以，Σ属于情况（Ⅳ）的无心二次曲面，在坐标系$O'x'y'z'$下曲面$\Sigma: I_1 x'^2 \pm 2\sqrt{-\dfrac{K_2}{I_1}} y' = 0$．易见，$\lambda_1 = I_1 = 9, \lambda_2 = \lambda_3 = 0$．比如，取一个形式

$$9x'^2 + 2\sqrt{81}y' = 0,$$

其标准方程为

$$x'^2 = -2y'.$$

曲面Σ为抛物柱面，是一种无心二次曲面.

第二步：求新坐标系的原点.

将 $\lambda_1 = 9$（对应 x'^2 的系数）代入方程组（*）：

$$\begin{cases} (4-\lambda)X - 2Y + 4Z = 0 \\ -2X + (1-\lambda)Y - 2Z = 0 \\ 4X - 2Y + (4-\lambda)Z = 0 \end{cases},$$

得 $\lambda = \lambda_1 = 9$ 对应的非渐进（弦的）主方向为

$$X_1 : Y_1 : Z_1 = -2 : 1 : -2.$$

$\vec{V}_1 = \{-2, 1, -2\} \leftrightarrow \vec{V}_1' = \vec{i}'$ 为 x' 轴方向.

将此主方向代入与主方向共轭的主径面方程

$$X_i F_1(x,y,z) + Y_i F_2(x,y,z) + Z_i F_3(x,y,z) = 0$$

中，由矩阵 A 知

$$\begin{cases} F_1(x,y,z) = 4x - 2y + 4z - 6 \\ F_2(x,y,z) = -2x + y + -2z - 6 \\ F_3(x,y,z) = 4x - 2y + 4z + 3 \end{cases},$$

得到与此主方向共轭的主径面方程为

$$\pi: 2x - y + 2z = 0.$$

由于 $\lambda_1 \neq 0$，$\lambda_2 = \lambda_3 = 0$ 知道曲面Σ只有一个主径面，所以由

$$\pi \cap \Sigma : \begin{cases} 2x - y + 2z = 0 \\ 4x^2 + y^2 + 4z^2 - 4xy + 8xz - 4yz - 12x - 12y + 6z = 0 \end{cases},$$

即

$$\begin{cases} x = -\dfrac{1}{2}z \\ y = z \end{cases},$$

可以求得一条直线方程为

$$\pi \cap \Sigma = l_{z'} : \dfrac{x}{1} = \dfrac{y}{-2} = \dfrac{z}{-2}.$$

此直线为 z' 轴所在的直线（由方程 $x'^2 = -2y'$ 可以知道）. 在此直线上任取定一个点为新坐标系的原点，比如取 $O'(1, -2, -2)$.

第三步：求新坐标轴.

相对于新坐标原点 $O'(1, -2, -2)$，在二次曲面Σ上任意取定非 z' 轴上的一个点 $P'(0, 2, -2)$，由Σ的方程 $x'^2 = -2y'$ 知道：抛物柱面Σ的开口向 y' 轴反方向，故

$\angle(\overrightarrow{O'P'},\vec{j}')>90°$，即 $\overrightarrow{O'P'}\cdot\vec{j}'<0$，其中 $\overrightarrow{O'P'}=\{-1,4,0\}$.

见示意图 7.7（a）：

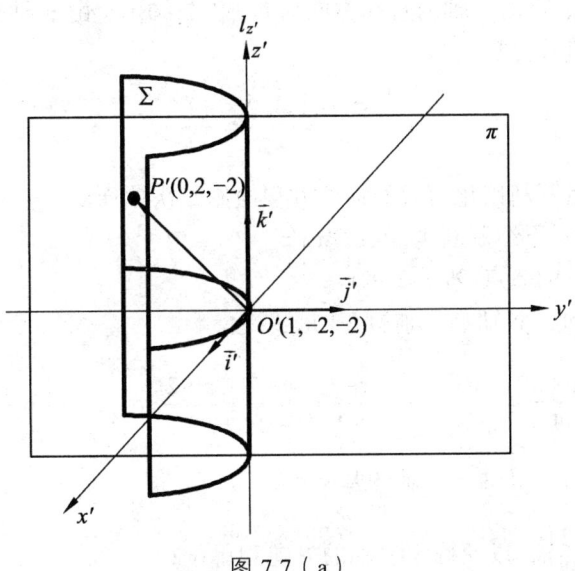

图 7.7（a）

由于 $\lambda_1=9$（对应 x'^2 的系数）得到的主方向 $X_1:Y_1:Z_1=-2:1:-2$，进而得到共轭的主径面 π，有 $\vec{V}_1=\{-2,1,-2\}\to\vec{V}'_1=\vec{i}'$ 为 x' 轴的基向量. 从而可取定

$$\vec{i}'=\vec{V}'_1=\frac{\vec{V}_1}{|\vec{V}_1|}=\left\{\frac{-2}{3},\frac{1}{3},\frac{-2}{3}\right\},$$

由 x' 轴通过新原点 $O'(1,-2,-2)$ 得到 x' 轴所在直线的方程：

$$l_x:\frac{x-1}{-2}=\frac{y+2}{1}=\frac{z+2}{-2};$$

由于 z' 轴所在的直线方程也为 $l_z:\frac{x-1}{-1}=\frac{y+2}{2}=\frac{z+2}{2}$，其直线方向为 $\vec{V}_3=\{1,-2,-2\}$，进而 $\vec{V}_3=\{-1,2,2\}\leftrightarrow\vec{V}'_3=\vec{k}'$ 取为 z' 轴的基向量，有：

$$\vec{k}'=\vec{V}'_3=\varepsilon\frac{\vec{V}_3}{|\vec{V}_3|}=\varepsilon\left\{\frac{-1}{3},\frac{2}{3},\frac{2}{3}\right\},\text{ 其中 }\varepsilon=\pm 1\text{ 待定}.$$

由于新坐标系也用右手系，所以得到 y' 轴的基向量 $\vec{j}'$：

$$\vec{j}'=\vec{k}'\times\vec{i}'=\varepsilon\left\{\frac{-1}{3},\frac{2}{3},\frac{2}{3}\right\}\times\left\{\frac{-2}{3},\frac{1}{3},\frac{-2}{3}\right\}=\varepsilon\left\{\frac{-2}{3},\frac{-2}{3},\frac{1}{3}\right\},\text{ 其中 }\varepsilon=\pm 1\text{ 待定}.$$

因为曲面 Σ 在新坐标系下的方程 $x'^2=-2y'$ 与新坐标系之标架构建一致，要求 $\overrightarrow{O'P'}\cdot\vec{j}'=\{-1,4,0\}\cdot\vec{j}'<0$，所以 $-2\varepsilon<0\Rightarrow\varepsilon=1$，得到：

$$\vec{k}' = \left\{\frac{-1}{3}, \frac{2}{3}, \frac{2}{3}\right\}, \quad \vec{j}' = \left\{\frac{-2}{3}, \frac{-2}{3}, \frac{1}{3}\right\}.$$

由于 $\vec{j}' // \{-2,-2,1\}$，简化 y' 轴的直线方向为 $\vec{V}_2 = \{-2,-2,1\}$. 由 y' 轴通过新原点 $O'(1,-2,-2)$ 得到 y' 轴所在的直线方程

$$l_{y'}: \frac{x-1}{-2} = \frac{y+2}{-2} = \frac{z+2}{1}.$$

第四步：在新坐标系下利用化简后的标准方程绘制二次曲面 Σ.

（1）在坐标系 $Oxyz$ 下绘制新坐标系 $O'x'y'z'$.

绘制新坐标系的原点 $O'(1,-2,-2)$.

分别绘制 x' 轴、y' 轴、z' 轴所在的直线：

$$l_{x'}: \frac{x-1}{-2} = \frac{y+2}{1} = \frac{z+2}{-2}; \quad l_{y'}: \frac{x-1}{-2} = \frac{y+2}{-2} = \frac{z+2}{1}; \quad l_{z'}: \frac{x-1}{-1} = \frac{y+2}{2} = \frac{z+2}{2}$$

分别绘制 x' 轴、y' 轴、z' 轴的基向量：

$\vec{i}' = \left\{\frac{-2}{3}, \frac{1}{3}, \frac{-2}{3}\right\}$，以便确定 x' 轴的方向和单位；

$\vec{j}' = \left\{\frac{-2}{3}, \frac{-2}{3}, \frac{1}{3}\right\}$，以便确定 y' 轴的方向和单位；

$\vec{k}' = \left\{\frac{-1}{3}, \frac{2}{3}, \frac{2}{3}\right\}$，以便确定 z' 轴的方向和单位.

如图 7.7（b）所示.

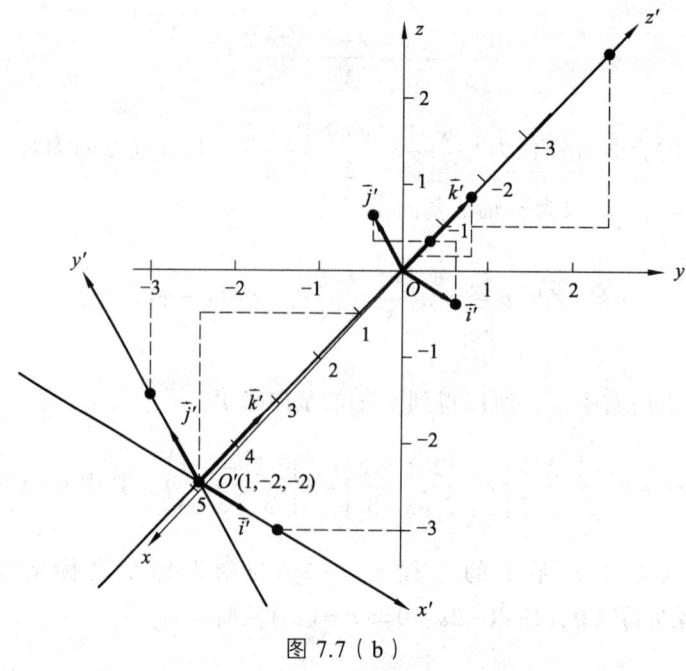

图 7.7（b）

（2）在新坐标系 $O'x'y'z'$ 下绘制化简后的抛物柱面 $\Sigma: x'^2 = -2y'$ 的图形.

在 $x'O'y'$ 面上画抛物线 $\begin{cases} x'^2 = -2y' \\ z' = 0 \end{cases}$；

在平行于 $x'O'y'$ 面的平面 $z' = 2$ 上画抛物线 $\begin{cases} x'^2 = -2y' \\ z' = 2 \end{cases}$；

连接两抛物线对应的直母线，得到抛物柱面 Σ，如图 7.7（c）所示.

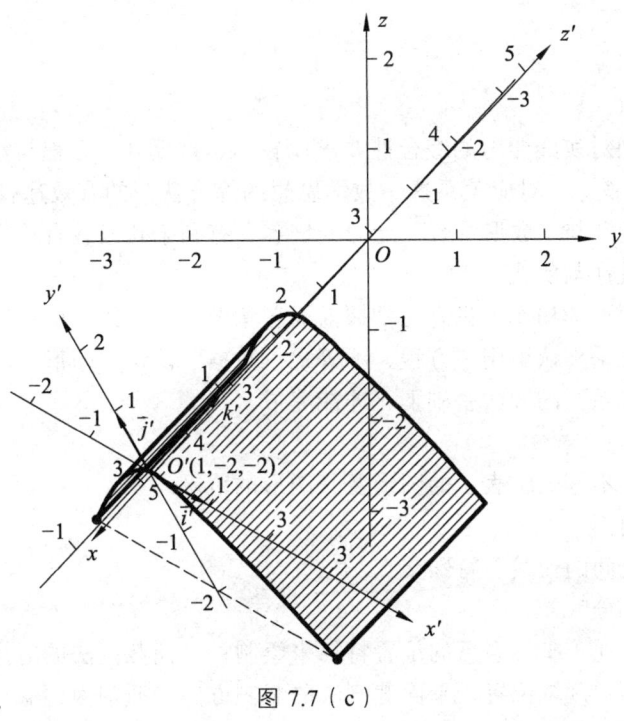

图 7.7（c）

练习：绘制下列图形.

1. 抛物柱面 $\Sigma: x^2 + 4y^2 + 4z^2 - 4xy + 4xz - 8yz + 6x - 6y + 6z + 5 = 0$；
2. 马鞍面 $\Sigma: 5x^2 - 16y^2 + 5z^2 + 8xy - 14xz + 8yz + 4x + 20y + 4z - 24 = 0$.

8 空间区域

空间区域的绘制对实践能力的综合性要求比较高，是提升"方程与数据"与"图形与图形关系"对应关系这一数学思想的综合认识的有效途径. 这有利于"几何直观"与"数形结合"能力的培养，有利于几何教育价值的获得，值得读者关注与实践.

彩图 8.1 ~ 8.21

关于空间区域图形的构作，只有在掌握前面各章节"点、线、面"绘制方法的基础上，在基本认识用"方程、不等式、数据"认识"图形、图形范围、图形之间关系"的方法基础上，才能完成.

一般操作步骤为：

（1）明确方程、不等式所表示的图形及其图形的范围.

（2）画出各个曲面.

（3）画出曲面之间的交线、特殊交点.

（4）标注区域部分.

注意：图形应依托于坐标系下的位置特征来绘制；平面截割法的应用.

需要思考的问题：区域位置，平面截割法的截割方向、截割面，截口大致走向，截割端口处的特殊点、线等如何确定？

下面介绍针对柱面与柱面、平面与平面、多个不同曲面构建的区域，在没有直观视角的转轴变视角方法情况下，如何进行绘图实践.

8.1 由"柱面、平面、坐标面"构建的区域

能较好地利用平行于坐标面、坐标轴的截割面去截割，以确定区域的形状与位置；利用交点与交线、截割线（常为直线）在坐标系下的特殊位置来绘制区域.

1. 截割母线 l_1, l_2 平行于坐标轴

关于截割母线 l_1, l_2 平行于坐标轴的情况，适当选取平行于坐标面的截割面 $\pi_{l_1 l_2}$，以便更好地认识图形.

例 8.1.1（Ⅰ）：绘制由 $\Sigma_1: x+y=1$，$\Sigma_2: y^2+z^2=1$，Ⅰ卦限，确定的区域图形.

解答:

(1) 区域位置.

在Ⅰ卦限;三个坐标面,并且包含 $\Sigma_1: x+y=1$(缺少 z)这个平行于 z 轴的平面;由于 $\Sigma_2: y^2+z^2=1$(缺少 x)是母线平行于 x 轴、并且用 x 轴串着的圆柱面,从而只需画Ⅰ卦限的四分之一部分即可.

(2) 先在Ⅰ卦限绘制四分之一部分的圆柱面 $\Sigma_2: y^2+z^2=1$.

先在 yOz 面上画圆 $\begin{cases} y^2+z^2=1 \\ x=0 \end{cases}$;再在平行于 yOz 面的平面 $x=h$ 上画圆 $\begin{cases} y^2+z^2=1 \\ x=h\geqslant 2 \end{cases}$,比如选 $x=h=3$ 上绘制;连接对应点的直母线即可(见图 8.1).

再绘制Ⅰ卦限的平面 $\Sigma_1: x+y=1$.

绘制 Σ_1 平面与 xOy 面的交线:连接 Σ_1 与 x 轴的交点 $H(1,0,0)$、Σ_1 与 y 轴的交点 $N(0,1,0)$ 即可;

绘制 Σ_1 平面与 xOz 面的交线:由于 Σ_1(缺少 z)平行于 z 轴,过点 $H(1,0,0)$ 作 z 轴的平行线即可;

绘制 Σ_1 平面与 yOz 面的交线:由于 Σ_1(缺少 z)平行于 z 轴,过点 $N(0,1,0)$ 作 z 轴的平行线即可;

由此构作一个平行四边形表示 Σ_1(见图 8.1).

(3) 绘制两曲面的交线 $L=\Sigma_1 \cap \Sigma_2: \begin{cases} x+y=1 \\ y^2+z^2=1 \end{cases}$.

特别地,从图像上易见交线上有特殊点 M 与 N(见图 8.1).

一般地,

$$\forall P\in L=\Sigma_1\cap\Sigma_2 \xleftrightarrow{\text{对应}} \left.\begin{array}{l} P\in \text{平面 }\Sigma_1\text{ 上的直线 }l_1\text{(平行于 }z\text{ 轴)} \\ \text{并且}P\in\Sigma_2\text{ 上的直母线 }l_2\text{(平行于 }x\text{ 轴)} \end{array}\right\} P=l_1\times l_2$$

$$\xleftrightarrow{\text{对应}} B=\pi_{l_1 l_2}\cap y \text{ 轴}$$

注意: 截割面 $\pi_{l_1 l_2} // xOz$ 面.

作点 P 的方法(见图 8.1):

在 y 轴上取参照点 B

$$\left\{\begin{array}{l} \text{对于预测交线上的点 }P \\ \text{过点 }P\text{ 作平行于 }z\text{ 轴与 }x\text{ 轴的截割面 }\pi_{l_1 l_2}\text{ 交 }y\text{ 轴于点 }B,\text{作为参照点} \\ \text{其中:有由过点 }P\text{ 且平行于 }z\text{ 轴的 }l_1\text{ 与平行于 }x\text{ 轴的 }l_2\text{ 确定的平面 }\pi_{l_1 l_2} \end{array}\right.$$

$\Rightarrow$ 画出 Σ_1 上的直母线 l_1:

过点 B 作平行于 x 轴的直线交 Σ_1 的边缘于点 A,过点 A 作平行于 z 轴的直线 l_1;

画出 Σ_2 上的直母线 l_2:

过点 B 作平行于 z 轴的直线交 Σ_2 的边缘于点 C,过点 C 作平行于 x 轴的直线 l_2.

$\Rightarrow$ 画出 $P=l_1\times l_2$.

变动参考点 B,如此可以得到众多的点 P,连接这些 P 点得到交线.

(4) 用蓝色线条,沿着 l_1(z 轴)与 l_2(x 轴)的方向,分别在对应的平面、圆柱面上作直母线纹路，标注出区域部分. 如图 8.1 所示.

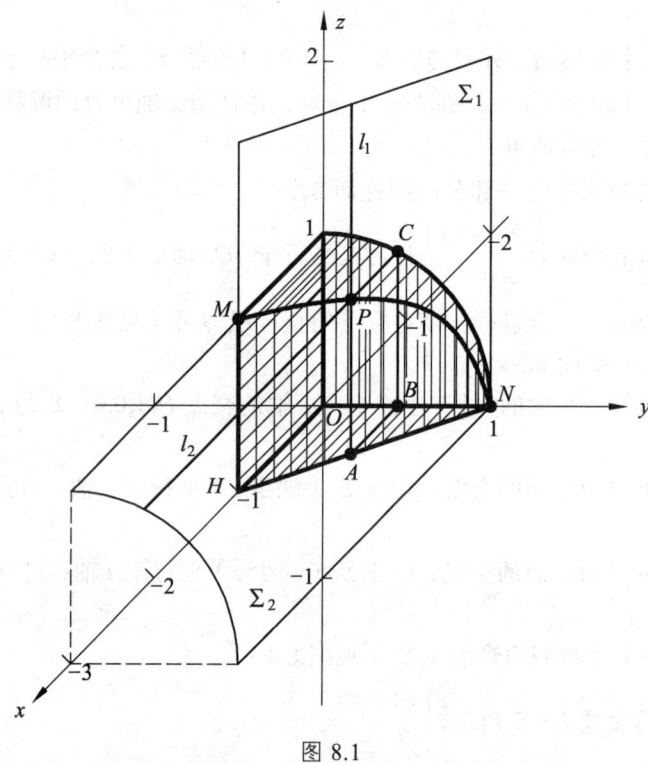

图 8.1

思考 1：用平行于 yOz 面（或 xOy 面）的平面 $\pi_{l_1 l_2}$ 去截割，绘制交线 $L = \Sigma_1 \cap \Sigma_2$ 以及纹路时，l_1 与 l_2 分别是什么曲线？请用此方法绘制区域.

例 8.1.1（Ⅱ）：绘制由 $\Sigma_1: x + y = 1$，$\Sigma_2: z = -x^2 + 1$，Ⅰ，Ⅱ 卦限，确定的区域图形.

解答：

（1）区域位置.

在 Ⅰ，Ⅱ 卦限；包含 $\Sigma_1: x + y = 1$（缺少 z）这个平行于 z 轴的平面；由于 $\Sigma_2: z = -x^2 + 1$（缺少 y）是母线平行于 y 轴的抛物柱面，从而只需画 Ⅰ，Ⅱ 卦限处的局部即可.

（2）先在 Ⅰ，Ⅱ 卦限绘制抛物柱面 $\Sigma_2: z = -x^2 + 1$.

先在 xOz 面上画出抛物线 $\begin{cases} z = -x^2 + 1 \\ y = 0 \end{cases}$；再在平行于 xOz 面的平面 $y = h$ 上画出抛物线 $\begin{cases} z = -x^2 + 1 \\ y = h \geqslant 0 \end{cases}$，比如选 $y = h = 3$ 上绘制；连接对应点的直母线即可（见图 8.2）.

再绘制 Ⅰ，Ⅱ 卦限的平面 $\Sigma_1: x + y = 1$.

绘制 Σ_1 平面与 xOy 面的交线：连接 Σ_1 与 x 轴的交点 $M(1,0,0)$、Σ_1 与 y 轴的交点 $(0,1,0)$ 即可，并且延长交于抛物柱面 Σ_2 在 xOy 面上的直母线的 N 点处；

绘制 Σ_1 平面与 xOz 面的交线：由于 Σ_1（缺少 z）平行于 z 轴，过点 $M(1,0,0)$ 作 z 轴的平行线即可；

绘制 Σ_1 平面与 yOz 面交线的平行线：由于 Σ_1（缺少 z）平行于 z 轴，过点 N 作 z 轴

的平行线即可.

由此构作一个平行四边形表示 Σ_1（见图 8.2）.

（3）绘制两曲面的交线 $L = \Sigma_1 \cap \Sigma_2 : \begin{cases} x+y=1 \\ z=-x^2+1 \end{cases}$.

特别地，从图像上易见交线上有特殊点 M 与 N（见图 8.2）.

一般地，

$$\forall P \in L = \Sigma_1 \cap \Sigma_2 \xleftrightarrow{\text{对应}} \left.\begin{array}{l} P \in \text{平面 } \Sigma_1 \text{ 上的直线} l_1 (\text{平行于 } z \text{ 轴}) \\ \text{并且} P \in \Sigma_2 \text{上的直母线} l_2 (\text{平行于 } y \text{ 轴}) \end{array}\right\} P = l_1 \times l_2$$

$$\xleftrightarrow{\text{对应}} B = \pi_{l_1 l_2} \cap x \text{ 轴}$$

注意：截割面 $\pi_{l_1 l_2} /\!/ yOz$ 面.

作点 P 的方法：

在 x 轴上取参照点 B

$\left\{\begin{array}{l}\text{对于预测交线上的点 } P \\ \text{过点 } P \text{ 作平行于 } z \text{ 轴与 } y \text{ 轴的截割面} \pi_{l_1 l_2} \text{交 } x \text{ 轴于点 } B, \text{作为参照点} \\ \text{其中：有由过点 } P \text{ 且平行于 } z \text{ 轴的 } l_1 \text{ 与平行于 } y \text{ 轴的 } l_2 \text{ 确定的平面 } \pi_{l_1 l_2}\end{array}\right\}$

$\Rightarrow$ 画出 Σ_1 上的直母线 l_1：

过点 B 作平行于 y 轴的直线交 Σ_1 的边缘于点 C，过点 C 作平行于 z 轴的直线 l_1；

画出 Σ_2 上的直母线 l_2：

过点 B 作平行于 z 轴的直线交 Σ_2 的边缘于点 A，过点 A 作平行于 y 轴的直线 l_2.

$\Rightarrow$ 画出 $P = l_1 \times l_2$.

变动参考点 B，如此可以得到众多的点 P，连接这些 P 点得到交线.

（4）用蓝色线条，沿着 l_1（x 轴）与 l_2（y 轴）的方向，分别在对应的平面、抛物柱面上作直母线纹路，标注出区域部分. 如图 8.2 所示.

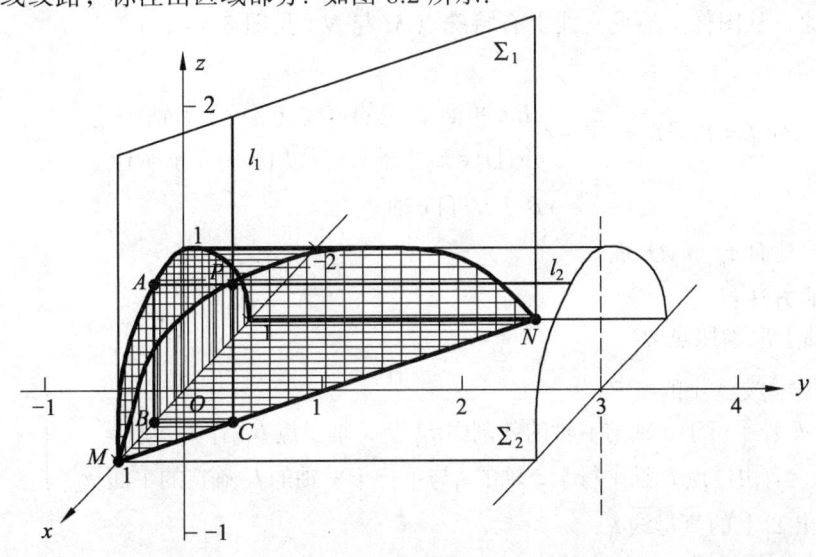

图 8.2

思考 2：平行于 xOz 面（或 xOy 面）的平面 $\pi_{l_1 l_2}$ 去截割，绘制交线 $L = \Sigma_1 \cap \Sigma_2$ 以及纹路时，l_1 与 l_2 分别是什么曲线？请用此方法绘制区域.

例 8.1（Ⅲ）：绘制由 $\Sigma_1 : y = 2x - 2$，$\Sigma_2 : x^2 + z^2 = 1$，$x \geq 0, z \geq 0, y \leq 0$，确定的区域图形.

解答：

（1）区域位置.

由 $x \geq 0, z \geq 0, y \leq 0$ 决定了区域位置在Ⅳ卦限；由于 $\Sigma_2 : x^2 + z^2 = 1$ 是用 y 轴串起来的单位圆柱面，从而只需画Ⅳ卦限的四分之一部分；对于平面 $\Sigma_1 : y = 2x - 2$，也只需画Ⅳ卦限部分.

（2）先在Ⅳ卦限绘制四分之一的单位圆柱面 $\Sigma_2 : x^2 + z^2 = 1$.

先在 xOz 面上画圆 $\begin{cases} x^2 + z^2 = 1 \\ y = 0 \end{cases}$（仅仅需四分之一个圆周）；再在平行于 xOz 面上画圆 $\begin{cases} x^2 + z^2 = 1 \\ y = h \leq -2 \end{cases}$（仅仅需四分之一个圆周），比如选 $y = h = -2$ 上，连接对应顶点的直母线即可（见图 8.3）.

再绘制Ⅳ卦限的平面 $\Sigma_1 : y = 2x - 2$.

绘制 Σ_1 平面与 xOy 面的交线：连接 Σ_1 与 x 轴的交点 $N(1,0,0)$、Σ_1 与 y 轴的交点 $(0,-2,0)$ 即可；

绘制 Σ_1 平面与 xOz 面的交线：由于 Σ_1（缺少 z）平行于 z 轴，过点 $N(1,0,0)$ 作 z 轴的平行线即可；

绘制 Σ_1 平面与 yOz 面的交线：由于 Σ_1（缺少 z）平行于 z 轴，过点 $(0,-2,0)$ 作 z 轴的平行线即可；

由此构作一个平行四边形得到 Σ_1（见图 8.3）.

（3）绘制两曲面的交线 $L = \Sigma_1 \cap \Sigma_2 : \begin{cases} x + y = 1 \\ x^2 + z^2 = 1 \end{cases}$：

特别地，从图像上易见交线上有特殊点 M 与 N（见图 8.3）.

一般地，

$$\forall P \in L = \Sigma_1 \cap \Sigma_2 \xrightarrow{\text{对应}} \left.\begin{array}{l} P \in \text{平面 } \Sigma_1 \text{ 上的直线} l_1 (\text{平行于 } z \text{ 轴}) \\ \text{并且} P \in \Sigma_2 \text{ 上的直母线} l_2 (\text{平行于 } y \text{ 轴}) \end{array}\right\} P = l_1 \times l_2$$

$$\xrightarrow{\text{对应}} B = \pi_{l_1 l_2} \cap x \text{ 轴}$$

注意：截割面 $\pi_{l_1 l_2} \parallel yOz$ 面.

作点 P 的方法：

在 x 轴上取参照点 B

$\left(\begin{array}{l} \text{对于预测交线上的点 } P \\ \text{过点 } P \text{ 作平行于 } z \text{ 轴与 } y \text{ 轴的截割面 } \pi_{l_1 l_2} \text{ 交 } x \text{ 轴于点 } B, \text{ 作为参照点} \\ \text{其中：有由过点 } P \text{ 且平行于 } z \text{ 轴的 } l_1 \text{ 与平行于 } y \text{ 轴的 } l_2 \text{ 确定的平面 } \pi_{l_1 l_2} \end{array}\right)$

$\Rightarrow$ 画出 Σ_1 上的直母线 l_1：

过点 B 作平行于 y 轴的直线交 Σ_1 的边缘于点 C，过点 C 作平行于 z 轴的直线 l_1；

画出 Σ_2 上的直母线 l_2：

过点 B 作平行于 z 轴的直线交 Σ_2 的边缘于点 A,过点 A 作平行于 y 轴的直线 l_2.

$\Rightarrow$ 画出 $P = l_1 \times l_2$.

变动参考点 B,如此可以得到众多的点 P,连接这些 P 点得到交线.

（4）用蓝色线条,沿着 l_1（x 轴）与 l_2（y 轴）的方向,分别在对应的平面、圆柱面上作直母线纹路,标注出区域部分. 如图 8.3 所示.

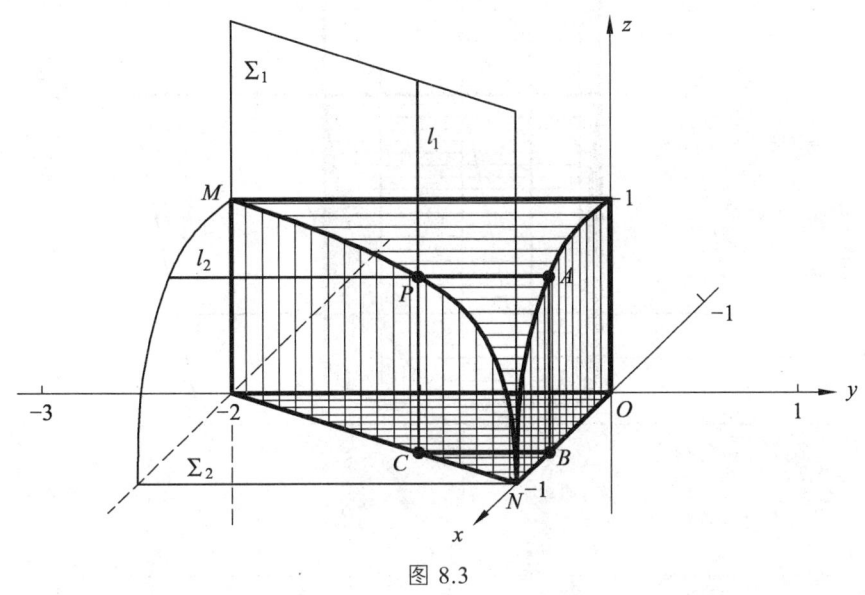

图 8.3

思考 3:用平行于 xOz 面（或 xOy 面）的平面 $\pi_{l_1 l_2}$ 去截割,绘制交线 $L = \Sigma_1 \cap \Sigma_2$ 以及纹路时,l_1 与 l_2 分别是什么曲线？请用此方法绘制区域.

练习:针对下列绘制的区域图形,以及绘图的一般操作步骤,请写出你的作图过程. 另外,请你用垂直于 y 轴的平面去截割绘制交线,再标注区域纹路.

1. 由 $\Sigma_1: x^2 + z^2 = 1, \Sigma_2: x + y - 2 = 0,$ 以及 I 卦限,确定的区域图形（见图 8.4）.

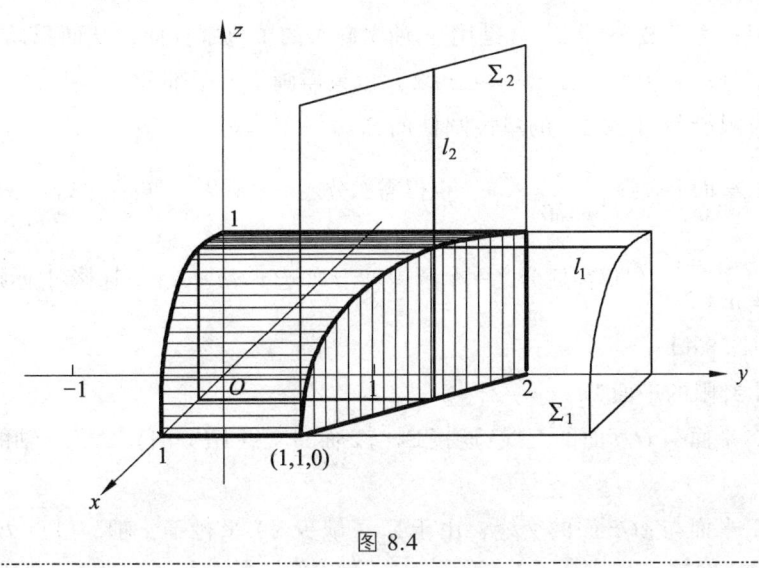

图 8.4

2. 由 $\Sigma_1: x^2+y^2=1$, $\Sigma_2: z=-2x+2$, I, IV 卦限（即：$x \geq 0, z \geq 0$）. 确定的区域图形（见图 8.5）.

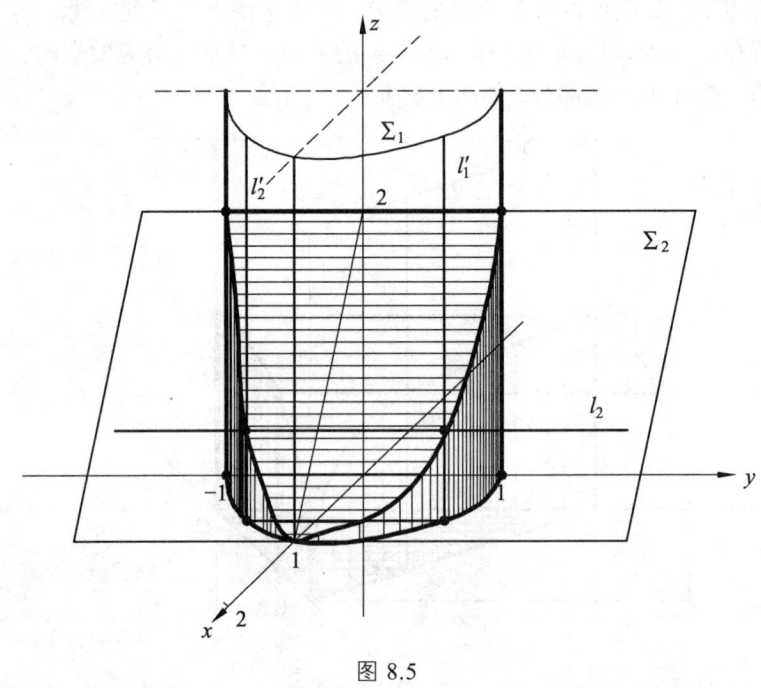

图 8.5

2. 截割母线不平行于坐标轴

对于截割母线不平行于坐标轴的情况，要寻找平行的特殊参照交线 MH.

例 8.1.1（Ⅳ）：绘制由 $\Sigma_1: x^2+z^2=1$, $\Sigma_2: y=-2z+2$, I 卦限，确定的区域图形.

解答：

（1）区域位置.

在 I 卦限；由于 $\Sigma_1: x^2+z^2=1$ 是用 y 轴串起来的单位圆柱面，从而只需画 I 卦限的四分之一部分；对于平面 $\Sigma_2: y=-2z+2$，也只需画 I 卦限部分.

（2）先在 I 卦限绘制四分之一的单位圆柱面 $\Sigma_1: x^2+z^2=1$.

先在 xOz 面上画圆 $\begin{cases} x^2+z^2=1 \\ y=0 \end{cases}$（仅仅需四分之一个圆周）；再在平行于 xOz 面的面上画

圆 $\begin{cases} x^2+z^2=1 \\ y=h \geq 3 \end{cases}$（仅仅需四分之一个圆周），比如选 $y=h=3$ 上，连接对应顶点的直母线即可（见图 8.6）.

再绘制 I 卦限的平面 $\Sigma_2: y=-2z+2$.

绘制 Σ_2 平面与 yOz 面的交线：连接 Σ_2 与 z 轴的交点 $H(0,0,1)$、Σ_2 与 y 轴的交点 $M(0,2,0)$ 即可；

绘制 Σ_2 平面与 xOz 面的交线：由于 Σ_2（缺少 x）平行于 x 轴，过点 $H(0,0,1)$ 作 x 轴的平行线即可；

绘制 Σ_2 平面与 xOy 面的交线：由于 Σ_2（缺少 x）平行于 x 轴，过点 $M(0,2,0)$ 作 x 轴的平行线即可；

由此构作一个平行四边形得到 Σ_2（见图 8.6）.

（3）绘制两曲面的交线 $L = \Sigma_1 \cap \Sigma_2 : \begin{cases} x^2 + z^2 = 1 \\ y = -2z + 2 \end{cases}$.

特别地，从图像上易见交线上有特殊点 H 与 N（见图 8.6）.

一般地，

$$\forall P \in L = \Sigma_1 \cap \Sigma_2 \xleftrightarrow{\text{对应}} \left.\begin{array}{l} P \in \text{圆柱面 } \Sigma_1 \text{ 上的直母线} l_1\text{（平行于 } y \text{ 轴）} \\ \text{并且 } P \in \text{平面} \Sigma_2 \text{ 上的直线} l_2 \text{（平行于 } MH\text{）} \end{array}\right\} P = l_1 \times l_2$$

$$\xleftrightarrow{\text{对应}} B = \pi_{l_1 l_2} \cap x \text{ 轴}$$

注意：截割面 $\pi_{l_1 l_2}$ // 由"坐标轴 y 与 MH"确定的 yOz 面.

作点 P 的方法：

在 x 轴上取参照点 B

$$\left\{ \begin{array}{l} \text{对于预测交线上的点 } P \\ \text{过点 } P \text{ 作平行于 } y \text{ 轴与 } MH \text{ 的截割面 } \pi_{l_1 l_2} \text{ 交 } x \text{ 轴于 } B\text{，作为参照点} \\ \text{其中：有由平行于} MH \text{ 的 } l_2 \text{ 与平行于 } y \text{ 轴的 } l_1 \text{ 确定的平面 } \pi_{l_1 l_2} \end{array} \right\}$$

$\Rightarrow$ 画出 Σ_1 上的直母线 l_1：

过点 B 作平行于 z 轴的直线交 Σ_1 的边缘于点 A，过点 A 作平行于 y 轴的直线 l_1；

画出 Σ_2 上的直母线 l_2：

过点 B 作平行于 y 轴的直线交 Σ_2 的边缘于点 C，过点 C 作平行于 MH 之直线 l_2.

$\Rightarrow$ 画出 $P = l_1 \times l_2$，变动参考点 B 以得到更多不同的点 P.

变动参考点 B，如此可以得到众多的点 P，连接这些 P 点得到交线（见图 8.6）.

（4）用蓝色线条，沿着 l_1（y 轴）与 l_2（MH）的方向，分别在对应的圆柱面、平面上作直母线纹路，标注出区域部分. 如图 8.6 所示.

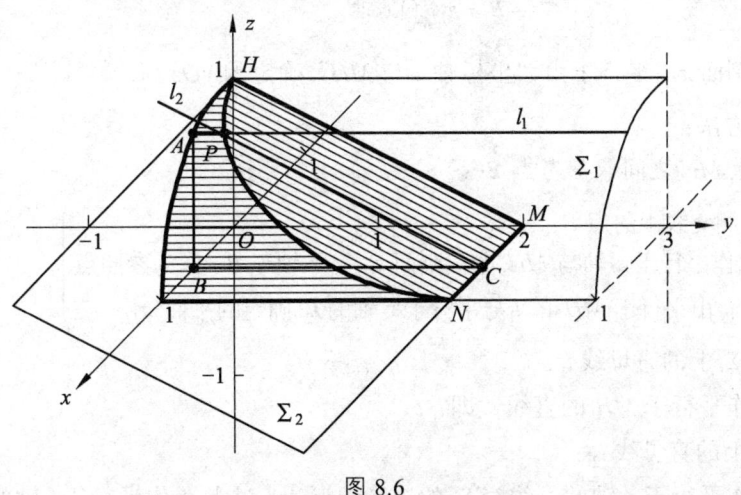

图 8.6

思考 4：用平行于 xOz 面（或 xOy 面）的平面 $\pi_{l_1 l_2}$ 去截割，绘制交线 $L = \Sigma_1 \cap \Sigma_2$ 以及纹路时，l_1 与 l_2 分别是什么曲线？请用此方法绘制区域.

例 8.1.1（Ⅴ）：绘制由 $\Sigma_1 : y + z = 0$，$\Sigma_2 : x^2 + y^2 = 1$ 与三坐标面在Ⅳ卦限确定的区域图形.

解答：

（1）区域位置.

在Ⅳ卦限；由于 $\Sigma_2 : x^2 + y^2 = 1$ 是用 z 轴串起来的单位圆柱面，从而只需画Ⅳ卦限的四分之一部分；平面 Σ_1 也只需画Ⅳ卦限部分.

（2）先在Ⅳ卦限绘制四分之一的单位圆柱面 $\Sigma_2 : x^2 + y^2 = 1$.

先在 xOy 面上画圆 $\begin{cases} x^2 + y^2 = 1 \\ z = 0 \end{cases}$（仅仅需四分之一个圆周）；再在平行于 xOy 面的面上画圆 $\begin{cases} x^2 + y^2 = 1 \\ z = h \end{cases}$（仅仅需四分之一个圆周），比如选 $y = h = 2$ 上，连接对应顶点的直母线即可（见图 8.7）.

再绘制Ⅳ卦限的平面 $\Sigma_1 : y + z = 0$.

这是过 x 轴的平面，绘制 Σ_1 平面与 yOz 面的交线：取交线 $\begin{cases} y + z = 0 \\ x = 0 \end{cases}$ 上的两个特殊点 $M(0, 0, 0)$ 与 $H(0, -1, 1)$，连接 MH 即可；

以 x 轴与 MH 为邻边，作适当大小的平行四边形表示 Σ_1（见图 8.7）.

（3）绘制两曲面的交线 $L = \Sigma_1 \cap \Sigma_2 : \begin{cases} y + z = 0 \\ x^2 + y^2 = 1 \end{cases}$.

特别地，从图像上易见交线上有特殊点 H 与 N（见图 8.7）.

一般地，

$$\forall P \in L = \Sigma_1 \cap \Sigma_2 \xleftrightarrow{\text{对应}} \left.\begin{array}{l} P \in \text{平面 } \Sigma_1 \text{ 上的直线} l_1 \text{（平行于 } MH\text{）} \\ P \in \text{圆柱面} \Sigma_2 \text{上的直母线} l_2 \text{（平行于 } z \text{ 轴）} \end{array}\right\} P = l_1 \times l_2$$

$$\xleftrightarrow{\text{对应}} B = \pi_{l_1 l_2} \cap x \text{ 轴}$$

注意：截割面 $\pi_{l_1 l_2}$ 平行于由"坐标轴 z 与 MH"确定的 yOz 面.

作点 P 的方法：

在 x 轴上 MN 之间取参考点 B

$$\left\{\begin{array}{l} \text{对于预测交线上的点 } P \\ \text{过点 } P \text{ 作平行于 } z \text{ 轴与 } MH \text{ 的截割面} \pi_{l_1 l_2} \text{交 } x \text{ 轴于 } B, \text{作为参照点} \\ \text{其中：有由平行于 } MH \text{ 的 } l_1 \text{ 与平行于 } z \text{ 轴的 } l_2 \text{ 确定的平面 } \pi_{l_1 l_2} \end{array}\right\}$$

$\Rightarrow$ 画出 Σ_1 上的直母线 l_1：

过点 B 作平行于 MH 的直线，即 l_1；

画出 Σ_2 上的直母线 l_2：

过点 B 作平行于 y 轴的直线交 Σ_2 的边缘于点 A，过点 A 作平行于 z 轴的直线 l_2

⇒ 画出 $P = l_1 \times l_2$，变动参考点 B 可以得到更多不同的点 P.

变动参考点 B，如此可以得到众多的点 P，连接这些 P 点得到交线（见图 8.7）.

（4）用蓝色线条，沿着 l_1（MH）与 l_2（z 轴）的方向，分别在对应的平面、圆柱面上作直母线纹路，标注出区域部分. 如图 8.7 所示.

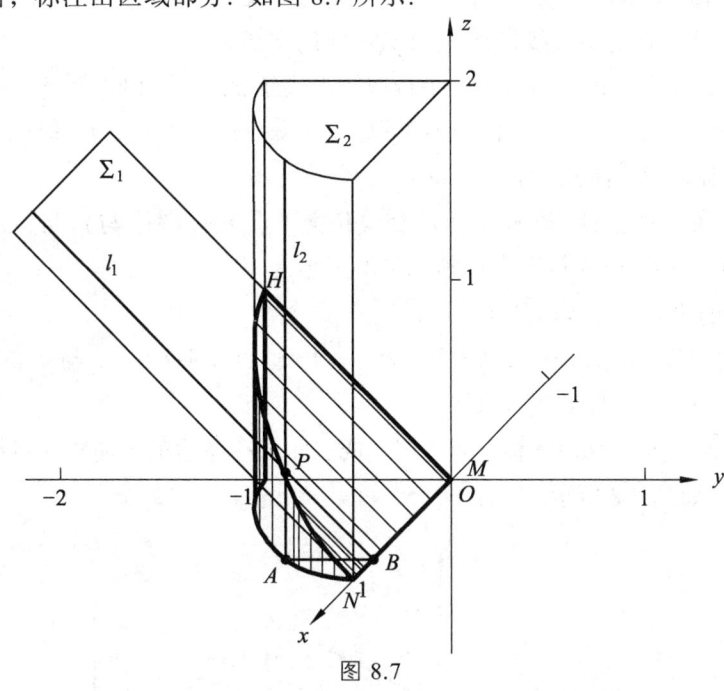

图 8.7

思考 5：用平行于 xOz 面（或 xOy 面）的平面 $\pi_{l_1 l_2}$ 去截割，绘制交线 $L = \Sigma_1 \cap \Sigma_2$，以及纹路时，$l_1$ 与 l_2 分别是什么曲线？请用此方法绘制区域.

8.2 由"平面、坐标面"构建的区域

依据平面与坐标面的交线、与坐标轴的交点确定区域在坐标系下的位置；平面之间的交线可以由两个特殊点确定，或由一点以及与坐标面、坐标轴的夹角确定；标注的纹路与交线平行或与坐标轴平行.

注意：当在通常坐标系下绘制的图形不直观时，可以用"保持右手坐标系、转轴变换视角"的方法（比如，z 轴不动，x 轴与 y 轴绕 z 轴逆（顺）时针旋转 $90°$），变换一下视角构图，使得绘制的图形更加直观清楚.

例 8.2.1：绘制由 $\pi_1: x + y = 4$，$\pi_2: x + 2y = 4$，$\pi_3: 3x - y - 4z = 0$，$\pi_4: z = 0$，在 I 卦限部分确定的区域图形.

解答：

（1）区域位置.

在 I 卦限；由 I 卦限的各个平面及其交线（封口）组成.

（2）先在 I 卦限绘制平面 $\pi_2: x+2y=4$.

这是平行于 z 轴的平面，绘制 π_2 平面与 xOy 面的交线 DM：连接 π_2 与 x 轴的交点 $D(4,0,0)$、π_2 与 y 轴的交点 $M(0,2,0)$ 即可；

过点 D 作 z 轴的平行线得到 π_2 与 xOz 面的交线；

过点 M 作 z 轴的平行线得到 π_2 与 yOz 面的交线；

以这些为邻边，作适当大小的平行四边形表示 π_2（见图 8.8）.

同理，可以作出 $\pi_1: x+y=4$. 同时可知，π_1 与 π_2 的交线是过点 D 并且平行于 z 轴的直线.

再绘制 I 卦限的平面 $\pi_3: 3x-y-4z=0$.

由于 π_3 通过原点 O，与 π_1 与 π_2 的交线相交于点 $B(4,0,3)$，与 π_1 与 xOy 面的交线相交于点 $A(1,3,0)$，故连接三点得到三角形表示 π_3.

（3）构成区域的边界线（封口线）.

π_1 与 π_2 的交线 BD，π_1 与 π_3 的交线 AB，π_2 与 π_3 的交线 CB，π_1 与 π_4 的交线 DA，π_2 与 π_4 的交线 DC，π_3 与 π_4 的交线 CA.

（4）用蓝色线条，沿着 DB（z 轴）的方向，或三角形一条边的方向作直母线纹路，标注出区域部分. 如图 8.8 所示.

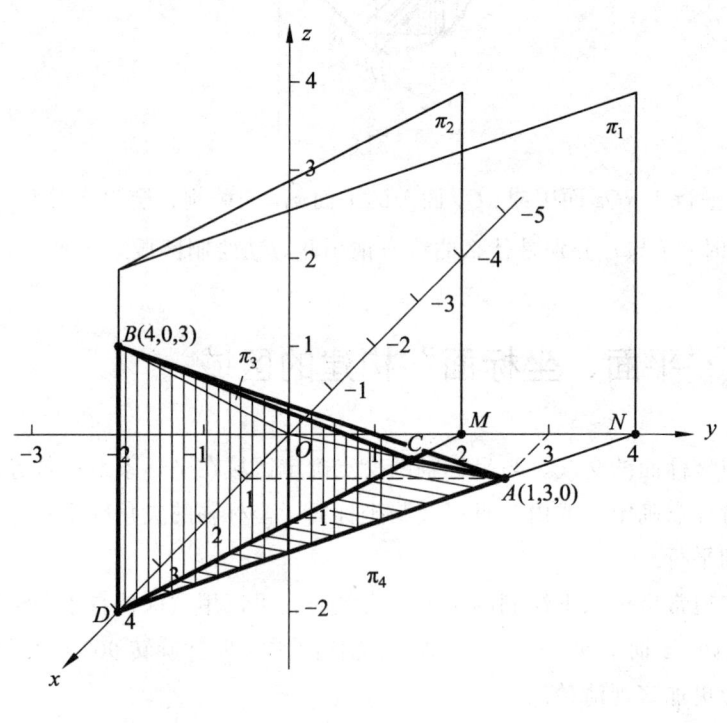

图 8.8

由于该图形绘制得不直观，我们在此可以用"保持右手坐标系、转轴变换视角"，即 z 轴不动，x 轴与 y 轴绕 z 轴顺时针旋转 $90°$ 的方法变换一下视角构图，使得绘制的图形更加直观清楚. 绘制方法同上，得到图形 8.9.

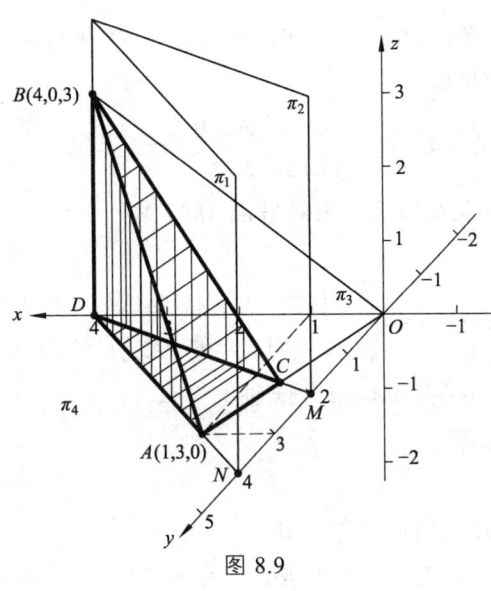

图 8.9

8.3 由"多个柱面、坐标面"构建的区域

注意：方法同前面，只是标注纹路时要与交线以及坐标轴平行. 但是在通常坐标系下绘制的图形不直观，此时可以用"保持右手坐标系、转轴变视角"方法（比如，z 轴不动，x 轴与 y 轴绕 z 轴逆（顺）时针旋转 $90°$），变换一下视角构图，使得绘制的图形更加直观清楚.

例 8.3.1：绘制由 $\Sigma_1: y = \sqrt{x}$，$\Sigma_2: y = 2\sqrt{x}$，$\pi_1: z = 0$，$\pi_2: x + z = 3$，在 I 卦限部分确定的区域的图形.

解答：

（1）区域位置.

在 I 卦限；由于 $\Sigma_1: y = \sqrt{x}$，$\Sigma_2: y = 2\sqrt{x}$，即 $\Sigma_1: x = y^2, y \geq 0$，$\Sigma_2: x = \frac{1}{4}y^2, y \geq 0$ 都是母线平行于 z 轴的抛物柱面，$\pi_2: x + z = 3$ 是平行于 y 轴的平面，故只需画出 I 卦限部分即可.

（2）先在 I 卦限绘制二分之一的抛物柱面 $\Sigma_1: y = \sqrt{x}$.

绘制截割抛物线 $\begin{cases} x = y^2 \\ z = 0 \end{cases}, y \geq 0$ 与 $\begin{cases} x = y^2 \\ z = 4.5 \end{cases}, y \geq 0$，连接对应顶点 $O(0,0,0)$ 与 $D_0(0,0,4.5)$，

连接特殊点[比如点 $N_1(3, \sqrt{3}, 0)$ 与 $D_1(3, \sqrt{3}, 4.5)$]得到抛物柱面 Σ_1（见图 8.10）.

同理在 I 卦限绘制二分之一的抛物柱面 $\Sigma_2: y = 2\sqrt{x}$.

绘制截割抛物线 $\begin{cases} x = \frac{1}{4}y^2 \\ z = 0 \end{cases}, y \geq 0$ 与 $\begin{cases} x = \frac{1}{4}y^2 \\ z = 4.5 \end{cases}, y \geq 0$，连接对应顶点 $O(0,0,0)$ 与 $D_0(0,0,4.5)$，

连接特殊点[比如点 $N_2(3, 2\sqrt{3}, 0)$ 与 $D_2(3, 2\sqrt{3}, 4.5)$]得到抛物柱面 Σ_2（见图 8.10）.

再绘制 I 卦限的平面 $\pi_2: x + z = 3$.

由于 π_2 平行于 y 轴，与 x 轴、z 轴的交点分别为 $H(3,0,0)$ 与 $M(0,0,3)$，连接 H 与 M 得到 π_2 与 xOz 面的交线；过点 H 作 y 轴的平行线得到 π_2 与 xOy 面的交线；过点 M 作 y 轴的平

行线得到 π_2 与 zOy 面的交线. 由此可以适当构作一个平行四边形表示 π_2（见图 8.10）.
而 $\pi_1 : z = 0$，即 xOy 面.

（3）绘制 π_2 与 Σ_1 的交线 $L_1 = \Sigma_1 \cap \pi_2 : \begin{cases} x = y^2, y \geqslant 0 \\ x + z = 3 \end{cases}$.

特别地，从图像上易见交线 L_1 上有特殊点 M 与 N_1.

一般地，

$$\forall P_1 \in L_1 = \Sigma_1 \cap \pi_2 \xleftrightarrow{\text{对应}} \left. \begin{matrix} P_1 \in \text{柱面 } \Sigma_1 \text{ 上的直母线} l_1 (\text{平行于 } z \text{ 轴}) \\ P_1 \in \text{平面 } \pi_2 \text{ 上的直线} l_2 (\text{平行于 } y \text{ 轴}) \end{matrix} \right\} P_1 = l_1 \times l$$

$$\xleftrightarrow{\text{对应}} B = \pi_{l_1 l} \cap x \text{ 轴}$$

注意：截割面 $\pi_{l_1 l} \parallel yOz$ 面.

作点 P_1 的方法：

在 x 轴上点 O 与点 H 之间取参考点 B

$\begin{pmatrix} \text{过点 } B \text{ 作平行于 } y \text{ 轴的直线交 } \Sigma_1 \text{ 的边缘于点 } A_1, \text{过点 } A_1 \text{ 作平行于 } z \text{ 轴的直线即 } l_1; \\ \text{过点 } B \text{ 作平行于 } z \text{ 轴的直线交 } \pi_2 \text{ 的边缘于点 } C, \text{过点 } C \text{ 作平行于 } y \text{ 轴的直线即 } l \end{pmatrix}$

$\Rightarrow$ 画出 $P_1 = l_1 \times l$，变动参考点 B 可以得到更多不同的点 P_1.

同理，绘制 π_2 与 Σ_2 的交线 $L_2 = \Sigma_2 \cap \pi_2 : \begin{cases} x = \dfrac{1}{4} y^2, y \geqslant 0 \\ x + z = 3 \end{cases}$.

特别地，从图像上易见交线 L_2 上有特殊点 M 与 N_2.

一般地，与上面的方法完全类同：画出 $P_2 = l_2 \times l$，变动参考点 B 可以得到更多不同的点 P_2.

（4）用蓝色线条，沿着 l_1（z 轴方向）与 l_2（z 轴方向），以及 l（y 轴方向），分别在对应的抛物柱面上、平面上作直母线纹路，标注出区域部分. 如图 8.10 所示.

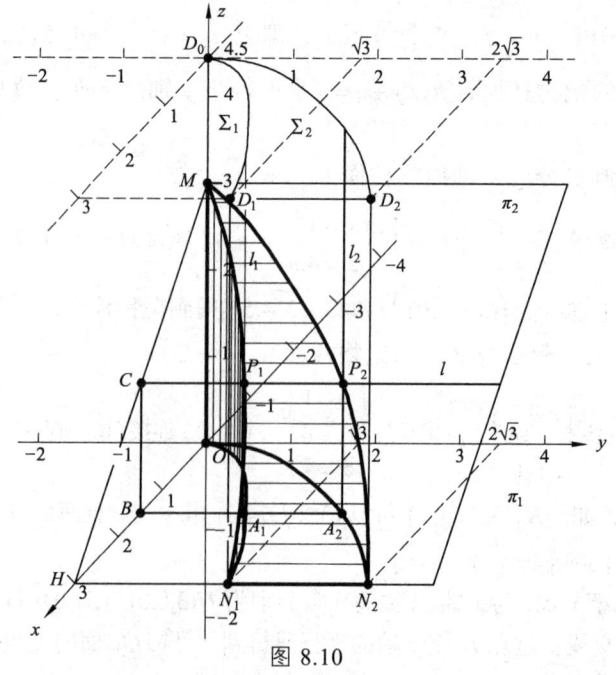

图 8.10

如果你认为该图形绘制得不十分直观,我们在此可以用"保持右手坐标系、转轴变换视角"即 z 轴不动,x 轴与 y 轴绕 z 轴逆时针旋转 90°方法变换一下视角构图,使得绘制的图形更加直观清楚. 绘制方法同上,得到图形 8.11.

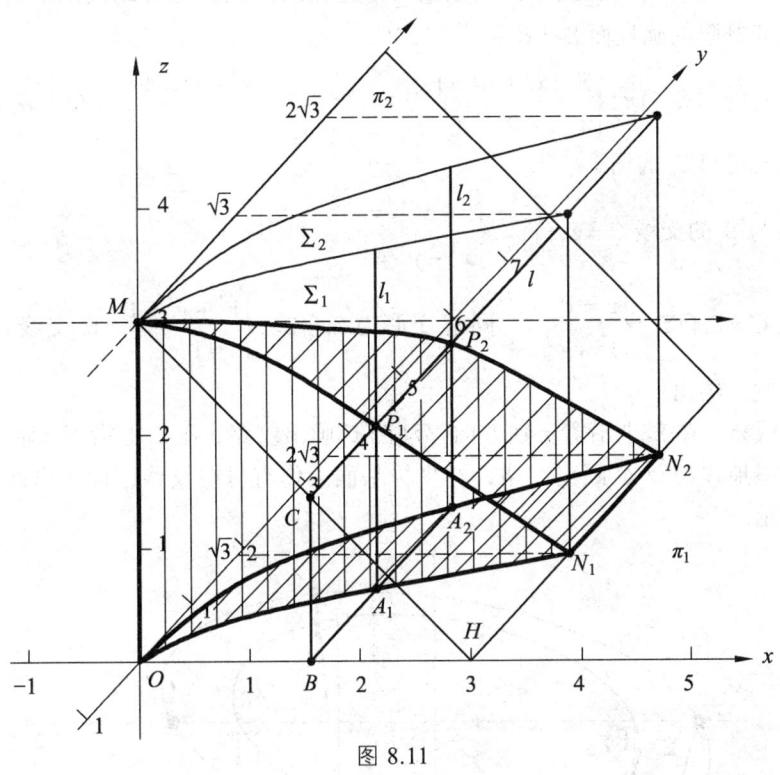

图 8.11

8.4 由"多个曲面、平面、坐标面"构建的区域

注意:方法同前面,用平行于坐标面、或平行于特殊平面(使得截割后为好认识的特殊曲线)截割法去认识区域;标注的纹路时常与交线以及与坐标轴平行. 对不直观的图形,可以用"保持右手坐标系、转轴变视角"方法变换一下视角构图,使得绘制的图形更加直观清楚. 此种情况一般还包含两种情况:其一,曲面之间的交线是平面曲线;其二,曲面之间的交线是一般空间曲线.

1. 在区域中曲面之间的交线是平面曲线 L

例 8.4.1:绘制由 $\Sigma_1 : z = x^2 + y^2$,$\Sigma_2 : x^2 + y^2 = 1$,三个坐标面,在 II 卦限所确定的区域图形.

解答:

(1)区域位置.

在 II 卦限;由于 $\Sigma_1 : z = x^2 + y^2$ 与 $\Sigma_2 : x^2 + y^2 = 1$ 都关于 z 轴对称,故在此易于构作 II 卦限部分、图形在 $z \geq 0$ 的四分之一部分.

(2)先在 II 卦限绘制椭圆抛物面 $\Sigma_1 : z = x^2 + y^2$.

由于画出全部图形比较好画,故采取先画出全部图形再标注 II 卦限部分图形的方法.

绘制截割的椭圆 $\Sigma_1 \cap \pi : \begin{cases} \Sigma_1 : z = x^2 + y^2 \\ \pi : z = 2 \end{cases}$，又椭圆抛物面 Σ_1 的顶点为原点 O，对应连接截割椭圆顶点与 Σ_1 的顶点，得到截割的主抛物线，从而得出 Σ_1 的图形.

再绘制 II 卦限的圆柱面 $\Sigma_2 : x^2 + y^2 = 1$.

绘制截割的圆 $\Sigma_2 \cap \pi : \begin{cases} \Sigma_2 : x^2 + y^2 = 1 \\ \pi : z = 0 \end{cases}$ 与 $\Sigma_2 \cap \pi : \begin{cases} \Sigma_2 : x^2 + y^2 = 1 \\ \pi : z = 2 \end{cases}$，连接对应顶点得到直母线，从而得出 Σ_2 的图形.

（3）绘制 Σ_1 与 Σ_2 的交线 $C = \Sigma_1 \cap \Sigma_2 : \begin{cases} z = x^2 + y^2 \\ x^2 + y^2 = 1 \end{cases}$.

将交线 $C = \Sigma_1 \cap \Sigma_2 : \begin{cases} z = x^2 + y^2 \\ x^2 + y^2 = 1 \end{cases}$ 同解变形为 $\Sigma_1 \cap \Sigma_2 : \begin{cases} x^2 + y^2 = 1 \\ z = 1 \end{cases}$. 即交线是平面 $z = 1$ 上的单位圆，绘出.

（4）用蓝色线条，在 Σ_2 上沿着 z 轴方向移动圆 C 画出纹路，在 Σ_1 上沿着 z 轴方向在主抛物线上相似地移动圆 C 画出纹路，在坐标平面上作直母线纹路，标注出区域部分. 如图 8.12 所示.

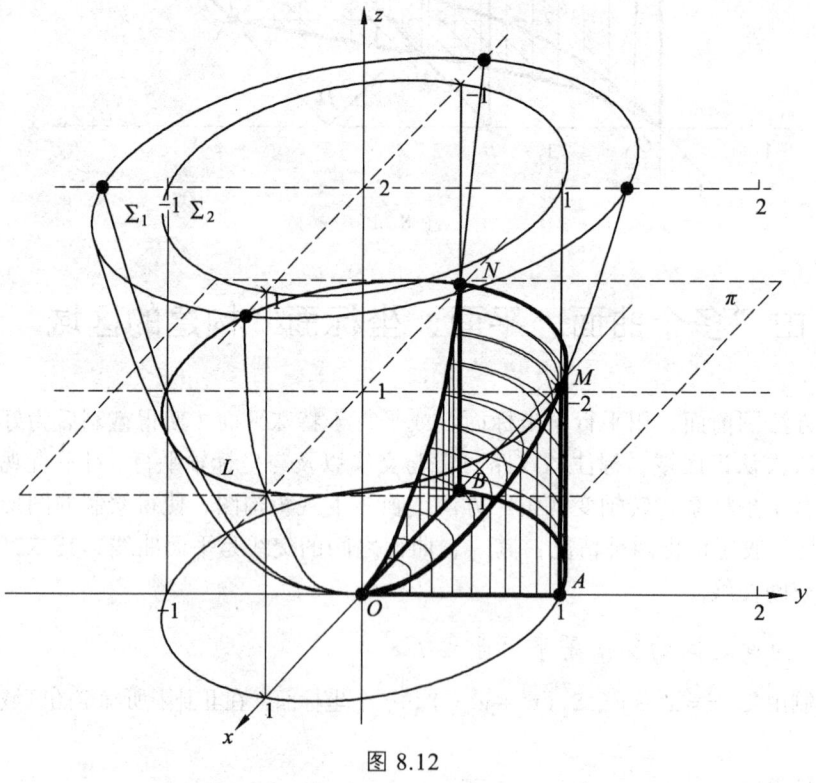

图 8.12

例 8.4.1（II）：绘制由 $\Sigma_1 : z = \sqrt{1 - x^2 - y^2}$，$\Sigma_2 = x^2 + y^2 = 2z$ 所围成的区域图形.

解答：

（1）区域位置.

由于 $\Sigma_1 : z = \sqrt{1 - x^2 - y^2}$，即 $\Sigma_1 : x^2 + y^2 + z^2 = 1$ 并且 $z \geq 0$，是球心在原点的上半单位球面，

$\Sigma_2: x^2+y^2=2z$ 是顶点在原点的椭圆抛物面,所以两者封闭的区域在 $z\geqslant 0$ 处(在 I, II, III, IV).

(2) 先在 $z\geqslant 0$ 处绘制上半单位球面 $\Sigma_1: z=\sqrt{1-x^2-y^2}$.

绘制被 xOy 面截割的单位圆 $\Sigma_1\cap\pi:\begin{cases}\Sigma_1:x^2+y^2+z^2=1\\ \pi:z=0\end{cases}$,即 $\begin{cases}x^2+y^2=1\\ z=0\end{cases}$,又该部分有球面 Σ_1 的顶点 $O'(0,0,1)$,对应连接截割单位圆顶点与 Σ_1 的顶点得到截割的主截割线(两个半圆),从而得出 Σ_1 在 $z\geqslant 0$ 处的图形(见图 8.13).

再绘制在 $z\geqslant 0$ 处的椭圆抛物面 $\Sigma_2: x^2+y^2=2z$.

适当选取截割面 $\pi:z=h>1$(比如取 $h=2$)去截割 Σ_2,绘制截割的椭圆 $\Sigma_2\cap\pi:\begin{cases}\Sigma_2:x^2+y^2=2z\\ \pi:z=2\end{cases}$,即 $\begin{cases}x^2+y^2=2^2\\ z=2\end{cases}$;又椭圆抛物面 Σ_2 的顶点为原点 O,对应连接截割椭圆顶点与 Σ_2 的顶点 O 得到截割的主截线(两条抛物线),从而得出 Σ_2 的图形.

但要注意,标注出以上用 xOz 面截割 Σ_1 与 Σ_2 的主截割线交点 A,C;标注出用 yOz 面截割 Σ_1 与 Σ_2 的主截割线交点 B,D(见图 8.13).

(3) 绘制 Σ_1 与 Σ_2 的交线 $C=\Sigma_1\cap\Sigma_2:\begin{cases}x^2+y^2+z^2=1,z\geqslant 0\\ x^2+y^2=2z\end{cases}$.

将交线 $C=\Sigma_1\cap\Sigma_2:\begin{cases}x^2+y^2+z^2=1,z\geqslant 0\\ x^2+y^2=2z\end{cases}$ 同解变形为 $\Sigma_1\cap\Sigma_2:\begin{cases}x^2+y^2=2(\sqrt{2}-1)\\ z=\sqrt{2}-1\end{cases}$,即交线是平面 $z=\sqrt{2}-1$ 上的半径为 $\sqrt{2(\sqrt{2}-1)}$ 的圆,易见顶点正好是 A,B,C,D,绘出圆(见图 8.13).

(4) 用蓝色线条,标注出 Σ_1 与 Σ_2 在该部分的主截割线,以及它们的交线,以凸显区域部分. 如图 8.13 所示.

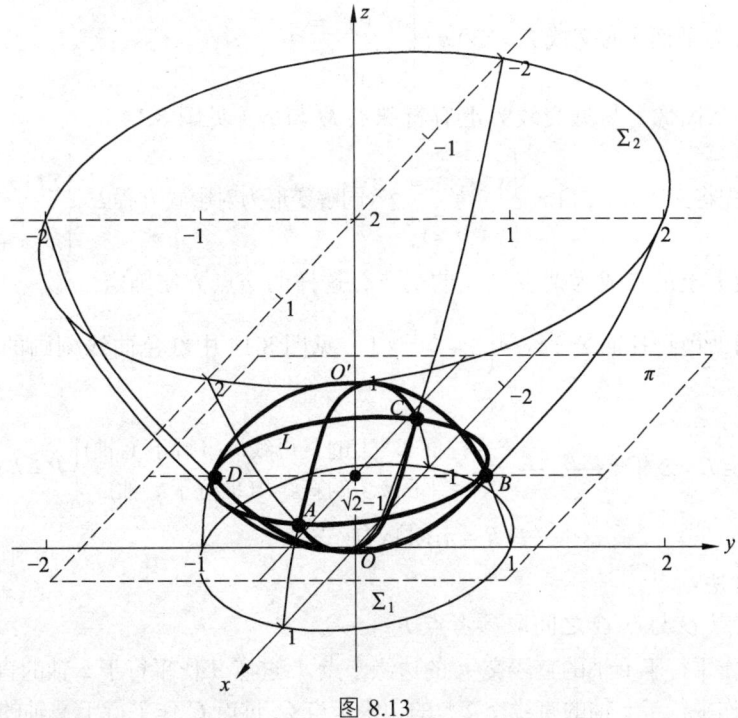

图 8.13

2. 在区域中曲面之间的交线是一般空间曲线 L

例 8.4.1（Ⅲ）：绘制由 $\Sigma: x^2 + y^2 = \dfrac{1}{2}z$，$\pi: x + y = 1$，与三个坐标面在Ⅰ卦限所围成的区域图形.

解答：

（1）区域位置.

在Ⅰ卦限；由于椭圆抛物面 $\Sigma: x^2 + y^2 = \dfrac{1}{2}z$ 关于 z 轴对称，故画出整体能衬托出Ⅰ卦限部分图形的形状，标注出Ⅰ卦限部分（四分之一部分）；关注 $\pi: x + y = 1$ 在Ⅰ卦限部分的图形.

（2）先绘制椭圆抛物面 $\Sigma: x^2 + y^2 = \dfrac{1}{2}z$.

绘制截割的椭圆 $\Sigma_2 \bigcap \pi^*: \begin{cases} \Sigma: x^2 + y^2 = \dfrac{1}{2}z \\ \pi^*: z = 2 \end{cases}$，即 $\begin{cases} x^2 + y^2 = 1 \\ z = 2 \end{cases}$，又椭圆抛物面 Σ 的顶点为原点 O，对应连接截割椭圆顶点与 Σ 的顶点 O 得到截割的主抛物线，从而得出 Σ 的图形（见图 8.14）.

再绘制Ⅰ卦限的平面 $\pi: x + y = 1$.

计算出平面 π 与 x 轴、y 轴的交点分别为 $Q(1,0,0)$ 与 $R(0,0,1)$，连接 Q 与 R 得到平面 π 与 xOy 面的交线. 由于平面 π 与 z 轴平行，所以过点 Q 作 z 轴的平行线得到平面 π 与 xOz 面的交线，并且延长可以与椭圆抛物面 Σ 的一条主抛物线相交于点 M；过点 R 作 z 轴的平行线得到平面 π 与 yOz 面的交线，并且延长可以与椭圆抛物面 Σ 的另一条主抛物线相交于点 N；连接 M 与 N，得到平行四边形表示该平面 π（见图 8.14）.

（3）先绘制 Σ 与平面 π 的交线 $L = \Sigma \bigcap \pi: \begin{cases} x^2 + y^2 = \dfrac{1}{2}z \\ x + y = 1 \end{cases}$.

特别地，从图像上易见交线 L 上有特殊点 M 与 N（见图 8.14）.

一般地，先将交线 $L = \Sigma \bigcap \pi: \begin{cases} x^2 + y^2 = \dfrac{1}{2}z \\ x + y = 1 \end{cases}$ 同解变形为射影式方程 $L: \begin{cases} \Sigma^*: z = 4\left(x - \dfrac{1}{2}\right)^2 + 1 \\ \pi: x + y = 1 \end{cases}$，

绘制交线 L 上的点成为两直母线的交点，这样的交点方便确定.

再绘制辅助抛物柱面 $\Sigma^*: z = 4\left(x - \dfrac{1}{2}\right)^2 + 1$，见图 8.14 中红色曲线刻画的部分.

绘制交点：

$$\forall P \in L = \Sigma^* \bigcap \pi \xleftrightarrow{\text{对应}} \left.\begin{array}{l} P \in \text{柱面 } \Sigma^* \text{ 上的直母线} l_1 (\text{平行于 } y \text{ 轴}) \\ P \in \text{平面 } \pi \text{ 上的直线} l_2 (\text{平行于 } z \text{ 轴}) \end{array}\right\} P = l_1 \times l_2$$

$$\xleftrightarrow{\text{对应}} B = \pi_{l_1 l_2} \bigcap x \text{ 轴}$$

作点 P 的方法：

在 x 轴上点 O 与点 Q 之间取参考点 B

$\begin{pmatrix} \text{过点 } B \text{ 作平行于 } y \text{ 轴的直线交 } \pi \text{ 的边缘于点 } A, \text{过点 } A \text{ 作平行于 } z \text{ 轴的直线即 } l_2; \\ \text{过点 } B \text{ 作平行于 } z \text{ 轴的直线交 } \Sigma^* \text{ 的边缘于点 } C, \text{过点 } C \text{ 作平行于 } y \text{ 轴的直线即 } l_1 \end{pmatrix}$

⇒ 画出 $P = l_1 \times l_2$，变动参考点 B 可以得到更多不同的点 P.

连接特殊点 M 与 N，以及众多点 $P(M \to P \to N)$，得到交线 L.

（4）用蓝色线条，标注出 Σ 与平面 π 在该部分的主截割线，以及它们的交线，在区域的各平面上绘制与坐标轴平行的纹路，以凸显区域部分. 如图 8.14 所示.

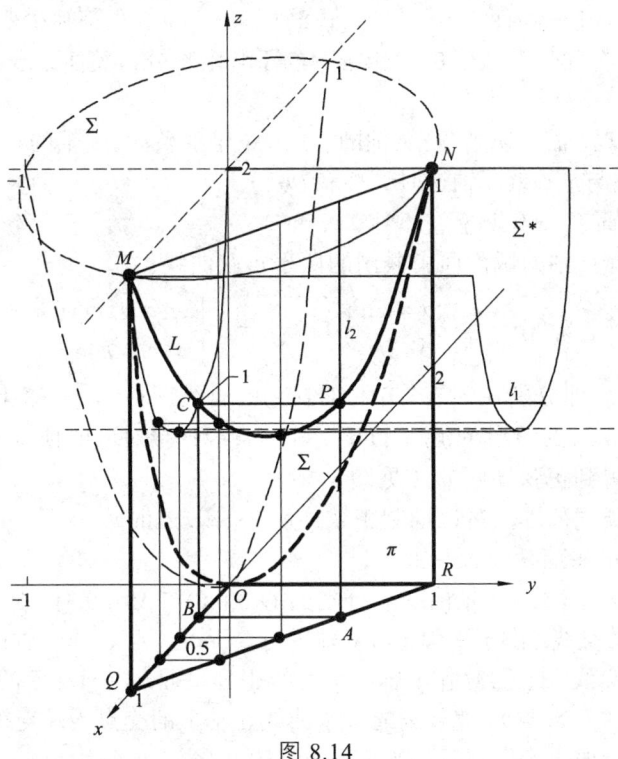

图 8.14

其结果如图 8.15 所示.

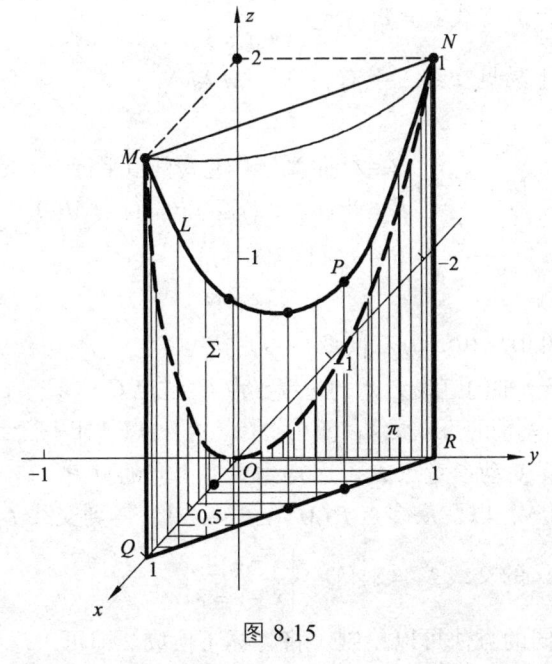

图 8.15

例 8.4.1（Ⅳ）：绘制由 $\Sigma_1: x = \sin y$，$\Sigma_2: x = 2\sin y$，$0 \leq y \leq \pi$，$\pi: x+z=3$ 以及 Oxy 坐标面在 Ⅰ 卦限部分所围成的区域图形.

解答：

（1）区域位置.

在 Ⅰ 卦限；由于正弦柱面 $\Sigma_1: x=\sin y$ 与 $\Sigma_2: x=2\sin y$ 方程都缺少变量 z，易见，母线都平行于 z 轴，在此只需画出 $0 \leq y \leq \pi$ 中的 Ⅰ 卦限部分；关注 $\pi: x+z=3$ 在 Ⅰ 卦限部分的图形.

为了使图形直观，需变换视角：x 轴的正向 $\to y$ 轴的负向，y 轴的正向 $\to x$ 轴的正向（即 z 轴不动，x 轴与 y 轴绕 z 轴逆时针旋转 $90°$）.

（2）先绘制正弦柱面 $\Sigma_1: x=\sin y$.

绘制用垂直于 z 轴的截割面去截割的两条正弦曲线：

$$\Sigma_1 \cap \pi_1: \begin{cases} \Sigma_1: x=\sin y \\ \pi_1: z=0 \end{cases} \quad \text{与} \quad \Sigma_1 \cap \pi_2: \begin{cases} \Sigma_1: x=\sin y \\ \pi_2: z=h \geq 3 \end{cases}$$

在此取 $h=3$，即分别在 $\pi_1: z=0$ 上绘制正弦曲线，在 $\pi_2: z=3$ 上绘制正弦曲线（半个周期 $0 \leq y \leq \pi$ 的图形）；用平行于 z 轴的直线连接对应的顶点，连接曲线与轴相交的对应点，得到正弦柱面 Σ_1（见图 8.16）.

用与上完全类同的方法可以绘制正弦柱面 $\Sigma_2: x=2\sin y$.

再绘制 Ⅰ 卦限的平面 $\pi: x+z=3$.

计算出平面 π 与 x 轴、z 轴的交点分别为 $Q(3,0,0)$ 与 $M(0,0,3)$，连接 Q 与 M 得到平面 π 与 xOz 面的交线. 由于平面 π 与 y 轴平行，所以过点 Q 作 y 轴的平行线得到平面 π 与 xOy 面的交线；过点 M 作 y 轴的平行线得到平面 π 与 yOz 面的交线，并且延长可以通过正弦柱面 Σ_1 与 Σ_2 被截割的正弦曲线在轴上的交点 N，交线为 M 与 N 的连线，从而构作平行四边形以表示该平面 π（见图 8.16）.

（3）先绘制平面 π 与 Σ_1 的交线 $L_1 = \Sigma_1 \cap \pi: \begin{cases} x=\sin y \\ x+y=3 \end{cases}$

特别地，从图像上易见交线 L 上有特殊点 M 与 N.

一般地，

$$\forall P_1 \in L_1 = \Sigma_1 \cap \pi \xleftrightarrow{\text{对应}} \left.\begin{array}{l} P_1 \in \text{柱面 } \Sigma_1 \text{ 上的直母线 } l_1(\text{平行于 } z \text{ 轴}) \\ P_1 \in \text{平面 } \pi \text{ 上的直线 } l(\text{平行于 } MQ) \end{array}\right\} P_1 = l_1 \times l$$

$$\xleftrightarrow{\text{对应}} B = \pi_{l_1 l} \cap y \text{ 轴}$$

作点 P 的方法：

在 y 轴上点 $O(0,0,0)$ 与 $(0,\pi,0)$ 之间取参考点 B

$\left(\begin{array}{l} \text{过点 } B \text{ 作平行于 } z \text{ 轴的直线交 } \pi \text{ 的边缘于点 } C, \text{过点 } C \text{ 作平行于 } MQ \text{ 的直线即 } l \\ \text{过点 } B \text{ 作平行于 } x \text{ 轴的直线交 } \Sigma_1 \text{ 的边缘于点 } A_1, \text{过点 } A_1 \text{ 作平行于 } z \text{ 轴的直线即 } l_1 \end{array}\right)$

$\Rightarrow$ 画出 $P = l \times l_1$，变动参考点 B 可以得到更多不同的点 P_1.

连接特殊点 M 与 N，以及众多点 $P_1(M \to P_1 \to N)$，得到交线 L_1.

再绘制平面 π 与 Σ_2 的交线 $L_2 = \Sigma_2 \cap \pi: \begin{cases} x=2\sin y \\ x+y=3 \end{cases}$

用与上面完全相同的方法可以绘制（将脚标 1 换成 2 即可）.

（4）用蓝色线条，标注出 Σ_1 与 Σ_2、平面 π 在该部分的主截割线，以及它们的交线，在区域的各面上绘制与坐标轴平行的纹路，或与 MQ 平行的纹路，以凸显区域部分. 如图 8.16 所示.

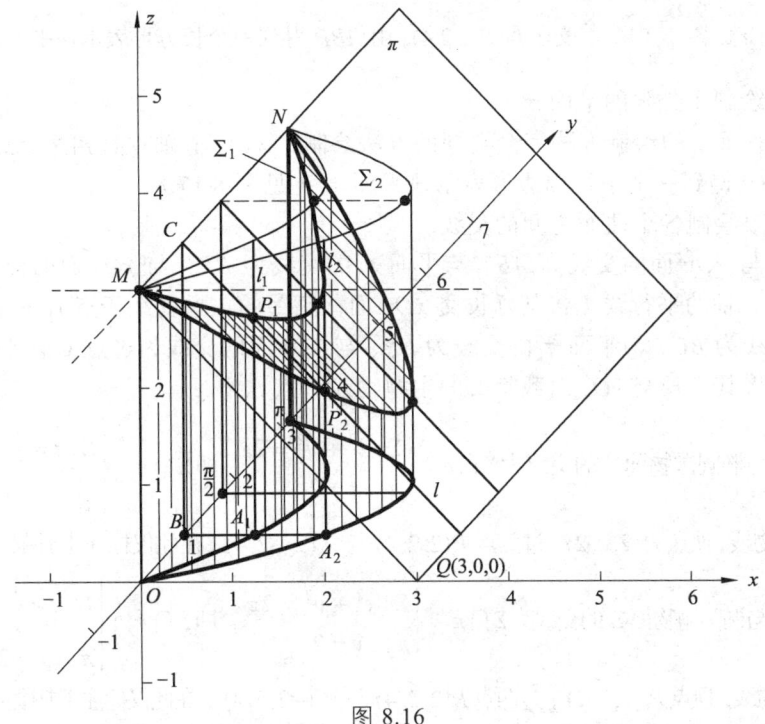

图 8.16

思考 11：为了使图形直观，按如下方式变换视角：z 轴不动，x 轴与 y 轴绕 z 轴逆（顺）时针旋转（非 90°）其他度数（90°×($\pm n$)），请你选出较好的视角，作出图形.

例 8.4.1（Ⅴ）：绘制由 $\pi_1: x=2$，$\pi_2: y=2$，$\pi_3: z=0$，$\Sigma: x^2+y^2=2z$ 在 I 卦限部分所围成的区域图形.

解答：

（1）区域位置.

在 I 卦限；由于椭圆抛物面 $\Sigma: x^2+y^2=2z$ 关于 z 轴对称，故在此画出整体能衬托 I 卦限部分图形的形状，标注出 I 卦限部分（四分之一部分）；关注平面 π_1, π_2, π_3 在 I 卦限部分的图形.

（2）首先，绘制椭圆抛物面 $\Sigma: x^2+y^2=2z$.

绘制用平面 π^* 截割 Σ 的圆 $\Sigma \cap \pi^*$：$\begin{cases} \Sigma: x^2+y^2=2z \\ \pi^*: z=h \geq 4 \end{cases}$. 比如，在此取 $h=4$，有 $\Sigma \cap \pi^*$：$\begin{cases} \Sigma: x^2+y^2=8 \\ z=4 \end{cases}$，即在平面 $\pi^*: z=4$ 上绘制圆 $x^2+y^2=(\sqrt{8})^2$. 又椭圆抛物面 Σ 的顶点为原点 O，对应连接截割圆的顶点与 Σ 的顶点得到截割的主抛物线，从而得出 Σ 的图形（见图 8.17）.

其次，绘制 I 卦限的平面 $\pi_1: x=2$.

可知，平面 π_1 平行于 yOz 面，与 x 轴垂直相交于点 $A(2,0,0)$. 由于平面 π_1 与 z 轴平行，所以过点 A 作 z 轴的平行线得到平面 π_1 与 xOz 面的交线，将其延长可以与椭圆抛物面 Σ 的一条主抛物线相交于点 P_1；过点 A 作 y 轴的平行线得到平面 π_1 与 xOy 面的交线，将其延长可以

与直线 $\pi_2 \cap xOy$ 面：$\begin{cases} y = 2 \\ z = 0 \end{cases}$ 交于点 $B(2,2,0)$；过点 B 作 z 轴的平行线与椭圆抛物面 Σ 的截割

圆 $\Sigma \cap \pi^*$：$\begin{cases} x^2 + y^2 = 8 \\ z = 4 \end{cases}$ 交于点 $P(2,2,4)$，由 ABP 得到一个长方形表示该平面 π_1（见图 8.17）．

最后，绘制 I 卦限的平面 $\pi_2 : y = 2$．

用与平面 π_1 的绘制方法完全类同的方法绘制，π_2 与 y 轴垂直相交于点 $C(0,2,0)$，通过 CBP 得到一个平行四边形表示该平面 π_2（见图 8.17）．

（3）在 I 卦限绘制各个曲面之间的交线．

平面 π_1 与 xOy 面的交线为 AB、与平面 π_2 的交线为 BP、与 xOz 面的交线为过点 A 作平行于 z 轴的平行线（将其延长交 xOz 面截割 Σ 的主抛物线于点 P_1）；平面 π_2 与 xOy 面的交线为 BC、与平面 π_1 的交线为 BP、与 yOz 面的交线为过点 C 作平行于 z 轴的平行线（将其延长交 yOz 面截割 Σ 的主抛物线于点 P_2）．

平面 π_1 与椭圆抛物面 Σ 的交线为 $\Sigma \cap \pi_1$：$\begin{cases} \Sigma : x^2 + y^2 = 2z \\ \pi_1 : x = 2 \end{cases}$，即 $\Sigma \cap \pi_1$：$\begin{cases} \Sigma : z = \dfrac{1}{2}y^2 + 2 \\ \pi_1 : x = 2 \end{cases}$ 为平面 π_1

上的抛物线，顶点 $P_1(2,0,2)$，过两点 $P(2,2,4)$ 与 $P'(2,-2,4)$，在此仅标注 I 卦限部分（见图 8.17）．

平面 π_2 与椭圆抛物面 Σ 的交线为 $\Sigma \cap \pi_2$：$\begin{cases} \Sigma : x^2 + y^2 = 2z \\ \pi_2 : y = 2 \end{cases}$，即 $\Sigma \cap \pi_2$：$\begin{cases} \Sigma : z = \dfrac{1}{2}x^2 + 2 \\ \pi_2 : y = 2 \end{cases}$ 为平面 π_2

上的抛物线，顶点 $P_2(0,2,2)$，过两点 $P(2,2,4)$ 与 $P''(-2,2,4)$，在此仅标注 I 卦限部分（见图 8.17）．

（4）用蓝色线条，标注出 Σ 在 I 卦限部分的主截割线，Σ 与平面 π_1，π_2 在该部分的交线，π_1 与 π_2 以及与坐标面在该部分的交线，以凸显区域部分．如图 8.17 所示．

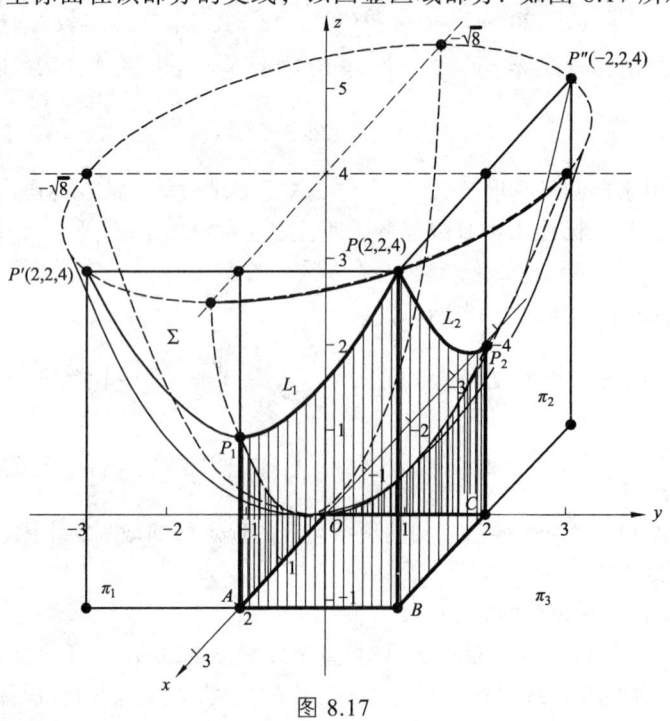

图 8.17

例 8.4.1（Ⅵ）：绘制由 $\Sigma_1 : x = \sqrt{y - z^2}$，$\Sigma_2 : \frac{1}{2}\sqrt{y} = x$，$\pi : y = 1$ 所围成的区域图形.

解答：

（1）区域位置.

由于 $\Sigma_1 : x = \sqrt{y - z^2}$，即 $\Sigma_1 : x^2 + z^2 = y$ 并且 $x \geq 0$，所以，Σ_1 是开口向 y 轴正向的、关于 y 轴对称的椭圆抛物面，并且在 Ⅰ，Ⅴ 卦限部分，因此，画出整体图形能衬托出 Ⅰ，Ⅴ 卦限部分的形状，标注出 Ⅰ，Ⅴ 卦限部分. 由于 $\Sigma_2 : \frac{1}{2}\sqrt{y} = x$，即 $\Sigma_2 : y = 4x^2$ 并且 $x \geq 0$，所以，Σ_2 是开口向 y 轴正向的、关于 y 轴对称的、母线平行于 z 轴的抛物柱面，并且也在 Ⅰ，Ⅴ 卦限部分. 平面 $\pi : y = 1$ 达到了对这个区域进行封口的作用. 整个区域在 Ⅰ，Ⅴ 卦限处.

（2）首先，绘制椭圆抛物面 $\Sigma_1 : x^2 + z^2 = y$ 并且 $x \geq 0$.

用平面 $\pi : y = 1$ 去截割 Σ_1 得到圆 $\Sigma_1 \cap \pi : \begin{cases} \Sigma : x^2 + z^2 = 1 \\ \pi : y = 1 \end{cases}$. 在 $\pi : y = 1$ 上绘制该截割圆，椭圆抛物面 Σ_1 的顶点为原点 O，对应连接由截割圆顶点与 Σ_1 的顶点得到截割的主抛物线，从而得出 Σ_1 的图形（见图 8.18）.

其次，绘制抛物柱面 $\Sigma_2 : y = 4x^2$ 并且 $x \geq 0$.

绘制用平面 $\pi^* : z = h$ 去截割 Σ_2 的截割抛物线 $\Sigma_2 \cap \pi^* : \begin{cases} y = 4x^2 \\ z = h \end{cases}$. 取 $\pi^* : z = -1.8, 0, 1.8$，得到三个平面 π^* 上的三条抛物线，连接对应顶点以及在 $y = 1$ 下的 $\left(\pm\frac{1}{2}, 1, h\right)$ 两组点（取"+""−"各一组），得到平行于 z 轴的直母线，从而可以刻画 Σ_2 的图形（其中 $C_0\left(\frac{1}{2}, 1, 0\right)$）（见图 8.18）.

最后，用平面 $\pi : y = 1$ 去封口.

由于 $\pi : y = 1$ 平行于 xOz 面，平面 π 与 y 轴的交点为 $(0, 1, 0)$，故过该点作平行于 x 轴的直线，就为平面 π 与 xOy 面的交线；将其延长与 Σ_1 的截割圆 $\Sigma_1 \cap \pi : \begin{cases} \Sigma : x^2 + z^2 = 1 \\ \pi : y = 1 \end{cases}$ 交于点 $A_0(1, 1, 1)$、$A_0'(-1, 1, 0)$，与 Σ_2 的直母线交于点 $C_0\left(\frac{1}{2}, 1, 0\right)$ 与 C_0'；分别过点 A_0, A_0' 作平行于 z 轴的直线段，可以适当构作一个平行四边形表示平面 π（见图 8.18）.

在平面 π 上过点 C_0 作平行于 z 轴的直线就是抛物柱面 Σ_2 的一条直母线，并且与 Σ_1 的截割圆 $\Sigma_1 \cap \pi : \begin{cases} \Sigma : x^2 + z^2 = 1 \\ \pi : y = 1 \end{cases}$ 交于点 P_0 与 Q_0.

（3）绘制 Σ_1 与 Σ_2 的交线.

方法 1：直接平面截割法：研究交线 $L = \Sigma_1 \cap \Sigma_2 : \begin{cases} x = \sqrt{y - z^2} \\ \frac{1}{2}\sqrt{y} = x \end{cases}$，即 $\begin{cases} x^2 + z^2 = y \\ y = 4x^2 \end{cases}$，其中 $x > 0, y > 0$ 上的点 P.

先用截割面 $\pi : y = t, 0 \leq t \leq 1$，去截割 Σ_1 绘制出圆 $l_1 : \begin{cases} x^2 + z^2 = (\sqrt{t})^2 \\ y = t \end{cases}$.

在 y 轴上点 O 与点 $(0,1,0)$ 之间取参考点 B，过点 B 作平行于 x 轴、z 轴的直线与 Σ_1 的主抛物线相交于四个点 A, A', A_1, A_2，以它们为顶点，可以绘制出截割圆为 l_1。

再用截割面 $\pi: y = t$ 去截割 Σ_2 绘制出直线 $l_2: \begin{cases} \frac{1}{2}\sqrt{y} = x \\ y = t \end{cases}$。

过点 B 作平行于 x 轴的直线与 Σ_2 的主抛物线相交于点 C，过点 C 作平行于 z 轴的直线为 Σ_2 的直母线 l_2。

最后得到交线 L 上的点 $l_1 \cap l_2 = P, Q$。连接 P_0, P, O, Q, Q_0，得到 Σ_1 与 Σ_2 的交线（见图 8.18）。

（4）用蓝色线条，标注出 Σ_1 与 Σ_2 交线、Σ_1 与 Oxy 交线、Σ_2 与 Oxy 交线，以及 π 与 Σ_1 和 Σ_2 的交线、适当的纹路，以凸显区域部分。如图 8.18 所示。

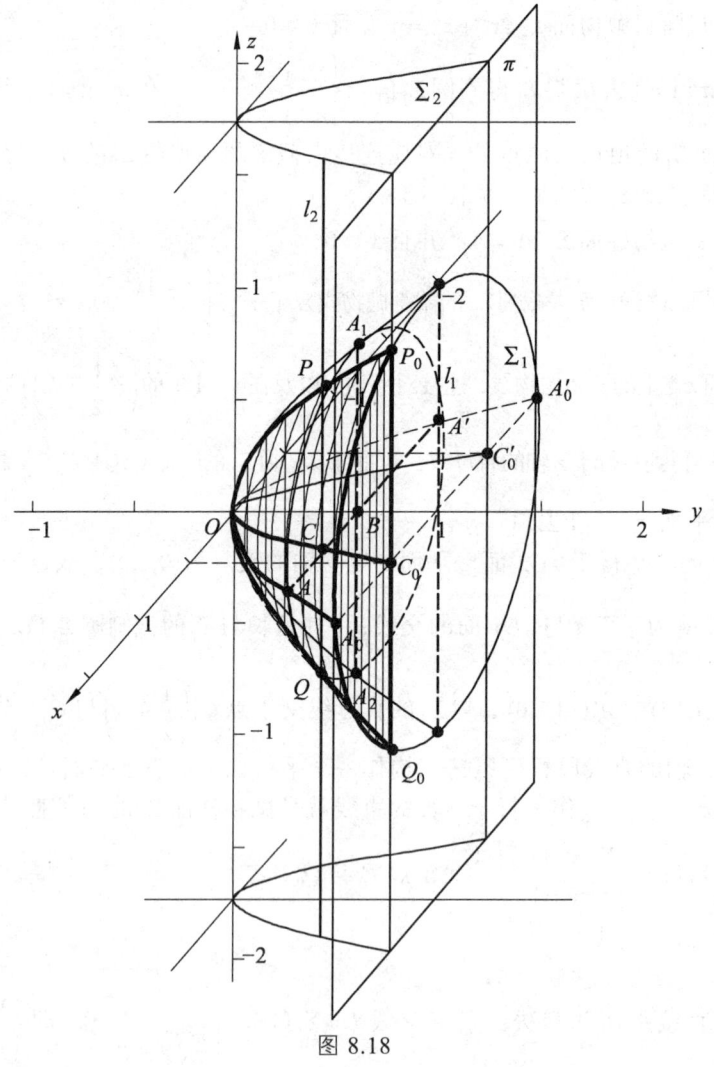

图 8.18

（3）*绘制 Σ_1 与 Σ_2 的交线。

方法 2：间接平面截割法：研究交线 $L = \Sigma_1 \cap \Sigma_2 : \begin{cases} x = \sqrt{y - z^2} \\ \frac{1}{2}\sqrt{y} = x \end{cases}$，即 $\begin{cases} x^2 + z^2 = y \\ y = 4x^2 \end{cases}$，其中

$x>0, y>0$ 上的点 P.

将交线 $L = \Sigma_1 \cap \Sigma_2 : \begin{cases} x = \sqrt{y-z^2} \\ \frac{1}{2}\sqrt{y} = x \end{cases}$ 同解变形为：$L : \begin{cases} \pi_{1,2} : z = \pm\sqrt{3}x \\ \Sigma_2 : y = 4x^2 \end{cases}$，其中 $x>0, y>0$ 上的点

P，去研究之. 其中：$\pi_1 : z = \sqrt{3}x$，$\pi_2 : z = -\sqrt{3}x$.

选参考点 B，即用截割面 $\pi^* : y = t$ 去截割 Σ_2、截割 π_1、截割 π_2 分别得到直母线 l_2, h_1, h_2. 得到交点 $P_1 = l_2 \times h_1$，$P_2 = l_2 \times h_2$. 连接 P_0, P_1, O, P_2, Q_0 得到 Σ_1 与 Σ_2 的交线.

（4）*用蓝色线条，标注出 Σ_1 与 Σ_2 交线、Σ_1 与 Oxy 交线、Σ_1 与 π 交线，以及 Σ_2 与 Oxy 交线、Σ_2 与 π 交线、适当的纹路，以凸显区域部分. 如图 8.19 所示.

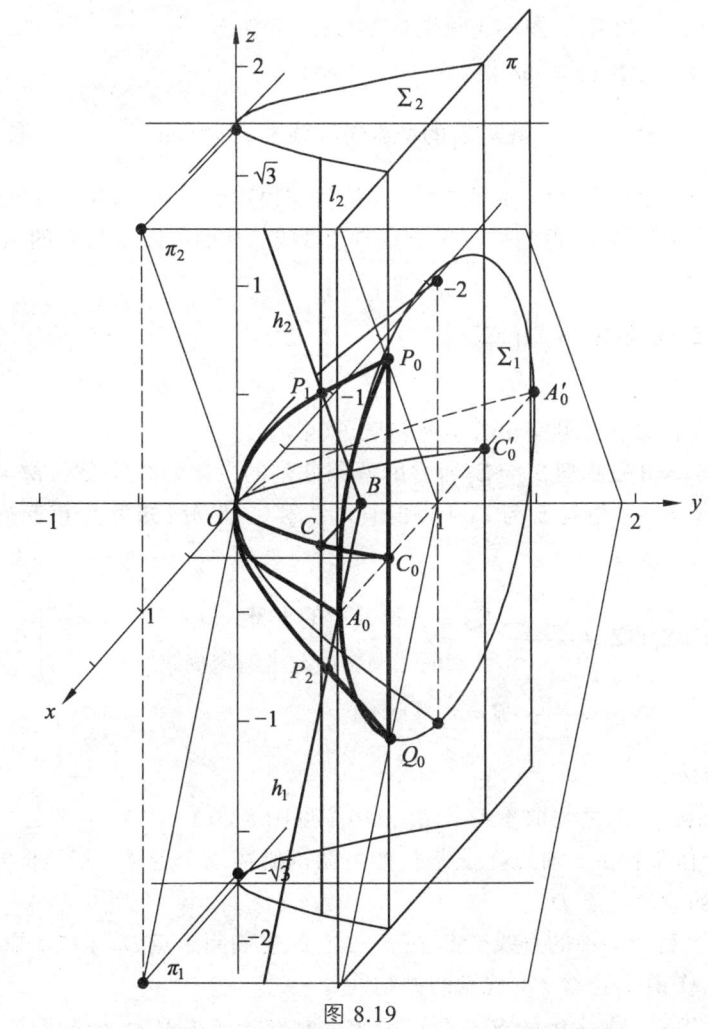

图 8.19

例 8.4.1（Ⅶ）：绘制由 $\Sigma_1 : z = 1 - x^2$，$\Sigma_2 : x^2 + y^2 = \frac{1}{2}z$ 所围成的区域图形.

解答：

（1）区域位置.

由于 $\Sigma_1 : z = -x^2 + 1$ 是开口向 z 轴负向的、$z \leq 1$ 的、母线平行于 y 轴的、关于 yOz 面对

称的抛物柱面，$\Sigma_2: x^2+y^2=\dfrac{1}{2}z$ 是开口向 z 轴正向的、$z \geqslant 0$ 的、关于 z 轴对称的椭圆抛物面，加上 $0 \leqslant z \leqslant 1$ 的限制，其区域分布在 Ⅰ，Ⅱ，Ⅲ，Ⅳ 卦限，且由开口向上的椭圆抛物面 Σ_2 和开口向下的抛物柱面 Σ_1 所围成的区域.

（2）先绘制椭圆抛物面 $\Sigma_2: x^2+y^2=\dfrac{1}{2}z$.

用平面 $\pi^*: z=2$ 去截割 Σ_2，绘制截割圆 $\Sigma_1 \cap \pi^*: \begin{cases} \Sigma: x^2+y^2=\dfrac{1}{2}z \\ \pi^*: z=2 \end{cases}$，即 $\begin{cases} \Sigma: x^2+y^2=1 \\ z=2 \end{cases}$；

又椭圆抛物面 Σ_2 的顶点为原点 O，对应连接截割圆顶点与 Σ_2 的顶点得到截割的主抛物线，从而得出 Σ_2 的图形（见图 8.20）.

再绘制抛物柱面 $\Sigma_1: z=-x^2+1$.

绘制用平面 $\pi^*: y=h$ 去截割 Σ_1 的截割抛物线 $\Sigma_1 \cap \pi^*: \begin{cases} z=-x^2+1 \\ y=h \end{cases}$. 取 $\pi^*: y=-2,0,2$，

得到三个平面 π^* 上的三条抛物线，连接对应顶点以及在 $z=0$ 下的 $(\pm 1, h, 0)$ 两组点（取 "+" "-" 各一组），得到平行于 y 轴的直母线，从而可以刻画 Σ_1 的图形（见图 8.20）.

（3）绘制 Σ_1 与 Σ_2 的交线 $L = \Sigma_1 \cap \Sigma_2: \begin{cases} x^2+y^2=\dfrac{1}{2}z \\ z=-x^2+1 \end{cases}$.

特别地，从图像上易见交线 L 上有特殊的四个点：
用平面 $\pi^*: y=0$ 去截割 Σ_1 与 Σ_2 所得的两条截割的主抛物线的交点 M 与 N；
用 yOz 面 $x=0$ 去截割 Σ_1 与 Σ_2 所得的直母线和主抛物线的交点 W 与 H（见图 8.20）.
一般地，

$$\forall P_{1,2} \in L = \Sigma_1 \cap \Sigma_2 \xleftrightarrow{\text{对应}} \left. \begin{aligned} & P_{1,2} \in \text{柱面 } \Sigma_1 \text{ 上的直母线} l_1 (\text{平行于 } y \text{ 轴}) \\ & P_{1,2} \in \text{椭圆抛物面} \Sigma_2 \text{ 上的抛物线} l_2 (x=t \text{ 上}) \end{aligned} \right\} P_{1,2} = l_1 \times l_2$$

$$\xleftrightarrow{\text{对应}} B = \pi_{l_1 l_2} \cap x \text{ 轴}$$

作点 $P_{1,2}$ 的方法：

在 x 轴上 $t_1 \leqslant t \leqslant t_2$ 之间取参考点 $B(t,0,0)$（见图 8.20）.

$\Rightarrow$ 过点 B 作平行于 z 轴的直线交 Σ_2 的主截割抛物线于点 A，其延长线交 Σ_2 在 $z=2$ 上的主椭圆的直径上点 D；

过点 D 作平行于 y 轴的直线交 Σ_2 在 $z=2$ 上的主椭圆于点 D_1 与 D_2，以点 A 为顶点，过点 D_1 与 D_2 作出 Σ_2 上被 $\pi_{l_1 l_2}$ 截割的抛物线 l_2

$\Rightarrow$ 过点 B 作平行于 z 轴的直线交 Σ_1 的主截割抛物线于点 C，过点 C 作平行于 y 轴的直线，即 Σ_1 的一条直母线 l_1；

$\Rightarrow$ 画出 $P_{1,2} = l_1 \times l_2$，变动参考点 B 可以得到更多不同的点 $P_{1,2}$.

连接特殊点 H, N, W, P_1, M, P_2, H，以及众多点 $P_{1,2}$，得到交线 L.

（4）用蓝色线条，标注出 Σ_1 与 Σ_2 在该部分的主截割线，以及它们的交线，以凸显区域部分.

方法 I：直接平面截割法：研究交线 $L = \Sigma_1 \cap \Sigma_2 : \begin{cases} z = 1 - x^2 \\ x^2 + y^2 = \dfrac{1}{2} z \end{cases}$ 上的点 P. 这里是直接采取

平行于 yOz 坐标面的平面 $\pi : x = t$，$t_2 = -\dfrac{1}{\sqrt{3}} \leqslant t \leqslant \dfrac{1}{\sqrt{3}} = t_1$ 去截割 Σ_1 与 Σ_2，研究

交线 L 的.

用平面 $\pi : x = t$ 截割 Σ_1 与 Σ_2 分别得到：

$$\text{直母线 } l_1 = \pi \cap \Sigma_1 : \begin{cases} x = t \cdots \text{过} B \text{点截割} \\ z = 1 - t^2 \end{cases},$$

$$\text{抛物线 } l_2 = \pi \cap \Sigma_2 : \begin{cases} x = t \cdots\cdots \text{过} B \text{点截割} \\ z = 2y^2 + 2t^2 \cdots \text{与主截线相似} \end{cases},$$

得到点 $P_i = l_1 \cap l_2$.

由方法 I 得到该图形，如图 8.20 所示.

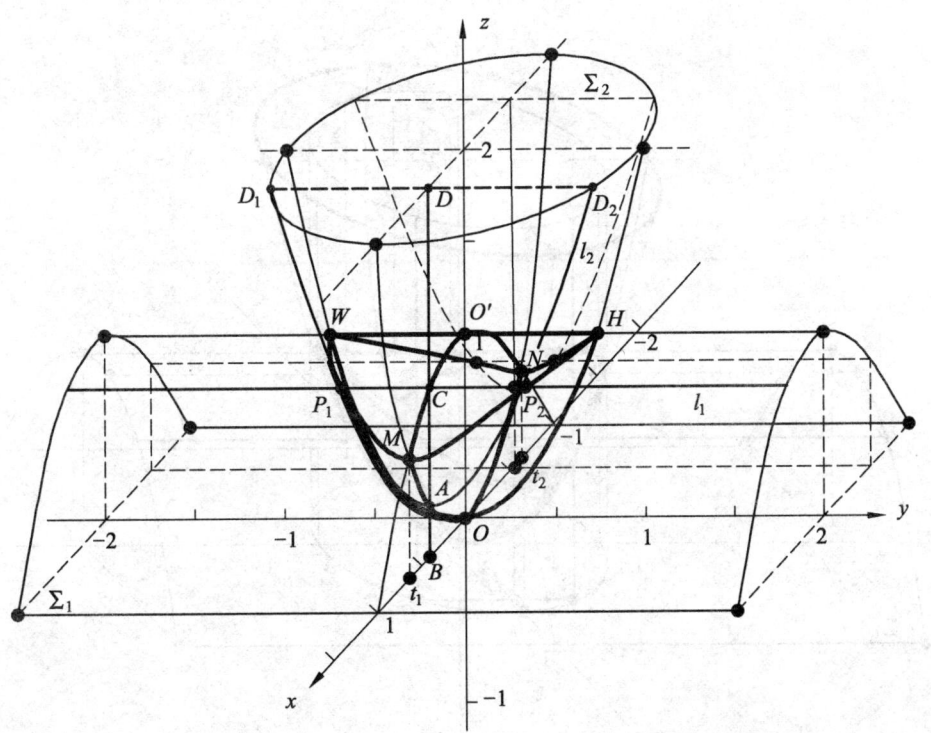

图 8.20

方法 II：间接平面截割法：研究交线 $L = \Sigma_1 \cap \Sigma_2 : \begin{cases} z = 1 - x^2 \\ x^2 + y^2 = \dfrac{1}{2} z \end{cases}$ 上的点 P，由于在个别图

形中直接截割对图形交线的认识有一定困难，故研究交线 $L = \Sigma_1 \cap \Sigma_2$ 时可以不直

接采取平行于 yOz 坐标面的平面 $\pi : x = t$，$t_2 = -\dfrac{1}{\sqrt{3}} \leqslant t \leqslant \dfrac{1}{\sqrt{3}} = t_1$ 去直接截割 Σ_1 与

Σ_2，而是去研究交线 $L=\Sigma_1 \cap \Sigma_2$ 的同解方程组

$$L=\Sigma_1 \cap \Sigma_2^*:\begin{cases} \Sigma_1: z=1-x^2 \\ \Sigma_2^*: \dfrac{x^2}{\left(\dfrac{1}{\sqrt{3}}\right)^2}+\dfrac{y^2}{\left(\dfrac{1}{\sqrt{2}}\right)^2}=1 \end{cases}$$，用平面 $\pi:x=t$ 去截割其中的柱面 Σ_1 与 Σ_2^* 绘

制交线.

用平面 $\pi:x=t$ 截割 Σ_1 与 Σ_2^* 分别得到：

直母线 $l=\pi \cap \Sigma_1:\begin{cases} x=t \cdots \text{过} B \text{点截割} \\ z=1-t^2 \end{cases}$，

直母线 $l_{1,2}=\pi \cap \Sigma_2^*:\begin{cases} x=t \cdots\cdots \text{过} B \text{点截割} \\ y=\pm\sqrt{\dfrac{1-3t^2}{2}} \end{cases}$ 是过点 A，C 的平行于 z 轴的两条直母线.

得到点 $P_i=l_1 \cap l_2$.

由方法 II 得到的图形如图 8.21 所示.

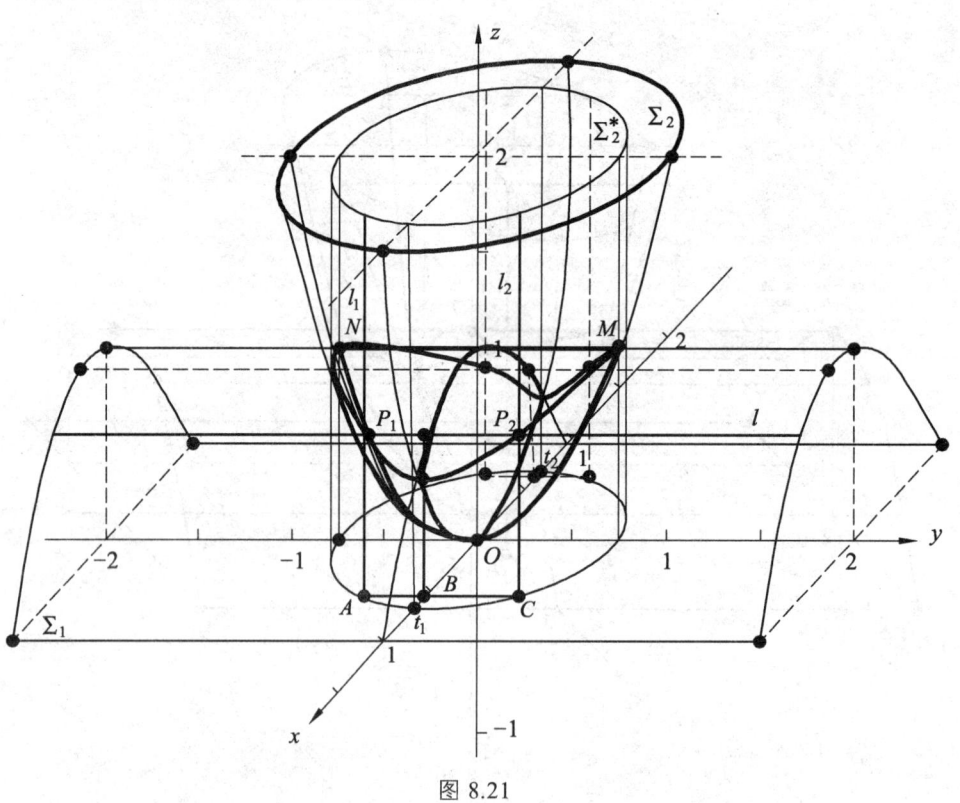

图 8.21

练习：1. 绘制下列区域的图形.

（1）绘制由 $\Sigma_1:x^2+z^2=1$，$\Sigma_2:2x+y-2=0$，三个坐标面，在 I 卦限确定的区域.

（2）由 $\pi_1:x+y+z=6$，$\pi_2:3x+y-6=0$，$\pi_3:2x+3y-12=0$，$\pi_4:z=0$，$\pi_5:x+3y-6=0$，在 I 卦限所围成的区域.

（3）封闭区域 $\Sigma: x^2 + y^2 - z^2 = 1, 1 \le z \le 2$.

（4）由 $\Sigma: y^2 + z^2 = 2x, \pi_1: x = 8, \pi_2: z = 2$，在 Ⅰ，Ⅱ 卦限所围成的区域.

（5）绘制由 $\Sigma_1: x^2 + y^2 + z^2 = 16$，并且 $z \ge 0$ 与 $\Sigma_2: x^2 + y^2 = 6z$ 所围成的区域.

（6）绘制由 $\Sigma: z = xy, \pi: x + y = 1, \pi_0: z = 0$，在 Ⅰ 卦限所围成的区域（注：$\Sigma: z = xy$ 在绕 z 轴逆时针转 45°坐标变换后的 $Ox'y'z$ 下的方程为 $\Sigma: \dfrac{x'^2}{2} - \dfrac{y'^2}{2} = z$）.

（7）绘制由 $\Sigma: x = 2\sin y, 0 \le y \le \pi, \pi_1: x + z = 3, \pi_2: \dfrac{\pi}{2}x - y = 0$ 以及三个坐标面在 Ⅰ 卦限部分所围成的区域.

2. 针对例 8.1.1（Ⅰ）~（Ⅴ），8.2.1（Ⅰ），8.3.1（Ⅰ），8.4.1（Ⅰ）~（Ⅶ）中的思考或"转轴变视角"方法，

（1）选择不同截割方法绘制图形，并且分别阐述各种截割方法绘制的方便性、效果的直观性；

（2）尝试对例 8.1.1（Ⅰ）~（Ⅴ），8.2.1（Ⅰ），8.3.1（Ⅰ），8.4.1（Ⅰ）~（Ⅶ）绘制不同视角下的区域图形.

9 作图的专业目标与价值导向

9.1 作图的专业目标

数学作为"数形"的科学,其"数"是指元素之间的数量关系、"形"是指元素之间的空间形式. 而"图形"是对空间形式形象表述的一种元素. 由"图形"认识"研究对象(数据与方程)"是解决问题的一种重要的"数形结合"思想方法,这一思想方法的学习和应用成为我们作图的专业目标.

1. 直观表现对象

"直观表现对象"体现为对象表现具有"直观性、形象性、愉悦性",达到"易理解、易交流传播"的效果.

作图要求:(1)具有恰当的视角.

(2)选取的单位大小、展示的位置,要与"对象的图形"匹配.

(3)"对象的图形"在整体上力求主线与轮廓明确,具有纹路与颜色上的修饰,以突显主体.

2. 把握对象特征

"把握对象特征"体现为对对象的"等价表述",以达到"抓实质"的效果.

批注:这里的"对象特征",不是指对人物、山水、人文等照片或画卷等对象抽象出的哲学表述与情感表述等特征,而是在"数形结合"下,即"图形特点←→数据关系"下对"对象的图形"特征的描述,可以表述对应的数据关系的实质性特点.

作图要求:(1)绘制图形上的点要求具有:运动规律化的特征.

比如,"对象的图形"是曲线,可以将其同解转化为两个特殊曲面之交线,其上动点具有绘制简单、规律明确的特点.

又如,"对象的图形"可以进行坐标位置与视角的变化,以使绘制的图形更加直观简单,而对应的数据关系也随之明显,它们之间仅仅通过一个变换就可以寻求其原始关系.

(2)绘制图形上的点要求具有:构作规律化的特征.

比如,"对象的图形"为曲面Σ,其上点的构作,可以用平面截割法,即用平面π截割曲面Σ,这可以转化为用平面π上的曲线$L=\Sigma\bigcap\pi$来确定.

又如,"对象的图形"为曲线L,其上点的构作,可以对生成的两个柱面进行平面截割,

再选取参考点 B，通过寻求母线相交来确定.

3. 精准刻画规律

"精准刻画规律"体现为通过对对象的"刻画"，达到"准确把握对象"的效果.

作图要求：（1）在确定"对象图形"的绘制方法时，要求绘图方法与数据关系的处理力求精准对应.

比如，用截割法刻画 $\Sigma: F(x,y,z)=0$ 时，应刻画出"截割线 $\Sigma \cap \pi \leftrightarrow$ 方程组 $\begin{cases} F(x,y,t)=0 \\ \pi: z=t \end{cases} \leftrightarrow$ 不同变量 $z=t$ 下 $\Sigma: F(x,y,z)=0$"的规律.

（2）"对象图形"的绘制效果图要精准、规范，也就是说，图形要准确，"数形结合"的对应也要准确.

9.2 作图的价值导向

几何学教育价值就是作图的价值导向.

世界可以数据化，数据可以图形化，因此，在"数形结合"的对应下，我们应学会用图形的眼光观察世界、用"数形结合"的思维思考世界、用图形的语言表达世界，这就是"几何核心素养". 因此，在"数据$\longleftrightarrow$图形"要求下，作图及其数据认识是应关注的重点与难点. 而"练就图形的构建技能，思考图形及其数据关系"就是我们作图的目的. 因此，在作图训练中应始终把握如下几点：

（1）图形世界的理性化认识方法及其实践素养. 即对"图形对象"的构图方法要有科学化的认识、准确化的实践，而从通俗化的"切萝卜方法"到理性化的"平面截割法"（平面方程与"图形对象"方程的联立），实际上包含了从感性认识到理性认识的提升、从方法建立到实践操作的升华. 以数据和方程为依据进行的作图，保持了图形特征与数据方程的一一对应关系. 因此，进行图形构作时，应力求准确地反映图形所表示的对象，这也将成为人们的认识习惯.

（2）"数形结合"思维习惯. 通过作图能培养我们形成良好的思维习惯，即条件反射. 也就是说，在坐标系下，看到"图形"能立即想到"坐标数据、坐标规律之方程"，反之亦然. 看到"图形关系"能立即想到"数据间关系、方程组的解"，反之亦然.

（3）从图形构建的有序性和规律性来发展"推理、思维、系统化"的构作能力. 即在作图和识图过程中体验关系，从图形组合中识别图形之间的关系，通过观察总结规律，按照"数形结合"来观察预测数据的发展规律. 这是依托图形进行学习并感悟"推理、思维、系统化"方法的问题，这种方法的实践在中小学的学习中要得到十分的关注. 比如 1，小学课本里的"找出画图的规律"问题，就包含了图形中的数量与顺序、结构中的缺与多、分类中的形状大小颜色等问题. 比如 2，初中课本里的"图形变化规律性"问题，包含常见的坐标、长短、角度、顶点、面积等问题，这就要求我们通过对图形整体的观察来发现其局部特点并能解决问题；或者通过对图形中的局部观察总结，来预测规律并能推证. 比如 3，高中课本里的"图形组合呈现一定规律"问题. 这要求我们通过对作出的图形的不同视角变化（比如旋转）的观察、通过对作出的图形组合呈现的结构与常见结构的类比的观察、通过"数形结合"罗列出的图形组合呈现的数据进行代数总结，使问题得到解决. 这些都需要画图识图，都是对图形的学习与感悟，都能使推理和系统化思考的能力得到锻炼.

（4）通过对研究对象的"理解、描述、形象联系"的学习，掌握解决问题的方法. 对于研究对象的数据化，应在"数形结合"的对应下，将数据图形化，再通过作出的图形来形象地"理解、描述、联系"研究对象，进而通过对图形的观察与预测来解决问题. 这也是我们通过作图来认识问题的目的.

（5）把握从"专业、抽象、难懂"到"通俗、形象、易懂"的转化. 关于研究对象的数据化、代数化，利用"数形结合"方法可使数据和方程通过作图能与图形建立对应关系，从而使所研究对象的问题变成图形以及图形之间的关系问题，也使展示与研究问题变得"通俗、形象、易懂". 这也是我们作图的关注点.

（6）通过解析几何作图（算式-图形），能帮助我们认识并构作算式的数学模型. 通过绘制算式的图形，可使"算式及其问题"对应为"图形以及图形之间的关系问题"，从而使对算式的数学模型的认识变得"通俗、形象、易懂"；另一方面，对于算式的数学问题，可以通过对"图形以及图形之间的关系问题"的形象观察与思考，来预测要解决的问题的方法与结论，以便于我们再认识，构建出对应算式的数学模型. 这也是作图给我们的理性思考的最大辅助作用.

由上面所做的分析可知，恰当的作图训练可以凸显几何教育价值、体现"几何核心素养"，从而使几何学教育价值成为我们作图的价值导向.

思考题：

1. 结合你对中小学有关图形的学习或教学，介绍你是如何将作图的专业目标与价值导向寓于中小学的课堂教学中的.

2. 请你设计一节体现作图的专业目标或价值导向相关指标的几何课，并对教学过程做对应作用的批注.

10 手工作图与计算机数学软件作图的特点比较

世界是客观存在的、是复杂的,所以认识世界需要通过转化使其变得直观、形象、准确,而图形是人们认识世界的桥梁,因此,增强几何图形的认识能力尤为重要.

对图形,我们不仅仅要认识其"外表形状",同时还需要认识"形状与位置"、认识"图形与其他图形的关系". 依据"数形结合"的对应关系,对数据与方程,我们不仅仅要认识其整体表述,同时还需要认识数据间的关系与数据特点,这有利于我们全面地对图形(数据与方程)所表示的规律进行揭示. 人们可能有一种潜在意识,那就是:有了计算机与计算器来计算"加减乘除……",又何必学习与思考运算的方法及其原因?有了"计算机数学软件"来"绘制图形",又何必学习与思考"手工作图"的方法,何必对构图过程、构图位置关系、图形特征绞尽脑汁地进行表述?人们自然要问,对一般工程技术人员要求会用工具、会用方法,那么又是谁给出方法与工具?通过数学教育能够启发我们做出思考,需要我们在"数形结合"的构图操作中感悟思想、提升认识、练就能力,这对于肩负未来人才培养的数学教师来讲尤为重要.

我们作图,不仅仅是作出图形,更是对"数形结合"思想方法的感悟与实践,更应关注"图形特征"与"方程(数据)特征"联系的实践方法. 比如,手工作图就是一种较好的训练途径,而使用计算机数学软件对函数进行拟合则是一种发现规律的较好方法,这些都值得学习.

正因为如此,对图形的认识与把握才得到了广泛重视,也才出现了众多的有关图形的软件,比如,Matlab、Maple、MathCAD、Scientific WorkPlace、GeoGebra、ScienceWord、几何画板、AutoCAD 等,这也使人们借助软件工具来解决在认识图形过程中遇到的"认识难、工作量大"带来的困惑. 那么,计算机应用数学软件能替代手工作图吗?手工作图与计算机数学软件作图各自的特点又是什么?如何发挥作用?

针对"手工作图法"与"计算机数学软件作图法"的特点做如下比较:

(1) 对"解析几何"作图的专业目标实现情况的比较.

作图的专业目标		作图法	
		手工作图法	计算机数学软件作图法
直观表现对象	达标情况	能实现	实现度高
	特点	人工执行,因人而异,实现度高低不一	计算机保证图形质量
	构图能力考察	对图形的认识度、构图技能等容易考察	都能掌握技术

作图的专业目标		作图法	
		手工作图法	计算机数学软件作图法
把握对象特征	达标情况	方法层面实现度高，效果层面要求实现	方法层面没有(计算机替代了)，效果层面需要观察、或其中用颜色标注
	特点	人工操作时必须体现出图形对象的构图特征	计算机替代了，不易了解
	构图能力考察	对图形的特征线、参考点、衬托面等识图能力容易考察	需要在效果图中另外标注才能凸显其特征，但是不容易锻炼与考察该能力
精准刻画规律	达标情况	方法层面实现度高，效果层面实现度低	方法层面没有，效果层面实现度高
	特点	人工操作刻画图形对象时，必须依据"数形结合"原则，使"坐标、方程"与"图形"的一一对应体现在图形的各个部位中	计算机替代了方法与绘制进程，不易直接揭示规律；可以从计算机绘制的效果图的精确度方面，通过形变来提炼精准刻画的规律
	构图能力考察	从绘图的平面截割方法与截割线、图形与方程的对应、点与坐标的对应等方面，容易考察精准的程度；从特征线与纹路的标注方面考察效果图的规律	考察学生在形变动画中对规律的提炼能力，但是一般需要具备手工作图法的能力才能达到此要求，这是对手工作图法的辅助和方法的延伸

（2）对"解析几何"作图的教育价值导向符合度的比较.

作图的价值导向		作图法	
		手工作图法	计算机数学软件作图法
理性化认识图形的方法及实践	符合度	方法层面：符合度高；操作层面：符合度高	方法层面：没有；操作层面：符合度高
	特点	从"平面截割法"的使用，到图形特征与数据方程的一一对应的绘制，都体现了理性化的认识与实践	关于绘制方法，计算机替代了；从数据方程的输入到图形的得到之操作，体现了理性化的认识与实践
	凸显方法	从作图方法到操作步骤的精准要求方面，都能体现理性化品质	把握数据与方程的准确输入，养成理性化品质
"数形结合"的思维习惯	符合度	方法层面：符合度高；操作层面：符合度高	方法层面：没有；操作层面：不同软件的符合度不一. 如 GeoGebra 较高
	特点	在构图方法与实践操作上，都与"'图形及其关系'与'数据及其关系、方程组的解'一一对应的思考"紧密关联	关于绘制方法，计算机替代了；一般软件只有"数据及其关系、方程组的解"→"图形及其关系"的单向操作，在体现"数形结合"能力方面较弱
	凸显方法	通过作图使我们形成"数据与图形"对应的条件反射	用具有双向操作直观方便的软件，凸显该思维

作图的价值导向		作图法	
		手工作图法	计算机数学软件作图法
从图形构建的有序性、规律性去发展"推理、思维、系统化"的构作能力	符合度	方法层面：符合度高； 操作层面：符合度高	方法层面：没有； 操作层面：符合度高
	特点	在坐标系下，从图形的组合、截割到成型，从数据规律到构建整体图形的过程体验，都包含了"推理、思维、系统化"的构作过程	关于绘制方法，计算机替代了；通过软件的操作可以实时地得到变化下的"数据"→"图形"的规律，从而易于推理、思考
	凸显方法	对复杂区域图形的构建，从数据与方程绘制图形的有序性、设计步骤的科学性，到对效果图展示规律的观察、思考及总结中都能体现能力	通过操作，可以发现图形变化规律、寻找图形组合的规律．在归纳发现规律方面，需要"推理、思维、系统化"的构作能力
关于研究对象的"理解、描述、形象联系"的方法	符合度	方法层面：符合度高； 操作层面：符合度较高	方法层面：没有； 操作层面：符合度高
	特点	对数据化的对象作出图形，其绘图方法、绘图结果都是对研究对象的各个量的理解、描述和形象联系	关于绘制方法，计算机替代了；通过软件输入来展示精确的图形，可以体验对象描述与形象联系之间的关系，通过数据变化来考察图形的形变，可以进一步体验对对象的理解与规律预测
	凸显方法	在作图过程中处理图形结构关系与数据关系的对应方式，在效果图对对象特征的表现力上来凸显	在效果图对对象特征的表现力上来凸显，特别关注在数据变化下图形形变规律的表现
从"专业、抽象、难懂"到"通俗、形象、易懂"的转化	符合度	方法层面：符合度高； 操作层面：符合度高	方法层面：没有； 操作层面：符合度高
	特点	对数据化的对象作出图形，以使对象"通俗、形象、易懂"．在选择处理"图形对应数据"的方法上，精准理解对象；操作效果能直观反映对象	对数据化的对象作出图形，以使对象"通俗、形象、易懂"．关于作图方法，计算机替代了；操作效果能直观反映对象
	凸显方法	在处理"图形对应数据"的作图过程中来理解；在效果图中来凸显	在精准的效果图中来凸显
有利于认识与构作算式的数学模型	符合度	方法层面：符合度高； 操作层面：符合度高	方法层面：没有； 操作层面：符合度高
	特点	在构图方法与实践操作上，都与"'算式及其问题'与'图形以及图形之间的关系问题'——对应的思考"紧密关联．其一：使得认识算式的数学模型变得"通俗、形象、易懂"；其二：在观察与思考基础上，由图形特点预测数据关系，方便建数学模型	关于构图方法，计算机替代了；一般软件只有"算式及其问题"→"图形、以及图形之间的关系问题"的单向操作，从而有手工作图法中其一的表述．其二不易表述． 若对具有双向操作的软件，比如 GeoGebra，可使手工作图法中其二的辅助作用更好
	凸显方法	明确"数形对应"关系；在绘制的图形中看其一；在绘制图形的特点中看其二	在绘制的图形中看其一；在变化数据下的图形形变规律中看其二

（3）对"解析几何"作图的"展示、预测、验证"特点的比较.

"解析几何"作图具有"展示、预测、验证"功能，它对于数据化的研究对象，能够依据"数形结合"坐标法作出图形."数据特点及其关系"与"图形特点及其关系"之间的一一对应使作图具有三大特点：

其一：作出的图形可以"通俗、形象、易懂"地展示研究对象的特征与规律.

其二：通过图形的组成及规律，可以预测图形蕴藏的特点，进而预测研究对象蕴藏的规律.

其三：针对研究对象"专业、抽象、难懂"等特点，可以通过对应的"通俗、形象、易懂"的图形来理解与检验，以便达到验证、辅助严格推证的目的.

作图的"展示、预测、验证"特点比较：

特点比较		作图法	
		手工作图法	计算机数学软件作图法
其一：展示	关联	关联度高	关联度高
	作用	从构图过程层面：理解深入；从图形效果层面：因人而异	从构图过程层面：没有；从图形效果层面：对人所起的作用较大
其二：预测	关联	关联度高	关联度高
	作用	从构图过程层面：能较好理解图形的组成，感悟其中规律；从图形效果层面：整体感悟	从构图过程层面：没有；从图形效果层面：不同软件作用的效果不一，以"数据←→图形"双向显示、动态显示的软件为好，比如 GeoGebra. 另外，函数的拟合方法是应用计算机寻找数据规律的较好方法
其三：验证	关联	关联度高	关联度高
	作用	通过"图形特点与关系"对"数据关系"进行理解与检验，达到验证的目的.在构图过程，以及图形效果层面，对此都有作用	在构图过程中用计算机代替，无作用；在图形效果层面：可以充分地利用计算机数学软件的绘图迅速、动态形象展示等特点，可以起到较好的验证作用
整体比较		在作图过程中，对"数据（方程）←→图形"的一一对应关系能够主动地去理解、分析和表示	突出效果感官的刺激，恰当的软件才能部分地具有这种人机交互作用

（4）值得的思考.

——"解析几何"观念下对更广泛图形作图的思考，以及对手工作图与计算机数学软件作图作用的思考

几何学家对"数形结合"思想方法运用得很自如，对"研究对象的数据化"方法（坐标法、参数法、…）构建得是多种多样的，这些都能方便我们用图形去思考、去研究.

实际上，面对自然与社会中广泛的研究对象，它们在"数形结合"下的图形是广泛的（不同的坐标维数、参数种类、空间特征），而针对更广泛空间中图形的认识，时常是3维欧式空间作图认识的推广，往往需要思考具有现有图形认识下的"直观关系图形、示意关系逻辑图形"．也只有具备了基本手工作图训练下的图形认识力，具备了对研究对象的数据化、形象

化思考的素养,才能做到这一点,才能形象地画出表述研究对象的关系图形、高维空间的手工关系模拟图形,进而运用它们对研究对象规律的"展示、预测、验证"进行思考,以便形象化地进行相关问题研究. 这也就是常说的"一张纸,一支笔,即可以研究数学".

至此,从广泛的作图能力需要来看"手工作图与计算机数学软件作图"特点,可知:

作为"作图的专业目标",计算机数学作图软件一般比较关注在构图"效果、质量、运动与计算机操作技术"上的作用,具有配套的软件设计,通过应用能达到较好的目的;而手工作图关注在构图方法层面的作用,注重于"图形构建及其关系"的实践研究与认识力的提高.

作为几何教育价值实现的"作图的教育价值"导向,更多地趋向于教育,以及"图形及其关系"与人们的"感性、理性认识力"的直接关联,所以,通过手工作图对相关认识能力进行培养,其作用比较明显,而通过计算机数学软件作图,其作用欠佳;在"计算机数学软件作图"教育价值实现作用操作层面,更趋向于几何图形研究与认识上的辅助作用.

在"展示、预测、验证"功能方面,手工作图着重于思想与方法层面,而计算机数学软件作图着重于方法与操作层面. 通过计算机数学软件作图对"动态图形规律"进行观察,形象方便,作用明显;而通过手工作图对"'数据(方程)←→图形'对应的思考与操作",能帮助人们进行主动的理解、分析、表示,其思想方法有利于人们思考广泛空间下的图形规律. 所以,在思想、方法与操作层面,各有长处.

"计算机数学软件作图法"弱化了算式与图形的内在联系,及其对规律的思考(计算机代替了),强化了算式或图形的综合问题和综合规律的精准计算与展示功能,对用手工作图认识问题起到了重要的辅助作用;而"手工作图法"突出了算式与图形(数与形)的内在联系,及其规律的思考与操作,其思想方法有利于人们对广泛空间下的图形规律的认识,在明确"解析几何"的"思想、方法、操作"一体化认识的前提下,这是提升人们几何核心素养的一种训练,也是对"图形关系"与"数据关系"一一对应认识的实践,在几何教育教学中具有非常重要的作用.

思考题:

1. 你认为,"直观表现对象""把握对象特征""精准刻画规律"如何贯穿于手工作图与计算机数学软件作图中,才能发挥各自的特点与长处?

2. 如何利用"手工作图法"的特点进行数学教学?如何进行数学规律感悟、展示、检验?

3. 如何有效选择"手工作图法",如何锻炼与提升"数形结合"能力?

4. 针对中小学数学问题,如何有效地结合使用"手工作图法"和"计算机数学软件作图法"?

11 手工作图能力应用

"解析几何"手工作图能力体现在：面对"解析几何"作图的三大专业目标、六大价值导向、"展示、预测、验证"三个特点，通过手工作图的学习与训练，达到提升"数形结合"的敏锐观察力、对数据及其关系的形象表达力、对图形及其规律的感悟力的目的.

关于几何专业的认识，手工作图能力应用主要体现在：认识图形关系的应用；在"数形结合"下认识代数关系的应用；在关系逻辑示意图下，对更广泛问题、比如流形、纤维丛等范围的思考应用.

在数学教育中，面对中小学数学教师的任务，手工作图能力应用主要体现在：用图形的眼光观察世界，用"数形结合"的思维思考世界，用图形的语言表达世界. 用该思想观念来指导数学教育的方法，意在培养学生的"几何核心素养"；用"作图工具、作图思想方法"来完成对对象及其关系的刻画，并将之践行于中小学的数学教学实践中，以达到"培养学生的作图能力，培养学生用图形形象描述问题，并从图中直观地进行思考、搜集、分析和信息处理的能力"的目的.

针对中小学数学教育与教学，通过手工作图思想方法的把握，主要践行于以下几方面：

（1）作图：针对图形对象，按照图形特征的要求作出图形；针对数据与方程对象，按照数据与方程特征的要求作出图形. 这是形象认识问题的基础.

（2）识式：对给出的数据、方程式、函数式、不等式，依据"数形结合"方法，比如坐标系法，将其对应到相应的图形及其关系中. 即以图形识别式子.

（3）识图：通过对所作出的图形的认识来把握图形的整体特征；通过作图过程与组图的方法来认识图形蕴含的关系、图形大小、组图元素及其排列规律等，进而通过"数形结合"来识别数据与方程的关系.

（4）用图：对于研究对象（图形问题、数据与方程等问题），可以通过对应的图形结构来认识其关系，能对问题进行说明、推理与判断，能形象地列举实例等.

（5）造图：对研究对象（图形问题、数据与方程等问题），通过数据化，能得到表示研究对象特征的图形，即创造出表示研究对象及其关系特征的图形组合图，以此来形象地凸显研究对象的关系与特点，进而形象展示、认识对象.

（6）拼图：对于复杂的问题，在数据化后，可以得到一些图形的有序、规律地组合图，而对复杂图形的组合也可以有序地进行扯分、拼接，进而形象地认识复杂问题中的规律.

（7）变图：对研究对象（图形问题、数据与方程等问题），通过数据化，可以研究数据化后的图形. 通过观察数据化后的图形，按照作图方法以及图形组成特点，发现图形变化过程中的不变量、不变规律,进而实现对对象规律的把握.

变图方法有:

① 视角变换法:能更直观地观察图形特点;

② 运动变换法:能使图形的位置最佳、对应的方程最简单,能更直观地观察图形的规律,能更直接得到方程的规律;

③ 变数据下的图形形变法:能在变化中观察不变规律及其特点.

这些均蕴含了动态认识图形的数学思想.

(8) 预测:对于研究的图形,可以根据图形组成规律来发现其组成特点,可以用"视角变换法、运动变换法、图形形变法"来发现图形组成的规律.

对于研究的抽象对象,可以通过研究数据化后的图形,用图形规律来形象地认识并预测其可能的规律.

(9) 检验:对于研究对象的"规律",可以用对应的图形来检验其局部的符合情况. 特别地,可以形象地寻找"规律"的问题.

最终,通过中小学数学教育教学中手工作图能力的应用,使学生可以用图形的语言进行图形及其关系的交流,进行数据及其关系(方程、函数)的传播,从而提升学生的"几何学核心素养".

在几何学教育、教学中的应用:

手工作图	能力与应用	
	手工作图能力	应用的目标
专业价值	"直观表现对象"能力	作图、识式、识图、用图、造图、拼图、变图、预测、检验
	"把握对象特征"的表现力	作图、识式、识图、用图、造图、拼图、变图、预测、检验
	"精确刻画规律"能力	作图、识式、识图、用图、造图、拼图、变图、预测、检验
教育导向	"对图形的理性化认识与实践"能力	识式、识图、造图、拼图、变图、检验
	"数形结合"思维习惯	作图、识式、识图、用图、造图、拼图、变图、预测、检验
	从图形构建的有序性、规律性来发展"推理、思维、系统化"的构作能力	识式、识图、造图、拼图、变图
	对研究对象的"理解、描述、形象联系"方法的把控力	识式、识图、造图、拼图、变图、预测、检验
	从"专业、抽象、难懂"到"通俗、形象、易懂"转化的能力	识式、造图
	能用图形辅助思考并构作算式的数学模型	识式、识图、造图、拼图、变图、预测
"展示、预测、验证"特点	在三维空间中的应用力	作图、造图、预测、检验
	在抽象空间中,"抽象→形象的逻辑示意图"的表现力	为了后续几何学习

思考题：

1. 请举出一个关于"作图、识式、识图、用图、造图、拼图、变图、预测、检验"的中小学几何学例子，阐述可以用手工作图中关注的什么能力去指导解决，可以达到什么类型的问题解决与能力培养效果.

2. 几何极值的费马点问题：如图 11.1 所示，P 是正方形 $ABCD$ 内一点，并且 $PA+PB+PC$ 的最小值是 $\sqrt{3}+1$，求正方形的边长.

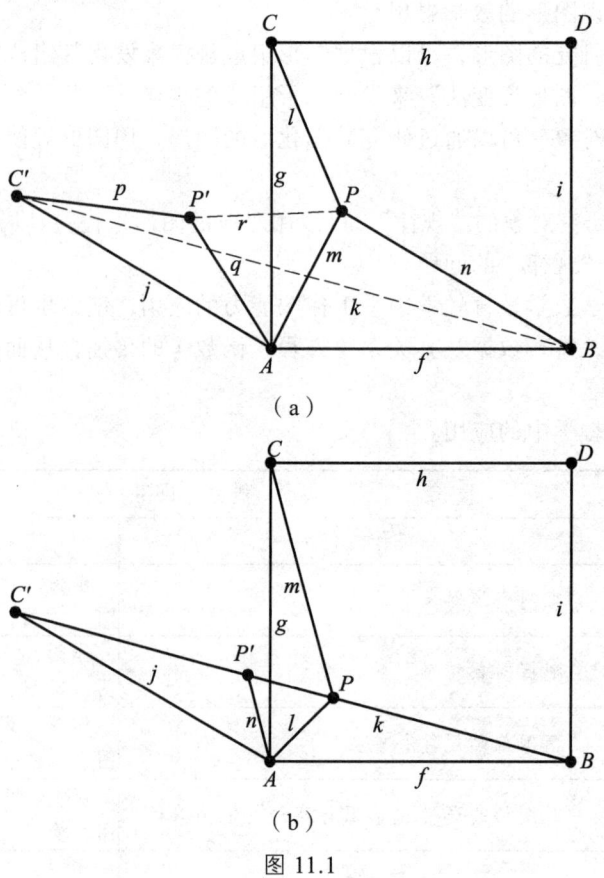

图 11.1

针对它的求解方法，谈谈需要用中学几何"作图、识式、识图、用图、造图、拼图、变图、预测、检验"中的哪些方法？与手工作图中的哪些能力有关？

12 常见数学软件的作图特点及其选择

"解析几何"作图的目的依然是：达到三大专业目标，符合六大价值导向，凸显"展示、预测、验证"三个特点. 手工作图与计算机数学软件作图这两种方法该如何选择并配合应用，需要通过这两种方法各自的特点来决定. 其中，在手工作图的学习与训练中，能使认识图形的"思想、方法、操作"与作图者直接发生作用，能直接提升人们认识图形规律的敏锐力、表达力、感悟力；而计算机数学软件作图，对复杂图形及其关系的精准刻画产生重大作用，是辅助人脑进行图形及其关系认识的重要工具. 那么，如何根据数学软件特点进行软件使用方面的选择？这是几何教育教学以及几何研究中应关注的问题.

12.1 数学软件介绍

1. 四大数学软件（具有广泛作用）概述

（1）Maple 数学软件，符号计算非常强大，可以带步骤求解一些问题；上手较快；一些常见操作无须命令，通过右键菜单就能完成. 涉及的内容包括：普通数学、高等数学、线性代数、数论、离散数学、图形学. 在做数学和应用数学的工作（数值计算除外）中，Maple 已成为最好的选择. 而符号计算能力是 MathCAD 和 Matlab 等软件的符号处理核心.

（2）Matlab 是数值计算的先锋，它以矩阵作为基本数据单位，在应用线性代数、数理统计、自动控制、数字信号处理、动态系统仿真等方面已经成为首选工具，同时也是科研工作人员和大学生、研究生进行科学研究的得力工具. 在 Word 的页面里，可以直接调用 Matlab 的大部分功能，使 Word 具有了特殊的计算能力. Matlab 拥有超多工具箱、仿真、图像处理、信号处理、金融、统计、优化等功能；但是，其符号计算（符号计算远不止是推导公式）和 Mathematica、Maple 相比，有明显差距.

（3）MathCAD 是集文本编辑、数学计算、程序编辑和仿真于一体的软件，是具有所见所得截面、大众化的数学工具软件. 它引用了 Maple 软件中强大的符号计算能力，但是在图形处理方面能力不突出.

（4）Mathematica 拥有强大的数值计算和符号计算能力，在这一方面，它与 Maple 类似，但它的符号计算不是基于 Maple 软件的，而是自己开发的. Mathematica 的符号计算能力非常强大，可解的方程类型最广泛，擅长高精度和大数值计算，图形方面的函数很丰富，在默认画图方面比 Matlab 和 Maple 更好看．

对这四种软件，该如何选用？作为"数形结合"下图形与方程的研究，时常选择 Matlab 和 Maple，这是因为 Matlab 的矩阵计算和图形处理功能非常强大，而 Maple 涉及图形学范围，并且代数处理能力也很强．关于 Mathematica 与 MathCAD，虽然可以画图，但是作为《解析几何》构图操作与交互性就弱了．其实，从"数形结合"角度来认识"数←→形"问题，发现它们都是"数→形"的单向交流，这在几何图形与方程的认识要求上还是有欠缺的．

2．文字编辑桌面软件（侧重数学教育教学）

这些文字编辑桌面软件具有强大的画图、计算演示作用．

（1）Scientific WorkPlace ——Latex 排版和计算机代数集成软件．

它使得编辑、共享、排版数学和科学文本文件更为简单．它具有非常简单的文字处理器，可在同一环境中处理数学和文本．Scientific WorkPlace 中集成了 MuPAD 与 Maple 的计算机代数引擎，允许用户在软件中执行计算并打印想要的文件格式．

传统的排版和符号计算系统迫使您使用一个数组命令和一个复杂的语法来表示您的输入，而 Scientific WorkPlace 使用自然数学符号来输入和展示结果，省去了复杂命令语法的学习．有了 Scientific Workplace，您可以用鼠标轻松输入数学符号，当熟练后，用键盘快捷键就可以轻松搞定．

它具有 MuPAD 与 Maple 内核的接口，使得该软件具有了广泛的图形、数字和符号计算功能．有了 MuPAD 内核，您可以创建各种动态图，比如，极坐标中的 2D 动态图、直角坐标中的 2D 和 3D 动态图、动态 2D 和 3D 隐式图、圆柱和球面坐标和矢量场的 3D 动态管图；您还可以旋转、移动、放大和缩小整个 3D 图形．

（2）ScienceWord ——科技文档字处理软件．

它将文字、公式、图形、曲线、逻辑图形完美地结合在一起，可以一次性的完成文字、公式、图形的所有编排；还具有一定的平面与空间画图工具．这是一款符合中小学数学教师备课时比较适用的软件．

它们都只有"数→形"的单向交流作用．

3．图形处理数学软件（侧重于几何教育教学）

（1）GeoGebra 数学图形计算器．

它是一款适合于具有各类教育背景用户使用的动态数学软件．它将几何、代数、数学工作表（Spreadsheet）、作图、统计、微积分以直观易用的方式集于一体，是具有函数、几何、代数、微积分、统计学和 3D 数学功能的图形计算器，即动态几何软件．该软件主要用于学校学习与教学．

软件特点：所见即所得，极易上手；丰富的几何体属性、颜色、线型样式；内置圆锥曲线、极线、切线、函数求导等模块；支持通过搜索框直接输入各种命令、函数等；支持动态性文本即文本随图形变化而变化；支持使用工具列上的 DIY 绘图工具（自订工具）；动态几何构图；具有交互式的方程、坐标、函数图形和几何图形，并行联动；具有图形识别功能的徒手绘图．

它从"数形结合"角度来认识数形问题的"数←→形"双向交流.在"解析几何"应用中,它是最如意的软件之一,与手工作图的学习与实践配合得最好.

(2)几何画板——一款动态几何教学软件.

主要以点、线、圆为基本元素,通过对这些基本元素的变换、构造、测算、计算、动画、跟踪轨迹等,构造出其他较为复杂的图形,是数学、物理教学中强有力的工具.它提供了一种通过有形的、可视化的方式并在图形的变化中来学习数学.其程序简单,易上手,是最出色的教学软件之一;但它只是"数→形"的单向交流.

配合"解析几何"手工作图的软件选择:

软件选择	特点与作用	
	解析几何特征关注点	作用
PowerPoint	纯手工几何作图	替代手工作图的作图工具,以便电子交流与打印
GeoGebra 几何画板	纯手工几何作图	1. 替代手工作图的作图工具,以便电子交流与打印; 2. 具有动态下的图形规律考察作用; *. 软件替代了部分手工作图的人工思考
Maple Matlab	"数→形"单向下的图形交流	1. 能替代手工作图中由"数据或方程"得到绘制图形的效果; 2. 对复杂方程与数据的图形绘制效果好; *. 没有作图过程与方法的体验与思考
Scientific WorkPlace ScienceWord	"数→形"单向下的图形交流	1. 同上"1,2,*",特别是 Scientific WorkPlace; 2. 具有可见可得的输入操作,特别是 ScientificWorkPlace; 3. 具有类同于 Word 编辑功能的显示平台.
GeoGebra	"数←→形"双向下的数据与图形交流	1. 通过输入数据或方程,就可以得到图形;通过绘制图形,可以得到对应的数据或方程;具有可见可得的双向操作; 2. 软件替代了部分手工作图的人工思考; 3. 对于"数←→形",具有动态下的"方程与图形"规律的考察作用; 4. 对复杂方程与数据的图形绘制效果好; *. 软件替代了部分手工作图的人工思考

12.2 针对作图目标的软件选择

在几何学教育、教学中,与手工作图结合的数学软件的选择:

作图	能力与软件选择	
	手工作图的能力	辅助软件选择
专业价值	"直观表现对象"能力	GeoGebra；几何画板；Maple；Matlab；Scientific WorkPlace；ScienceWord
	"把握对象特征"的表现力	GeoGebra；几何画板；Maple；Matlab；Scientific WorkPlace
	"精确刻画规律"能力	GeoGebra；几何画板；Maple；Matlab；Scientific WorkPlace.
教育导向	"对图形的理性化认识与实践"能力	GeoGebra
	"数形结合"思维习惯	GeoGebra
	从图形构建的有序性、规律性来发展"推理、思维、系统化"的构作能力	GeoGebra；几何画板；Maple；Matlab；Scientific WorkPlace
	对研究对象的"理解、描述、形象联系"方法的把控力	GeoGebra；几何画板；Maple；Matlab；Scientific WorkPlace.
	从"专业、抽象、难懂"到"通俗、形象、易懂"转化的能力	GeoGebra；Scientific WorkPlace；Maple；Matlab.
	能用图形辅助思考构作算式的数学模型	GeoGebra；几何画板；Scientific WorkPlace；Maple；Matlab.
"展示、预测、验证"特点	在三维空间中的应用力	GeoGebra；几何画板.
	在抽象空间中，"抽象→形象的逻辑示意图"的表现力	无

思考题：

1. 请在 PowerPoint 平台，用手工作图法绘制一个空间区域图形.

2. 请用 GeoGebra 或几何画板几何软件，辅助手工图法绘制一个空间区域图形.

3. 关于几何极值的费马点问题众多，请列举一个实例. 你采用什么软件辅助手工进行分析，写出应用分析的预测方法.

4. 关于空间的最值问题众多，请列举一个实例. 你采用什么软件辅助手工进行分析，写出应用分析的预测方法.